# 蒸制面食生产技术

刘长虹　主编

化学工业出版社
·北京·

本书主要包括发酵蒸制面食的生产原料、基本生产工艺与设备、不同发酵方法、质量鉴定与分析以及花色品种生产技术等内容。重点论述馒头生产的基本理论和关键操作技术，并且介绍了传统的方法和先进的技术设备，较详细探讨了生产过程易出现的问题及其解决办法。新版增加了企业生产中遇到的很多新问题，并进行了较深入的探讨。

本书作为一本专门涉及发酵蒸制面食的书籍，可为主食产业化的馒头生产提供技术支持，并且可供面食加工、面粉加工、食品改良剂生产、食品机械加工等企业的技术人员和研发人员阅读，也是相关研究人员和大专院校学生的参考书。

**图书在版编目（CIP）数据**

蒸制面食生产技术/刘长虹主编．—3版．—北京：化学工业出版社，2017.3（2023.7重印）
ISBN 978-7-122-28951-3

Ⅰ.①蒸… Ⅱ.①刘… Ⅲ.①面食-制作
Ⅳ.①TS972.132

中国版本图书馆CIP数据核字（2017）第017649号

---

责任编辑：张　彦　　　　装帧设计：韩　飞
责任校对：宋　玮

---

出版发行：化学工业出版社
（北京市东城区青年湖南街13号　邮政编码100011）
印　　装：北京科印技术咨询服务有限公司数码印刷分部
850mm×1168mm　1/32　印张9　字数240千字
2023年7月北京第3版第10次印刷

---

购书咨询：010-64518888
售后服务：010-64518899
网　　址：http://www.cip.com.cn
凡购买本书，如有缺损质量问题，本社销售中心负责调换。

---

**定　　价：38.00元**　

# 第三版前言



以馒头为代表的发酵蒸制面食是仅次于大米饭的第二大谷物主食，在我国人民的日常膳食中占有非常重要的地位，为我国北方百姓一日三餐中必不可少的食品，也是小麦面粉的最主要消费途径。而且馒头、包子还是我国的特色食品，历史悠久，享有东方美食的赞誉。现今在我国各地，特别是在我国北方，商品馒头已经成为百姓日常不可或缺的食品。主食产业的大发展急需科技的推动，近年来几乎每年都有数百篇甚至更多的有关馒头的学术论文发表。然而，相关的实用性技术资料还是比较缺乏，专门适应蒸制面食的生产实践的技术资料，且能够指导解决工业化出现的新问题的书籍还是非常急需的。

作为可以直接食用的每日必需食品，面食的安全问题备受消费者的关注。无论是《小麦粉馒头》国家标准的颁布，还是《食品安全国家标准　食品添加剂使用标准》的讨论，都引发了有关部门和民众的热议。2011年的"染色馒头"事件更是提醒了消费者和生产者，主食的卫生安全是关系到每家每户的重大事情。本次再版进一步强调了有关面食安全方面的问题，特别是着重对添加剂的应用安全性及其风险分析做了介绍。

笔者在总结百余家馒头生产企业和馒头房蒸制发酵面食的生产实践和传统方法应用体会，以及深入调查相应加工设备生产企业的基础上，结合近二十多年的科研成果，适当讨论生产理论依据，力求反映出先进的技术水平和发展趋势。实践出真知，"实践是检验真理的唯一标准"，没有经过反复验证的所谓"最佳工艺方案"、"最佳复配（配料）"、"最新最先进设备"等的抛出与诱导，是对生产企业和消费者的不负责任。

要生产优质的发酵蒸制面食，必须首先学习弄懂有关面体加工过程的基本生产原理，全面掌握生产的工艺和技术要求，了解产品的质量特点，学会解决产品质量问题的方法。因此，建议读者要重点阅读第三章、第四章和第五章。

本次再版进一步介绍了近年来出现并得到应用的新设备和新技术，特别是各工序组合连续加工生产线，为馒头企业提供一些实用信息。同时针对冷馒头市场的逐步扩大，加强馒头保质期问题的讨论，探讨了凉馒头的冷却方法及其影响产品品质的因素，特别是馒头复热时易出现的问题及其解决方法，防腐配料、产品表面处理和包装前杀菌的可行性等。介绍石磨面粉的特点，以及石磨馒头生产的有关问题，并且增加了馒头厂小麦粉暂存问题等方面的内容。还去除了一些不太适于工业化应用或推广的花色品种的加工方法，对第七章进行了大幅度地删减。

本书由刘长虹主编，苏毅、张煌副主编，王录通、李慧芳参加了编写工作。具体编写分工如下。

第一章和第三章由河南工业大学刘长虹教授和山东白鸽食品机械有限公司苏毅总经理编写，第二章由刘长虹编写，第四章和第七章由刘长虹和河南牧业经济学院的张煌老师编写，第五章由刘长虹和李慧芳编写，第六章由刘长虹和王录通编写。全书由刘长虹组织和整理。

本次编写过程中得到了河南工业大学的朱克庆教授、李志建博士，山东白鸽机械公司苏连民总裁，白象食品集团王艳丽经理，乐斯福公司烘焙中心高骞总经理，郑州多福多食品有限公司刘永杰经理，正大集团秦皇岛研发中心李东需总经理以及河南工业大学的拱姗姗、石飞、陈秋平等研究生同学的大力帮助，在此表示感谢。

受到篇幅和笔者所掌握资料所限，本书仍会存在甚多不全面或不足，甚至出现谬误，敬请广大读者批评和指正。

**编者**

**2017 年 2 月　郑州**

# 目 录

# 第一章

# 绪　论

## 第一节　蒸制面食的基本概念与特点

### 一、蒸制面食的基本概念

所谓蒸制面食是以面粉（一般指小麦面粉）为主要原料，经过和面、成型和汽蒸熟制而来的一类方便面制食品。蒸制面食包括发酵面食产品、面条产品和蒸饺等。由于蒸制面条和蒸制饺子当前仍未形成工业化生产，故本书探讨的主要为蒸制发酵面食的有关生产原理、生产技术和花色品种等问题。

### 二、蒸制发酵面食的特点

蒸制发酵面食是目前馒头厂的主要系列产品，因此有人将其归类为广义的“馒头”。馒头是我国的特色食品，享有东方美食的赞誉，被称为“蒸制面包”。这类产品的主要特点有以下几点。

① 以面粉（大多是小麦面粉）为主要原料，所调制的面团一般具有一定的筋力。

② 以酵母为主要发酵剂，面坯必须经过发酵。

③ 采用蒸汽加热的工艺进行熟制。

④ 产品内部多为多孔结构，口感暄软而带有筋力，具有谷物本身的香味和发酵香味。

⑤ 产品色泽与面粉颜色接近，一般纯小麦面粉所制产品为乳白色。

⑥ 外形光滑饱满，花色造型种类繁多。

⑦ 为固体方便食品，大多热食口感较好。

## 三、蒸制与烤制面食的区别

蒸制与烤制发酵面食最有代表性和可比性的是馒头和面包，它们都是以小麦粉为原料，经发酵制成，一个为中国人的主食，一个为欧洲人的主食。但由于在制作工艺上不同，两者又存在明显区别，主要有原料、和面过程中面团微结构、熟制方式、外观、风味、口感、营养价值、储藏性能等几个方面。在学术研究方面和工业化推广方面，西方的面包都取得了巨大的成就，已经趋于完善。而馒头的研究时间较短，工业化技术的研发和推广还处于初步阶段。

### （一）面粉要求

做馒头的原料比较简单，大多数馒头品种只用小麦粉、酵母（或面肥）和水。而制作面包除了小麦粉、酵母和水以外，一般还需加入油脂、食糖、食盐及各种各样的辅料和添加剂。就小麦粉的品质需求而言，馒头要比面包来得宽松，制作优质面包的小麦粉要求有较强的面筋质，一定比例的破损淀粉含量（2.0%～2.4%麦芽糖指数），而制作馒头的小麦粉筋力范围较宽，筋力中等以及稍偏强或偏弱的小麦粉都可以制作出质量较好的馒头，小麦粉的蛋白质含量变幅可以比较宽，而对破损淀粉含量的要求较低。

### （二）面团性质

面包面团加水量较大，一般为面粉用量的50%～60%；馒头面团因面筋蛋白含量低而不能过多加水，一般为35%～45%，而一些硬面馒头的加水量可能更低，甚至在34%以下。面包的面团面筋和面时形成网络结构，筋力十足，弹性较大；馒头面团则应该和面达到面筋完全扩展、适度弱化的状态，使其弹性适度，延伸性良好。

### （三）熟制方式

在制作工艺上，馒头与面包的最大不同之处在于熟制方式。馒头坯在成型醒发后便置于蒸锅上（蒸柜内）经蒸汽蒸制，温度大约100～108℃，而面包则需在炉内烤制，温度大约180～250℃，这一差别对它们在外观、结构、风味、营养价值和储存性能等方面都产生了很大的差别。

### （四）外观

面包的表皮为金黄色或橙黄色，光滑明亮，烤制时向上膨胀，形状挺立；馒头表皮为乳白色或白色，皮薄而显半透明，蒸制时向各个方向膨胀，而上膨胀程度小，容易塌扁。而且，面包的表面有少量皱纹属正常现象，但馒头要求表面光滑平整。

### （五）组织结构

面包瓤的气壁非常薄，呈透明状，比容一般大于3.5毫升/克，非常虚软；馒头瓤气壁较厚，呈白色，比容在1.7～3.0毫升/克之间，虚软度相对较低，而且差异较大。由于虚软程度较面包低得多，加上配料简单，主食馒头冷却后比较容易老化变硬。

### （六）风味

面包具有高温烤制产生的烘焙风味，加上一些添加风味，带有甜味、咸味和其他风味。而主食馒头为单纯的发酵麦香味，口味平淡，宜于配菜。由于饮食习惯的不同，西方食用面包时多将配菜夹入面包的切片间，而中国人则将馒头与炒菜分别入口，所以中国人对馒头风味的敏感程度较西方人对面包风味的敏感程度更高。

### （七）营养性

一般的馒头不添加营养物质，含有面粉发酵后的营养成分，主要为碳水化合物、蛋白质、矿物质、维生素和少量的脂肪。但由于加热温度较低，馒头较面包原有的营养成分破坏的少，氨基酸的有效性高，发生美拉德反应少，不产生丙烯酰胺，不添加反式脂肪酸。因此，馒头是较安全的健康食品。

### （八）储存性能

蒸制过程中使馒头的水分含量增加，这种高水分含量食品为微生物的繁殖提供了极其有利的条件。而面包经烘焙之后表面形成了一层硬壳，灭菌较彻底，并且比馒头近表皮部分水分含量少，相对而言，生霉变质要比馒头慢很多，对保持面包内部水分也较馒头有效。再者，面包允许添加防腐剂，在馒头中不允许添加，所以面包的货架寿命远比馒头长得多。

## 四、我国蒸制面食的消费现状

随着人民生活水平的提高和生活节奏加快，城镇居民对商品蒸制面食，特别是馒头的需求量急剧增加。发达国家居民消费的食物中，工业化食品达到70%，有的达到90%以上，而我国这个比例仍比较低。根据国家粮食局统计数据表明，我国有3248家小麦加工企业，2014年我国小麦粉总产量为14116万吨，而通过工业化加工成面制食品仅3000多万吨，仅超过20%左右，也就是说，80%左右的面粉加工成食品还是作坊式或家庭式手工加工。据有关资料介绍，除馒头外，消耗面粉较多的面制食品为饼干、挂面、方便面等，面包在工业化的面制食品中占的比重还是较小的。面粉除少量消耗在速冻面食、淀粉制取和化工产品、生鲜面条、烧饼、糕点，以及家庭制作面汤、饺子之外，主要用于蒸制面食上，特别是生产馒头。

我国蒸制面食消费群体分布于全国各地，消费水平和对产品品质要求各不相同。

馒头是我国的中部和北部地区一日三餐的主食，包括河南、河北、山东、山西、陕西、甘肃、江苏北部、安徽北部等，这些地域多半人口密度大、消费水平偏低。其他地方的大中城市受外来人口的影响，馒头消费量也不小。当然不同地域对馒头口味的嗜好是大不相同的。

（1）农村是蒸制面食的主要消费区域

在以馒头为主食的省份内，包括县城和乡镇的广大村镇，除去外出务工人员，农村人口数量仍超过这些区域内总人口的60%，日常食用的馒头主要是来自家庭制作和馒头作坊加工。他们是面食的主要消费力量，消耗的馒头超过了馒头总量的50%。

（2）大中城市的不同层次消费群体

第一类是进入城市的民工。收入相对较低，多半是自己搭伙蒸馍或购进廉价的馒头食用。

第二类是下岗再就业职工和小商贩。能够保证温饱，但对生活质量没有苛求。这部分人口占有比例相当大，他们只求消费的产品有一定可信度，希望馒头价廉物美。对于馒头来说只要好吃，认为是有正规包装，厂家和商标齐全就可以了。

第三类是经济条件较好的工薪阶层。消费理念是宁买贵，不求贱，注重商品品牌，更希望购买的是放心的精品。这部分人对馒头的消费量虽然不大，但能起到重要的引导作用。

## 第二节 蒸制面食的历史演绎

### 一、蒸制面食的起源与古代沿袭

蒸制面食发源于我国，是酵面食品。古时凡面粉发酵后蒸制的吃食，无论是否有馅，起初统称蒸饼，后来都叫馒头。以后为了表示区别，一些地方把无馅的划为馒头，有馅的归入包子。

要生产蒸制面食，要有生产原料和工具，因而探讨馒头的起源问题，要从馒头的原料、生产工具和生产技术来说起。

蒸制面食以小麦为主要原料。我国小麦的种植历史可追溯到新石器时代晚期，如新疆罗布泊孔雀河下游发现4000多年前的随葬小麦粒；随后在云南剑川、海南海口、新疆哈密五堡、青海都兰诺木洪等地区均找到了商周时代的炭化小麦粒。不过，在中原和长江中下游地区未找到这段时间内的小麦遗迹。公元前21世纪到公元前16世纪，商周文化甲骨文中有小麦的记载；人们认为，我国小麦是约公元前200年或稍早从近东地区引进。

从西汉到南北朝（约公元前100年到公元589年），黄河两岸人民已过渡到以粟、麦为主食。但西汉时期种麦还是不多。西汉董仲舒曾建议汉武帝说："关中俗不好种麦""使关中民益种宿麦"，此后冬小麦播种面积逐步增加。因冬小麦冬播夏收，可与当时的农作物粟等轮作，解决青黄不接时的口粮。

春秋末年，大部分地区已普遍使用铁农具。西汉时已有铁犁、铁锄、水车、石磨、镰刀等，已知用牛耕。战国晚期，已有石转磨。西汉中山靖王刘胜墓内出土一用马作动力的石转磨。洛阳汉墓陶仓上有"大麦屑"题词，证明麦麸已从麦粉中分离开来。

我国的酿酒当始于龙山文化时期，夏朝发现有多种陶制酒器。公元前16世纪商朝已知用多种谷物酿酒，据唐云明："商朝统制者饮酒之风盛行，在台南商朝遗迹上发现一座酿酒作坊还有8.5千克的酵母。"发酵酒的产生，就有可能产生发酵面。当然，在小麦粉存在时，在自然酵母的作用下产生酵面是不可避免的。

小麦播种面积的扩大，良好的耕作制度的建立及栽培技术，铁农具、石转磨的发明，酵面的存在等条件均为馒头等酵面食品的产生与普遍食用奠定了坚实的物资和技术基础。

古人把各种面食通称为饼。如明《古今事务考》指出："水沦而食者呼为汤饼，笼蒸而食者皆为笼饼。"明学者蒋一葵《长安客话》说："笼蒸而食者皆为笼饼，亦曰炊饼，今毕罗、蒸饼、馒头、包子、兜子之类是也"。其中所说的笼饼即为现代的蒸制面食。

先秦时已有买卖饼的商人，《三辅旧事》说："太上皇不乐关中，高祖徙丰沛屠沽酒卖饼商人，立为新丰县。"东汉刘熙著《释名》载有"蒸饼，饼并也，馊面食合并也""蒸饼、汤饼、蝎饼、金饼、索饼之属皆随形而名也"的注解。

我国的面团发酵技术大致经过了以下几个发展阶段。

第一阶段：酒酵发面法。始于公元2世纪前后。如《四民月令》载有"酒馊饼"；《齐民要术》称为"作白饼法"，是用甜酒酿成的汁来和面。

第二阶段：酸浆发面法。始于公元6世纪前后，方法像《齐民要术》中的“作饼酵法”，是用酸浆加粳米等煮熬成粥，得饼酵，再加入面粉和面。

第三阶段：酵面发酵法。始于公元12世纪。宋代学者程大昌在《演繁露》中对西晋永平年间（公元219年）规定太庙祭祀时所用的“面起饼”解析说：“起者，入教（酵）面中也，令松松然也。”及宋代（公元960～1279年）已流行酵面。

第四阶段：兑碱酵子发面法。始于13世纪。忽思慧《饮善正要》有“钲（蒸）饼”，方法是将酵子、盐、碱加温水调匀后，掺入白面和成面团，第二天再掺入白面，揉匀后每斤面做两个饼，即可入蒸笼。酵子被认为是干面肥。

第五阶段：酵汁发面法。始于15世纪初。明初刘伯温《多能鄙事》记载发馒头的方法，用2斤白面，加一盏酵汁，和成面团，上面再漫上一块软面，放温暖的地方醒发，待面起发时，将四边的干面加温汤和好，揣入发面中，再发酵时，添加干面，倒入温水和匀，醒片刻后即可揪剂蒸馒头。

馒头起源，多认为起源于三国（公元220～280年），宋朝高承《事物纪原》条引《稗官小说》：“诸葛亮南征将渡泸水，土俗杀人首祭神，亮令杂用牛、羊、豕肉包之，以面像人头代之……馒头名始此。”也有人据此解释，馒头原名蛮头，蛮人之头也，后人嫌不雅，才改为现在的名字。

三国之后，有关馒头、包子的记载渐多。《晋书·何曾传》载西晋初太傅何曾（公元199～278年）精于食，说他“蒸饼上不拆作十字，不食”，即蒸饼上不蒸出十字的花纹是不吃的。有人认为这种蒸饼和现今的“开花馒头”差不多。

实心馒头一词的出现，认为是始出于清初吴敬梓的《儒林外史》（1749年）的第二回：“厨下捧出汤点来，一大盘实心馒头，大盘油煎的杠子火烧。”清袁牧（1716～1797年）《随园食单》中有“千层饼”和“小馒头”的记载：“小馒头做成胡桃大，就蒸笼食之，每可夹一双也。”

## 二、蒸制面食加工技术的发展历程

蒸制面食在漫长的发展历史中，已形成了众多各具特色的、风味各异的独特种类。大体上讲，可分为北方戗面馒头和南方水酵馒头。北方馒头的特点是麦香浓郁、筋道有咬劲。著名的有山东高桩馒头、陕西罐罐馍、河南开封的杠子馒头等。其原料比较简单，除少数地区加一些食糖和食盐外，大部分地区只用小麦粉、酵母（或面肥）和水。南方馒头的特点是色白暄软、绵软味甜。也分为有馅和无馅品种，馅料有肉、蔬菜或糖等。

对于以馒头为主的蒸制面食这一主食的研究，国内外都十分重视。加拿大、美国、澳大利亚、法国和日本食品及小麦专家多次来我国探讨馒头加工技术，其目的是为了掌握不同小麦品种生产的面粉与馒头质量的关系。他们始终认为中国的馒头市场具有巨大的潜力。作为东方传统食品，我国更为重视，20 世纪 90 年代各级政府就把蒸制面食工程列入厨房工程的一个重要内容。

1984 年，由商业部下达的《馒头连续化生产工艺及设备的研究》科研课题，由原郑州粮食学院（现河南工业大学）和河南省粮食科研所承担，经过 2 年的试验室小试和中试工作，于 1986 年完成了一套相应的生产装置，为我国馒头生产工厂化奠定了基础。但由于当时粮食统购统销的政策影响，加上设备体积大、造价高，生产技术不配套等原因，推广未能取得成功。20 世纪 90 年代初馒头生产关键设备，如和面机、馒头机和揉面机等基本定型，国家颁布了有关的行业技术标准。

1995 年，国家“九五”重大科技攻关项目《小麦大面积高产项目》子项目——《馒头工业化技术研究与示范》由原郑州粮食学院（现河南工业大学）承担，在全国范围内实施馒头工业化。生产过程中各个工序进行了单项攻关和综合配套，在二次发酵工艺基础上，推出了班产 1 吨、2.5 吨和 5 吨的系列化组合设备。至 21 世纪，在馒头为主食的地区，馒头生产线已经普及到了县城甚至乡镇。

随后，在设备加工企业及科研人员的不断努力下，馒头生产技术设备不断更新发展，经过了首创、模仿、改进和完善等一系列的攻关，馒头加工的单元操作连续化和自动化装备已经成为馒头厂常见的设施。比如，山东白鸽食品机械有限公司将传统设备和新型科技成果结合，制造出完善的双对辊成型馒头生产线、自动刀切包馅生产线、自动排放系统等实用性很强的单元连续化组合生产线；河南兴泰科技实业有限公司成功推出仿生馒头成型生产线；郑州天源食品机械开发公司的连续醒发蒸制生产线成功应用于生产。在大中城市已有较多馒头企业的生产规模突破日处理10吨面粉的大关，甚至达到日产100吨以上馒头的规模。全套的自动化连续生产线已由国外的一些设备加工企业研发成功，并且在国内速冻馒头生产中应用，如正大集团食品公司的速冻馒头包子生产线。

2006年国家粮食局提出了《小麦粉馒头》国家标准提案，2007年10月16日中华人民共和国质量监督检验检疫总局、中国国家标准化管理委员会联合发布了该标准。2008年1月1日《小麦粉馒头》国家标准的实施引起了广大消费者的广泛关注，使传统蒸制面食有了产品质量判定的权威性依据。

2012年以来，国家发改委、农业部、国家粮食局等部门都积极推动“主食产业化”的进程，馒头的生产进一步得到了国人的广泛关注，而且生产技术及装备也得到了更快地发展。

## 第三节 蒸制面食的种类

蒸制发酵面食是馒头加工厂、馒头作坊的主要产品。主要包括实心馒头、花卷、蒸糕、包子、锅贴等主要类型。

### 一、实心馒头

实心馒头是狭义上的馒头，又称为“馍”“馍馍”“卷糕”“大馍”“蒸馍”“饽饽”“面头”“窝头”等。此类产品是以单一的面粉或数种面粉为主料，除发酵剂外一般少量或不添加其他辅料（添加辅助原料用以生产花色品种馒头），经过和面、发酵和蒸制等工艺加工而来的食品。

**（一）主食馒头**

以小麦面粉为主要原料，是我国最主要的日常主食之一。根据风味、口感不同可分为以下几种。

（1）北方硬面馒头　是我国北方的一些地区，如山东、山西、河北等地百姓喜食的日常主食。面粉要求面筋含量较高（一般湿面筋含量＞28％），和面时加水较少，产品筋道有咬劲，一般内部组织结构有一定的层次，无任何的添加风味，突出馒头的麦香和发酵香味。依形状不同又有刀切方形馒头、机制圆馒头、手揉长形杠子馒头、挺立饱满的高桩馒头等。

（2）北方软性馒头　在我国中原地带，如河南、陕西、安徽、江苏等地百姓以此类馒头为日常主食。原料面粉面筋含量适中，和面加水量较硬面馒头稍多，产品口感为软中带筋，不添加风味原料，具有麦香味和微甜的后味。其形状有手工制作或机制圆馒头、椭圆馒头及刀切方馒头，目前馒头厂主要是机制的圆馒头和刀切方馒头。

（3）南方软面馒头　是我国南方人习惯的馒头类型。南方小麦面粉一般面筋含量较低（一般湿面筋含量≤28％），和面时加水较多，面团柔软，产品比较虚绵。多数南方人以大米为日常主食，而以馒头和面条为辅助主食，南方软面馒头颜色较北方馒头白，而且大多带有添加的风味，如甜味、奶味、肉味等。有手揉或机器搓圆馒头、刀切方馒头、体积非常小的麻将形状馒头等品种。

**（二）杂粮馒头和营养强化馒头**

随着生活水平的提高，人们开始重视主食的保健性能。目前营养强化和保健馒头多以天然原料添加为主。杂粮有一定的保健作用，比如高粱有促进胃肠蠕动防止便秘的作用，荞麦有降血压降血脂作用，加上特别的风味口感，杂粮馒头很受消费者青睐。常见的有以玉米面、高粱面、红薯面、小米面、荞麦面等为主要原料或在小麦粉中添加一定比例的此类杂粮生产的馒头产品，包括纯杂粮的薯面、高粱面、玉米面、小米面窝头和含有杂粮的荞麦、小米、玉米、黑米等的杂粮馒头。

营养强化主要有强化蛋白质、氨基酸、维生素、纤维素、矿物质等。由于主食安全性和成本方面的原因，大多强化添加料由天然农产品加工而来，包括植物蛋白产品、果蔬产品、奶制品、肉类及其副产品和谷物加工的副产品等，如加入大豆蛋白粉强化蛋白质和赖氨酸，加入骨粉强化钙磷等矿物质，加入胡萝卜增加维生素 A，加入处理后的麸皮增加膳食纤维，加入小麦胚芽增加维生素 E 等。

### （三）点心馒头

以特制小麦面粉为主要原料，如雪花粉、强筋粉、糕点粉等，适当添加辅料，生产出组织口感特别、风味独特的馒头。比如，奶油馒头、巧克力馒头、开花馒头、水果馒头等。该类馒头一般个体较小，其风味和口感可以与烘焙发酵面食相媲美，作为点心而消费量较少，但产品附加值相当高，是很受儿童欢迎的品种类型，也是宴席面点品种。

## 二、花卷

花卷可称为层卷馒头，是面团经过揉轧成片后，不同面片相间层叠或在面片上涂抹一层辅料，然后卷起形成不同颜色层次或分离层次，也有卷起后再经过扭卷或折叠造型成各种花色形状，然后醒发和蒸制成为美观而又好吃的馒头品种，有许多种花色。花卷口味独特，比单纯的两种或多种物料简单混合更能体现辅料的风味，并形成明显的口感差异而呈现一种特殊感官享受。

### （一）油卷类

油卷在一些地方被称为花卷、葱油卷等，是揉轧成的面片上加上一层含有油盐的辅料，再卷制造型而成，具有咸香的特点。油卷的辅料层上可能添加葱花、姜末、花椒粉、胡椒粉、五香粉、茴香粉、芝麻粉、辣椒粉或辣椒油、孜然粉、味精等来增加风味，也有个别厂家为了使分层分明，在辅料中加入色素，但要注意色素在馒头中使用是否符合安全标准。

### （二）杂粮花卷

杂粮花卷是揉轧后的小麦粉面片上叠加一层杂粮面片，再压合后，经过卷制刀切成型的产品。为了保证杂粮面团的胀发持气性，往往在杂粮面中加入一些小麦粉再调制成杂粮面团。白面和杂粮面的分层，使粗细口感分明，克服了纯粹杂粮的过度粗硬口感。常用于花卷的杂粮有玉米粉、高粱粉、小米粉、黑米粉和红薯面等。

### （三）甜味花卷

除油卷和杂粮花卷外，还有巧克力花卷、糖卷、鸡蛋花卷、果酱卷、豆沙卷、莲蓉卷、枣卷等甜味花卷。外观造型精致，洁白而美观，口味细腻甜香，冷却后仍然柔软，一些可以当作日常主食，一些是老幼皆宜的点心食品，发展潜力很大。

### （四）其他特色花卷

还有做工精细、风味口感非常特别的一些花卷，如菜莽卷、抻丝卷、五彩卷等。这些花卷风味和口感非常特别，颜色和形状美观，一般为宴席配餐和酒店的面点品种，也是百姓消费的高档面食。

## 三、包子

包子是一类带馅馒头，是将发酵或未发酵面团擀成面皮，包入馅料捏制成型的一类带馅蒸制面食。产品皮料暄软或细薄，突出馅料的风味，风味和口感非常独特，深受全国各地百姓的欢迎。包子的种类极多，一般分为大包（50～80 克小麦粉做一个或二个）、小包（50 克小麦粉做 3～5 个）两类。大小包子除发酵程度不同外(大包子发酵足，小包子发酵得嫩甚至不发酵)，小包子成型、馅心都比较精细，多以小笼蒸制，随包随蒸随售，在南方一些地方称这类发酵小包子为馒头。从形状看，还可以分为提褶、秋叶、钳花、佛手、道士帽、菊花、麦穗等不同。从馅心口味上看，也有甜咸之别。

### （一）甜馅包子

（1）豆包　以豇豆、芸豆、绿豆、豌豆等为主料经蒸煮和破碎，除加入糖外，有的还加入红薯、大枣等制成豆馅或豆沙馅，包入面皮内，多成型为捏口朝下，表面光滑的圆形包子，也有捏成麦穗状花色。口味甜中带有豆香。

（2）果馅包　包括果酱包、果脯包、果仁包、枣泥包、莲蓉包等。

（3）其他甜馅包子　有包入白糖或红糖的糖三角、糖腌猪油丁的水晶包，芝麻馅、油酥馅等品种包子。

### （二）咸馅包子

咸馅包子习惯上捏成带有皱褶花纹的圆形，分为肉馅包子和素馅包子两大类。

（1）肉馅包子　肉馅品种非常多，包括由猪肉、羊肉、牛肉、鸡肉、海鲜等鲜肉绞碎加入调味料和蔬菜制成的鲜肉馅，也有经过加工后的肉制品做成的肉馅，如叉烧馅、酱肉馅、扣肉馅、火腿馅等。肉馅包子显现出蒸食的特有肉香，是我国百姓普遍欢迎的主食品种之一。

（2）素馅包子　素馅一般由蔬菜、粉条、鸡蛋、豆腐、野菜、干菜等处理后剁碎和调味制成。常用的蔬菜有韭菜、芹菜、萝卜、白菜、茴香、豆角、萝卜缨、茭白、莴笋、荠菜等，干菜泡发后也是非常好的馅料。素馅清素爽口，热量低，有一定的保健作用，因此，素馅包子在我国发达城市中是很受人们青睐的膳食。

## 四、蒸糕

### （一）发酵蒸糕

发酵蒸糕又称为发糕，是一类非常虚软的馒头，其面团调制得相当软，甚至为糊状，经过发酵成型醒发蒸制而来，产品大多为甜味。常见的发糕有杂粮发糕、大米发糕、奶油发糕等。

杂粮或大米面生产发糕时往往添加一定量的小麦粉以增加面团的持气性。传统的发糕是将原料调制成糊状，经发酵后倒入模盘中蒸制后切成方形、菱形或三角形等形状。现今许多馒头厂是将原料调制成软面团，经发酵做形或不发酵直接做形，再充分醒发，蒸出的产品可保持做成的形状，并且经常在产品表面黏附一些果脯、芝麻、葡萄干等进行装饰，也可以在产品冷却后进行裱花装饰。

### （二）蒸制蛋糕

以鸡蛋、面粉和白糖为主要原料，通过搅打鸡蛋起泡，拌入面粉持气的方法使产品松软。蒸制蛋糕内高效价蛋白质含量高，因为蒸制较烤制的温度低，故蛋白质的有效性更好。带有鸡蛋的香味和非常柔软的组织性状，是很有发展潜力的食品品种。但其没有烤制的焦香风味和口感，需要适当调节风味，以使其得到更多人的欢迎。

### （三）特色蒸糕

以不同的面粉拌入一些具有特殊风味和色泽的配料，调制成面团或面糊，经过蒸制而成。其风味和外观特别，一般带有地方特色，如山西的黄面黏糕。

## 五、锅贴

所谓锅贴，是边炕边蒸的馒头或饺子产品，为我国的一类传统食品。锅贴馒头又称为焦底馒头、焦痂馒头，是在熟制时，汽蒸和火炕同时加热，产品特点是表面和组织性与其他蒸制发酵食品相同，而底面焦黄香脆，是我国民间流传下来的非常特别的食品。在未出现钢精锅之前，我国百姓用尖底铁锅炒菜和煮饭，为了节省时间和能量，煮饭时在未淹水的锅壁上贴馒头、花卷或包子，当饭菜煮好时，锅贴也被蒸熟。后经过人们的摸索和改进，创造出了一些地方特色的产品，如上海生煎馒头、河南水煎包、牛舌头馍、山西小米饼和中原地带的玉米锅贴等。现今市面上的一些商贩使用特殊的设备加工锅贴馒头或锅贴饺子，一般比较简陋。由于该类产品在馒头厂条件下较难实现，故本书对其工艺不作详细介绍。

## 第四节 蒸制面食的生产现状与发展趋势

### 一、目前商品化蒸制面食的主要来源及其加工技术水平

蒸制面食在我国传统的大众主食中占有很大的比重，而传统家庭式和作坊式生产方式早已不能适应现代化生活节奏。家庭制作的比例会逐步减少，单个作坊的蒸制面食必然被工业化蒸制面食生产所取代。

蒸制面食工业化主要在城市内进行，因此，这里介绍目前城镇商品馒头的加工现状。

由于存在不同的消费群体，馒头来源主要分为馒头房的作坊加工、食堂或伙房加工、工业化馒头厂加工三个方面。还有很少量的家庭或饭店自己加工。

以郑州市这样的中等偏大城市为例，根据初步估算馒头加工量分布是馒头房占40%～45%、工业化馒头厂占35%～40%、食堂饭店占15%～20%、家庭和伙房自制占1%～3%。

#### (一) 馒头作坊加工

一般的省会以下城市和乡镇绝大多数市场上的馒头来源于小作坊加工。即便是省会城市也有三分之一以上的商品馒头来自作坊加工。

作坊加工的特点是半机械化半手工生产，设备和厂房设施非常简陋，劳动强度大，生产效率低，卫生条件没有保障。产品是无厂家无商标，甚至馒头房无营业执照。由于设备和厂房投资很少，劳动力廉价，经常逃避税金及有关部门的管理，所以成本非常低。生产原料、环境卫生都无法保证，存在很大的食品安全隐患，是政府高调要取缔的对象。

为何目前作坊生产仍有生存空间？首先是馒头价格便宜，其次是馒头一般比较好吃。馒头房的师傅大多是具有多年丰富经验的高手，无论面粉质量如何，都能够生产出感官品质受欢迎的产品。另外，作坊加工生产量小，可以沿用传统的加工技术，使用酵子、老面头作为发酵剂，面团得到充分发酵，也就是采用传统的老面发酵技术，这样不仅节省了发酵剂的成本，同时也使馒头能达到消费者追求的传统口感和风味的要求。因此，馒头房喜欢打出“手工馒头”“老面馒头”“酵子馒头”等招牌，便宜又好吃，很多百姓就是偏爱作坊馒头。

实际上，现今的商品馒头已经不存在真正意义上的“手工制作”。所谓的“手工”应该是指和面和揉面的手工制作，然而商品馒头加工的和面、揉面和成型肯定是脱离了手工。除非家庭制作，即便是最简易的作坊也有和面机和压面机，绝不会用人工和面或者手工揉面。

### （二）馒头工业化加工

所谓的工业化就是指改变传统的制作模式，尽可能实现机械化和连续化生产，降低劳动强度，生产效率高和生产规模大。馒头工业化生产线一般所有工序都由设备完成。

工业化馒头生产线分为组合式生产线、连续成型连续醒蒸生产线等。每条生产线的产量一般由馒头成型的效率来定，多数为每小时100～1000千克馒头或包子的生产能力。生产的最主要品种有圆馒头、刀切方馒头和包子。新型酵母和发酵技术的应用，使生产周期大大缩短，而且产品质量有所保障。目前，蒸制面食的自动化和连续化正处在一个快速发展阶段，绝大多数馒头厂的生产线还不能实现全线顺利连接，特别是和面不连续，和面与成型、成型与醒发蒸制、蒸制与冷却包装等环节之间的连接还是由人工完成。但现在也有国外的先进技术开始应用于国内，出现了连续和面、连续成型排放、直接传送至醒蒸及冷却包装，实现了全线连续化的馒头生产线，无需任何人工操作。

规模化生产有利于产品质量的一致，也比较容易消除不安全的因素，所以得到了政府的支持和百姓的接受。但工业化馒头普遍存在成本较高、脱离传统口味较远的情况，也限制了它的发展速度。

## 二、蒸制面食工业化生产技术的发展趋势

随着经济的进一步发展，我国百姓对蒸制面食提出了更高的要求。顺应时代的发展并加速技术革命，是蒸制面食生产者和研究者必须面对的问题。目前，有关蒸制面食的攻关目标主要集中在专用面粉的配制，产品改良剂的使用效果，和面、揉面、成型、排放的连续自动化，发酵自动控制和连续汽蒸设备，以及功能性蒸制面食开发，产品保鲜技术，冷馒头复热性能改善等方面。而理论研究方向主要为蒸制面食发酵理论研究，面团调制与揉轧的物理化学变化及与产品质量的关系，蒸制过程基本原理研究，生产及储存过程中微生物的变化，产品营养与保健性探索，传统特色产品的挖掘和生产原理研究等。现在越来越多的专家学者投身于蒸制食品的研究中，新的成果不断出现。新的形势下，我国蒸制面食的发展方向比较明确。

### 1. 实现规模化生产，降低生产成本

现今，馒头厂的生产规模多数还在日处理3～5吨面粉之间，生产的人力、能源消耗还比较大，没有充分体现工业化的优势。蒸制面食的消耗量非常大，以郑州市为例，每日市民消耗馒头超过500吨。然而，蒸制面食的市场竞争也十分激烈，产品不仅需要卫生放心，更需要成本低廉和稳定的感官性能。

为了形成更大规模的生产，并且保持质量稳定，需要有固定的生产工艺参数和连贯的自控设备，需要控制原料质量，需要注意面粉、酵母和工艺用水等主要原料的状况，需要保持生产环境和设备条件良好，减少可变因素，降低变数的范围。原料成本、人力、能源消耗和管理费用是生产的主要成本，因而需要使用简易而有效的生产设备，严格生产管理，减少任何不必要的消耗，从管理中要效益，从规模中要效益。同时还要解决产品保鲜和销售环节控制等方

面问题，使产品在较大范围内销售，并能够以良好的状态到达消费者手中。

2. 自动生产线推广应用

计算机在生产线上的控制是我国传统食品加工的薄弱环节。目前，工艺研究、设备制造和计算机编程等方面的人才未形成有机地结合，是限制蒸制面食自动化推广应用的主要因素之一。跨学科人才的交流与结合已经成为科学研究的必然趋势，并在逐步实现，在不远的将来，自动化生产线一定会在蒸制面食生产企业中得到推广，使生产的效率更大地提高，劳动强度进一步降低。

3. 新技术在蒸制面食生产中的应用

随着科学技术的发展，微波技术、超微技术、超高温技术、超低温技术、超高压技术、微胶囊技术以及新型生物技术等在食品加工领域得到了较广泛地应用。新技术与原有的蒸制面食生产技术相结合，会产生超乎想象的效果。当然，新技术的应用需要大量的研究和实践，还需要设备条件的支持。目前，速冻技术已经成功地应用于蒸制面食，解决了蒸制面食的储存保鲜问题，使产品远销成为现实。通过超低温技术应用，使得速冻面食生坯成为可能，促进了蒸制面食的连锁经营迈上新台阶。

4. 开发花色品种，增加产品的附加值

蒸制面食新品种的开发将主要集中在两个方面：传统口味及地方特色产品的挖掘和工业化生产；借鉴其他食品配方并结合其他生产工艺加工出风味独特、保质期较长的品种。新品种的生产技术和设备要求独特、科技含量高，其生产利润丰厚，也能够避免一些商贩的不正当竞争。我国目前馒头品种较以前丰富了许多，但产品的档次仍可以进一步拉开，市场需要更多种的特殊风味和营养性质的馒头，以满足不同消费人群的需求。

5. 朝速食化、方便化发展

面包买了就可以吃，即使冷的也是一样，但馒头这方面的性质就很差。馒头蒸制后趁热食用最好，因此销售的热馒头在一些小城市比较受欢迎。但热馒头保温存放有一定的时间和条件限制，规模化生产的产品一般为冷馒头，而且消费者即便买到热馒头，吃剩下的仍需要冷藏保存。冷馒头口感变硬，需要复蒸才能食用（而大多数情况是，复蒸后风味口感也会变劣）。生产无需保温，较长储存期内柔软且不腐败的馒头产品，是未来馒头技术攻关的一个重要方向。

6. 蒸制面食进一步加工

面食蒸制后，可以进行烘烤、油炸、干燥等再加工。目前，市场上已经出现馒头片、馒头干、土馍等产品。由于蒸制面食油糖含量低，易于消化，是很好的保健食品，加上良好的口感和风味，使其备受消费者欢迎，发展潜力巨大。

7. 传统发酵方法在工业化馒头生产中的应用

目前工业化生产蒸制面食一般采用纯酵母菌快速发酵法，而传统的家庭或作坊式加工多采用面团老面发酵。由于发酵技术的不同，导致了工业化馒头与传统手工馒头风味和口感的明显差异，百姓普遍认为机制馒头没有手工馒头好吃。将传统的酵子工业化加工，为蒸制面食工业提供发酵力强、质量稳定、保质期较长的传统发酵剂，并且改善馒头生产线的发酵工艺，使工业化蒸制面食的口味达到或接近传统的口味也是亟待研究开发的项目。

“安全、营养、美味、方便”是近期食品工业发展的基本要求。随着人们生活要求的不断提高，以及新技术、新设备的出现，新的食品品种和更加科学的加工方法必定会层出不穷，是任何人也无法完全准确预测的。不断开发资源，充分利用人类智慧是科技工作者责无旁贷的义务。

第二章

# 蒸制面食的主要原料

## 第一节 小 麦 粉

### 一、小麦粉中各种化学成分

#### (一) 碳水化合物

碳水化合物是小麦面粉中含量最高的化学成分，约占麦粒重的70%，面粉重的75%，它主要包括淀粉、糊精、纤维素以及各种游离糖和戊聚糖。在制粉过程中，纤维素和戊聚糖的大部分被除去，因此，纯面粉的碳水化合物主要是淀粉、糊精和少量的糖。

#### (二) 蛋白质

蛋白质是维持人体生命的七大营养成分之一，是面粉的主要成分，是影响蒸制面食质量的重要因素之一。

小麦和面粉中蛋白质含量随小麦类型、品种、产地和面粉的等级而异，面粉中蛋白质含量在6%～14%之间。一般来说，蛋白质含量越高的小麦质量越好。目前，不少国家都把蛋白质含量作为划分面粉等级的重要指标。对于同一种小麦加工的面粉，出粉率越高、加工精度越低，其蛋白质含量越高，反之亦然。

在各种谷物面粉中，只有小麦粉中的蛋白质能吸水而形成面筋。这主要是由小麦蛋白质的特性决定的，其中麦胶蛋白、麦谷蛋白能吸水形成面筋，小麦蛋白质有以下几种。

面筋蛋白质{麦胶蛋白<br>麦谷蛋白

非面筋蛋白质{麦球蛋白<br>麦清蛋白

面筋的形成包括蛋白质的水化作用和膨胀作用两个过程，先是不溶于水的麦胶蛋白和麦谷蛋白充分吸水，与水结合成水化蛋白质；与此同时，蛋白质微粒逐渐膨胀、相互黏结，最后在面团中形成整块网络状结构。小麦中不同蛋白质的吸水能力和膨胀能力见表2-1。

**表 2-1　小麦中不同蛋白质的吸水能力和膨胀能力**

单位：毫升/100 克

| 蛋白质种类 | 吸水能力 | 膨胀能力 |
|---|---|---|
| 面筋 | 168 | 147 |
| 小麦蛋白质 | 223 | 231 |
| 麦胶蛋白质 | 83 | 135 |
| $\alpha$-麦胶蛋白质 | 76 | 127 |
| $\beta$-麦胶蛋白质 | 119 | 180 |

蛋白质分子量越大，吸水能力越强。

面粉蛋白质变性后，失去吸水能力，膨胀能力减退，溶解度变小，面团的弹性和延伸性消失，面团的工艺性能会受到严重影响。

### （三）脂质

小麦子粒中的脂质含量为2%～4%，面粉中脂质含量为1%～2%。胚部脂质含量最高，达8%～15%；麸皮中约为6%；胚乳中脂质含量最少，为0.8%～1.5%。

小麦中的脂质主要由不饱和脂肪酸组成，易因氧化和酶水解而酸败。因此，制粉时要尽可能除去脂质含量高的胚芽和麸皮，减少面粉的脂质含量，使面粉的安全储藏期延长。

面粉中所含有的微量脂肪在改变面筋筋力方面起着重要作用。面粉在储藏过程中，脂肪受到脂肪酶的作用产生的不饱和脂肪酸可使面筋的弹性增大、延伸性减小。

### (四) 矿物质

小麦和面粉中的矿物质是用灰分来测定的。小麦子粒的灰分（干基）为1.5%～2.2%。矿物质在小麦子粒各部分的分布很不均匀，皮层中糊粉层的灰分最高，据分析糊粉层部分的灰分占整个麦粒灰分总量的56%～60%。

小麦子粒不同部分灰分含量的明显差别，提供了一种简便的检查制粉效率和小麦面粉质量的方法，小麦的灰分越高说明胚乳含量越低。面粉的灰分比小麦中胚乳的灰分增加越多，说明面粉中混入的皮层越多，面粉精度越低。我国国家标准把灰分作为检验小麦粉质量的重要指标之一。特制一等粉灰分（以干物质计）不得超过0.70%，特制二等粉灰分应低于0.85%，标准粉灰分小于1.10%，普通粉灰分小于1.40%。

### (五) 水分

我国的面粉质量标准规定，特制一等粉和特制二等粉的水分为(13.5±0.5)%，面粉中水分含量过高，易腐败变质。

面粉中的水分以游离水和结合水两种状态存在。游离水又称自由水，面粉中的水分大部分呈游离状态，因此，总水分变化也主要是游离水变化。面粉中的水分含量受到环境温度、湿度的影响。结合水又称束缚水，它以氢键与蛋白质、淀粉等亲水性高分子胶体物质相结合，在面粉中含量稳定。这两种状态的水在面团中的比例，影响着面团的物理性质，所以在和面加水时，应考虑面粉中含水量的变化。

### (六) 维生素

小麦和面粉中主要的维生素是复合维生素B和维生素E，维生素A的含量很少，几乎不含维生素C和维生素D。小麦、面粉中维生素含量情况见表 2-2。

表 2-2 小麦、面粉的维生素含量 单位：毫克/100 克干重

| 维生素 | 小麦 | 面粉 |
|---|---|---|
| 维生素 $B_1$ | 0.40 | 0.104 |
| 维生素 $B_2$ | 0.16 | 0.035 |
| 烟酸 | 6.95 | 1.38 |
| 维生素 H | 0.016 | 0.0021 |
| 胆碱 | 216.0 | 208.0 |
| 泛酸 | 1.73 | 0.59 |
| 维生素 $B_6$ | 0.049 | 0.011 |
| 肌醇 | 340.0 | 47.0 |
| 对氨基苯甲酸 | 0.51 | 0.050 |

通过表 2-2 可以看出，在制粉过程中维生素显著减少，这是因为维生素主要集中在糊粉层和胚芽部分。因此出粉率高、精度低的面粉维生素含量高于出粉率低、精度高的面粉。次等粉、麸皮和胚芽的维生素含量相当高。

### （七）酶

小麦和面粉中重要的酶有淀粉酶、蛋白酶、脂肪酶、脂肪氧化酶、植酸酶等。由于淀粉酶和蛋白酶对于面粉的加工性能影响最大，因此过去对酶的研究重点都集中在这两种酶。近年来，小麦和面粉中的其他酶也受到关注。

## 二、小麦面粉类别与等级标准

各国面粉的种类和等级标准一般都是根据本国人民生活水平和食品工业的生产需要来制定的。

我国内地现行的面粉等级标准主要是按加工精度来划分的。1986 年颁布的小麦粉国家标准中将小麦粉分为四等，即特制一等粉、特制二等粉、标准粉和普通粉（表 2-3）。特制一等粉、特制二等粉和标准粉的加工精度，均以国家制定的标准样品为准。普通粉的加工精度标准样品，则由省、自治区、直辖市制定。我国面粉

的卫生标准按照国家卫生部和国家技术监督局颁布的有关规定执行。

**表 2-3　我国小麦面粉的质量标准**（GB 1355—1986）

| 等级 | 特制一等粉 | 特制二等粉 | 标准粉 | 普通粉 |
|---|---|---|---|---|
| 加工精度 | 按实物标准样品对照检验粉色、麸量 | | | |
| 灰分（干物计） | ≤0.70 | ≤0.85 | ≤1.10 | ≤1.40 |
| 粗细度 | 全部通过CB36号筛，留存在CB42号筛的不超过10.0% | 全部通过CB30号筛，留存在CB36号筛的不超过10.0% | 全部通过CQ20号筛，留存在CB30号筛的不超过20.0% | 全部通过CQ20号筛 |
| 面筋质（湿重） | ≥26.0 | ≥25.0 | ≥24.0 | ≥22.0 |
| 含砂量 | ≤0.02 | ≤0.02 | ≤0.02 | ≤0.02 |
| 磁性金属物量/（克/千克） | ≤0.003 | ≤0.003 | ≤0.003 | ≤0.003 |
| 水分 | 13.5±0.5 | 13.5±0.5 | 13.5±0.5 | 13.5±0.5 |
| 脂肪酸值（以湿基计） | ≤80 | ≤80 | ≤80 | ≤80 |
| 气味、口味 | 正常 | 正常 | 正常 | 正常 |

注：灰分、面筋质、含砂量、水分均以质量分数（%）计，脂肪酸值以毫克KOH/100克面粉计。

2006年国家粮食局质量中心和国家粮油质量监督检验中心起草了新的小麦粉国家标准GB 1355—2006，新标准在原标准分类的基础上，以灰分作为定级指标，将小麦面粉分成的四个等级是一级（精制粉）、二级（原特制一等粉）、三级（原特制二等粉）和四级（原标准粉）。但由于种种原因，新标准目前仍没有实施。

我国目前的大多数面粉实际上还是一种“通用粉”，各项指标并不是针对某种专门的、特殊的食品来制定的，不是专用粉，很难适用于制作馒头、面条、面包、糕点、饼干等对面粉蛋白质、面筋质数量和质量不同的要求。因此，随着人民生活水平的提高和食品工业的发展，有必要根据我国的国情和人们对食品品种和质量的要求，借鉴国外先进经验，研究制定各种专用粉的质量标准，逐步发展专用粉生产。根据一些食品的特殊要求，我国于1988年颁布了高筋小麦粉和低筋小麦粉的国家标准，这表明我国的小麦粉开始向专用小麦粉方向发展。GB 8607—1988高筋小麦粉面筋质含量要求大于30%，低筋小麦粉面筋质含量要求低于24%。

## 三、馒头专用面粉指标

我国商业部谷物油脂化学研究所的专家，在总结国内外同类研究的基础上，经过多年的试验，提出以面粉灰分、面粉粗细度、湿面筋、降落值和粉质稳定时间等主要指标为主的馒头专用粉理化指标，这是我国第一个关于馒头专用粉品质的行业标准（表2-4）。

**表2-4 馒头专用粉的质量标准**（据SB/T 10139—1993资料整理）

| 项目 | | 精制级 | 普通级 |
|---|---|---|---|
| 水分/% | ≤ | 14.0 | |
| 灰分(以干基计)/% | ≤ | 0.55 | 0.70 |
| 粗细度 | | 全部通过CB 36号筛 | |
| 湿面筋/% | | 25.0～30.0 | |
| 粉质曲线稳定时间/分钟 | ≥ | 3.0 | |
| 降落数值/秒 | ≥ | 250 | |
| 含砂量/% | ≤ | 0.02 | |
| 磁性金属物/(克/千克) | ≤ | 0.003 | |
| 气味 | | 无异味 | |

馒头的质量不仅与面筋的数量有关，更与面筋的质量、淀粉的含量、支链淀粉与直链淀粉的比例等因素有关。该标准只是粗浅地对小麦粉的部分品质指标划分出大致的数量范围，根据现有的标准制成的馒头专用粉，往往并不一定完全适合于制作优质的馒头产品。而且，我国馒头种类很多，对面粉品质的要求也不尽相同，因而无法严格规定。因此，制定一套详尽的、科学的馒头专用粉的标准，从小麦粉化学成分、流变学特性、制粉工艺等方面详尽地系统地作出规定，使面粉企业在生产馒头专用粉时能够根据这个标准进

行选麦、配麦、制粉和配粉，生产出真正适合制作优质馒头的专用粉已成为当务之急。

## 四、石磨小麦粉的特点及其应用

现代面粉生产企业生产的面粉，由于钢磨制粉机的高速度和高温度运行，可能破坏面粉中的各种营养物质和分子结构，于是，近年来国外大型面粉设备制造企业已经开始研究用陶瓷磨面，进而取代现代的钢磨。

石磨磨面是我国几千年流传下来的传统制粉工艺技术，相传古石磨是春秋时期鲁班根据八卦阴阳相克相生琢磨制成，具有悠久的历史。石磨选用天然白砂岩或麦饭石分布带石材，其质地坚硬，易成型，有韧性，含有钙、铁、锌、硒等几十种人体必需的矿物质元素。石磨机对小麦研磨的遍数少，研磨温度较低，因此石磨磨面最大程度保留了小麦中的蛋白质、面筋质、碳水化合物、钙、磷、铁、维生素 $B_1$、维生素 $B_2$等各种营养物质。

石磨生产效率低，产品质量完全靠人的感觉来控制，石磨面粉的破损淀粉较多，粗细度难以保障，麸皮被破碎且残留于面粉中的可能性大；石磨本身在碾磨过程会有一些粉碎的石头粉末进入面粉，加上小麦的清理不被传统生产者重视，很多石磨小麦粉有牙碜现象存在。基于这些原因，使得传统的石磨面粉不能满足现代食品工业化发展的需要，已逐渐退出市场。

随着人们对食品安全和健康饮食的认知，以及日新月异变化的消费者市场需求，这种传统石磨制粉产品的健康、天然、营养又被广大消费者所回味。将传统工艺和现代工艺相结合研发制造的机动石磨制粉技术，既改善了传统石磨制粉工艺的低效率，又弥补了现代制粉工艺的面粉生产过程中营养成分的损失和破坏，这对食品市场产生了积极的影响，不仅顺应了广大消费者对健康营养食品的需求，同时也带动了普通面粉生产向绿色面粉生产转变。石磨面粉作为我国面粉行业的新型品牌，在面粉行业的发展过程中起到了极其重要的作用，已经广泛应用于实际生产。研究表明，精细加工的石磨面粉不仅能够提高馒头的营养价值，而且可以保证馒头的感官品质，使馒头的麦香味更加突出。

## 五、小麦粉的储存

蒸制面食厂，特别是馒头车间日消耗面粉量较大，如果没有适当的面粉储备，可能会因面粉供应商的生产、运输或其他原因不能准时送达时耽误生产，从而导致蒸制面食不能按时完成生产量，对企业的声誉造成严重影响。因此，馒头车间一般都要存放够用10天以上的面粉备用。但是如果遇到一些不可预见的因素，导致面粉较长时间存放于车间的原料仓库没有被消耗掉，面粉就有可能变质。一些资料表明，在一定条件下面粉经过10～30天的储存会发生“熟化”作用，品质会有所改善。但面粉含水量较高，在储存条件不当时，1个月以上的储存就可能导致面粉品质下降。

### （一）面粉劣变的表现

1. 面粉结团

面粉结团是储存过程最容易出现的问题。小麦面粉含水量一般超过13%，属于高水分营养性原料，在常温下（25℃）甚至更高的温度下，很易生长微生物。在微生物发酵及水分的共同作用下，面粉颗粒之间发生粘连，从而出现结团现象。结团不仅使得物料在搅拌过程难以混合均匀，而且面粉的其他指标也明显变差。因此，有结团的面粉是否已经变得不适合馒头生产值得非常关注。

2. 生虫

面粉储存过程中很容易生虫，特别是夏季储存。常见的面粉昆虫有谷盗类、谷蛾类和甲虫类。生虫后的面粉酶活性和脂肪酸值明显提高，不仅影响蒸制面食的口感风味，还容易导致馒头萎缩。

3. 变色

高温高湿条件下存放一定时间，面粉会因微生物的增加而出现黄色、褐色、灰色等颜色，甚至出现黑色或长毛。当出现颜色变化后，面粉的菌落总数一般超过$10^5$个/克的数量，伴随着异味产生。

无论是从食品安全角度还是馒头品质方面考虑，这类变色的面粉都无法再用来蒸制面食了。

### （二）面粉劣变的防止及储存条件控制

面粉储存过程要防止有害成分的污染和害虫、老鼠的侵蚀，保证将面粉的酶活力、脂肪酸值和菌落数控制在要求的安全范围。储存环境条件和储存周期都要进行严格地掌握。馒头生产一般使用袋装（25千克/袋）面粉，有条件的企业（如面粉企业）的馒头加工可能使用散装面粉。这里就大多数蒸制面食厂使用的袋装面粉的存放提出建议。

1. 面粉存放间建筑要求

面粉存放应该有专门的房间，房间的地面较房外地面至少高出0.5米。房间设有通风换气装置，房顶保温隔热效果良好（平房一定要防止夏季房顶日晒过热），地面硬化并且平整，与容易产生湿气的房间完全隔离（包括醒发间、汽蒸间和馒头冷却间等），房门必须设置超过50厘米高的防鼠板。

2. 面粉避免直接放于地面

面粉包装袋一般有透气性并不隔水，如果将面粉袋直接放于地面上，很容易受潮或沾染有害物质。馒头加工企业多是将面粉放于活动的木架上，不仅可以起到防潮防虫防鼠的作用，也有利于面粉搬运时叉车的使用。较小的馒头车间也可以将面粉放于45厘米高的水泥防鼠台上。

3. 保持低温低湿

储存室的温度最好控制在25℃以下，面粉存放90天不会造成品质的变化，甚至存放30天还能提高制作的馒头品质。在5℃左右，相对湿度低于50%条件下存放面粉，在6个月甚至更长时间，面粉仍不会变质。在30℃以上高温或者相对湿度超过80%条件下存放，面粉在2个月之内就有可能变质。蒸制面食加工企业的原料储存间大多没有降温降湿设施，故建议面粉的存放一般不要超过3个月。

# 第二节　酵　　母

## 一、酵母的形态和增殖

### （一）酵母的结构形态

酵母是一种单细胞微生物，属真菌类。

酵母的形态、大小随酵母的种类不同而有差异，一般为圆形、椭圆形等，长5～7微米，宽4～6微米。酵母的结构与其他生物细胞相似，分为细胞壁、细胞质、细胞核及其他内含物等。

### （二）酵母的化学成分（表2-5）

表2-5　干酵母的化学成分

| 成分 | 水分 | 灰分 | 粗蛋白 | 粗脂肪 | 粗纤维 | 碳水化合物 |
|---|---|---|---|---|---|---|
| 含量/% | 7.7 | 7.6 | 52.5 | 0.8 | 5.3 | 26.1 |

酵母含有丰富的蛋白质，有单纯蛋白质和结合蛋白质；所含碳水化合物除少量低分子糖外，大多以多糖的形式存在，主要为甘露聚糖和葡聚糖；类脂物主要为卵磷脂和甾醇类；灰分中以磷和钾化合物为主。此外酵母还含有大量的B族维生素。因此，酵母本身含有丰富优良的蛋白质，是营养价值很高的原料，酵母增殖能促使食品营养性提高。

### （三）酵母的繁殖与发酵

1. 酵母增殖的方式

酵母的繁殖方式主要是出芽繁殖，当母细胞成熟时，先由细胞的局部边缘长出乳头状的突起物——芽细胞。当芽细胞长大后，细胞质及内含物就会移入芽孢内，同时细胞核分裂，分裂的核除留一部分在母细胞内，其他部分则移入芽孢内。当芽孢长大后，子细胞与母细胞交接处形成新膜，使子细胞与母细胞分离。子细胞形成独立细胞体后，又继续进行芽殖，这样便一代一代地繁殖下去。

2. 发酵反应与发酵条件

(1) 酵母的呼吸反应　酵母在生长繁殖过程中发生着有氧呼吸和厌氧呼吸（酒精发酵）产生大量的二氧化碳。

$$\underset{\text{葡萄糖}}{C_6H_{12}O_6}+6O_2\xrightarrow[\text{酵母酶}]{\text{有氧呼吸}}6CO_2\uparrow+6H_2O+2871\text{ 千焦}$$

$$\underset{\text{葡萄糖}}{C_6H_{12}O_6}\xrightarrow[\text{酵母酶}]{\text{厌氧呼吸}}\underset{\text{酒精}}{2C_2H_5OH}+2CO_2\uparrow+100\text{ 千焦}$$

(2) 酵母发酵的条件　酵母的生长繁殖需要水分、碳源、氮源、无机盐类和生长素作为营养物。酵母的活力与温度、pH 值、氧有关系，适宜温度为 27～38℃，适宜的 pH 值在 5～5.8 之间，供氧充足有利产生更多的二氧化碳而抑制酒精的产生。

## 二、酵母在面食中的工艺性能

酵母是发酵面团蒸食的主要原料之一。酵母的发酵对面食的作用有以下几个方面。

(1) 使产品体积膨松　它能在有效时间内产生大量的二氧化碳气体，使面团膨胀，并具有轻微的海绵结构，通过蒸制，可以得到松软适口的馒头。

(2) 促进面团的成熟　酵母有助于麦谷蛋白结构发生必要的变化，为整形操作、面团最后醒发以及蒸制过程中馒头体积最大限度地膨胀创造了有利条件。

(3) 改变产品风味　酵母在发酵过程中能产生多种复杂的化学芳香物质，比如产生的酒精和面团中的有机酸形成酯类，增加馒头的风味。

(4) 增加产品的营养价值　酵母中含有大量的蛋白质和 B 族维生素，以及维生素 D 原、类脂物等。每克干物质酵母中，含有 20～40 微克硫胺素、60～85 微克核黄素、280 微克尼克酸，这些营养成分都提高了发酵食品的营养价值。

## 三、酵母的种类与特点

面食发酵用酵母通常有以下三种。

### （一）鲜酵母

鲜酵母又称压榨酵母，它是酵母菌种在糖蜜等培养基中经过扩大培养、繁殖、分离、压榨而制成的。鲜酵母有以下特点。

（1）含水量高活性高　市售鲜酵母的发酵力一般在550毫升左右，由于含水量在60%以上，菌体含量相对于干酵母来讲非常低，测定发酵产气量时加入的量远大于活性干酵母。因此，使用时用量较活性干酵母多，否则发酵效果会达不到要求。

（2）活性不稳定　随着储存时间延长和储存条件不适当活性迅速降低。例如，采用二次发酵法，刚出厂1周的鲜酵母使用量为1%；储存2周后就要增加到1.5%；储存3周后需增加到2%。因此，需经常随着储存时间延长而增加其使用量，否则达不到质量要求，且增大了成本。

（3）储存条件严格　必须在冰箱或冷库中等低温条件下储存，增加了设备投资和电能消耗。如果在室温下储存，很容易自溶和变质。

（4）储存时间短　有效储存时间仅有3～4周，不能一次性购买太多，需经常采购，这不仅增大了费用支出，对于远离酵母生产厂家的馒头企业来说，使用也极不方便。

（5）不宜长途运输　由于鲜酵母必须储存在低温下，对于远离酵母厂而又无冷藏车的厂家更是困难重重，特别是夏季。

（6）使用前需要活化　使用前需用30～35℃的温水活化10～15分钟，用高速搅拌机可不用水活化。

（7）价格便宜　其发酵生产的产品风味独特。在添加量达到一定水平后发酵速度比较快。

### （二）活性干酵母

活性干酵母是由鲜酵母经低温干燥而制成的颗粒酵母，它具有以下特点。

① 使用比鲜酵母更方便。

② 活性较低但很稳定，发酵力为450毫升以上（测定方法见第四章第一节）。一般的活性酵母的启动要比即发活性酵母和鲜酵母慢，发酵耐力最好。

③ 不需低温储存，可在常温下储存1年左右。

④ 使用前需用温水活化。

⑤ 缺点是成本较高，没有即发活性酵母方便。

我国目前已能生产高活性干酵母，普通的活性酵母有被取代的趋势。

**（三）即发活性干酵母**

即发活性干酵母也称为高活性酵母，是近些年来发展起来的一种发酵速度很快的高活性新型干酵母，主要生产国是法国、荷兰等国。近年来，我国与国外合资建设了多家生产适合我国面食发酵的即发活性干酵母企业，并通过引进菌种和技术建成了一些本土的酵母企业，其产品在蒸制面食行业应用效果更好，且得到了行业的认可。高活性酵母与鲜酵母、活性干酵母相比，具有以下鲜明特点。

（1）使用非常方便　使用前无须溶解和活化，可直接加入面粉中拌匀即可，省时省力。

（2）活性特别高　发酵力达600毫升以上，启动速度非常快。因此，在所有的酵母中即发型酵母的使用量最小。

（3）活性很稳定　因采用真空密封或充氮气包装，储存达数年而活力无明显变化，故使用量相当稳定。

（4）发酵速度快　能大大缩短发酵时间，特别适合于快速发酵工艺。

（5）不需低温储存　只要储存在室温状态下的阴凉处即可，无任何损失浪费，节约了能源。

（6）缺点是价格较高，产品较难实现老面风味。

从以上分析可以看出，虽然即发活性干酵母成本高，但其活性高，发酵力大，活性稳定，无任何损失浪费，是目前能在全国广泛使用并代替鲜酵母的原因。

## 四、酵母的选购与使用

### （一）酵母的选购

要制作出高质量的蒸制面食，必须选购优质酵母。以即发高活性干酵母为例，选购时应注意以下几点。

（1）要注意产品的生产日期　因为酵母是一种微生物，只能在一定的条件下保存一定的时间，超过了保质期，它的生物活性便降低，甚至失去生物活性，用它来制作馒头等面团发酵食品时，面团便不能起发良好，甚至不能起发。因此，应选购生产日期最近或在保存期之内的酵母。一般情况下，生产日期都标明在包装袋的侧部或底部，应注意观察。

（2）要选购包装坚硬的酵母　因为即发活性干酵母多采用真空密封包装，酵母本身与空气完全隔绝，故能较长时间地保存。如果包装袋变软，说明已有空气进入袋内，影响或降低了酵母活性，故不要选购。也不要使用松包、漏包、散包的产品。

（3）要选购适合要求的酵母　同一品牌的即发活性干酵母，有不同的包装颜色或印有不同文字，以区别于适合什么类型面团使用的酵母，如低糖或高糖。主食馒头一般可选择低糖型酵母，但生产高糖面食（面团含糖量超过7%）时最好选用高糖型酵母。

### （二）酵母的使用

酵母的使用方法是否正确，直接关系到面团能否正常发酵和馒头等产品的质量。正确使用酵母的原则是，在整个生产过程中都要保持酵母的活性，每道工序都要有利于酵母的充分繁殖和生长。

#### 1. 添加方法

酵母对温度的变化敏感，它的生命活动与温度的变化息息相关，其活性和发酵力随温度变化而改变。影响酵母活性的关键工序之一是面团搅拌。由于我国绝大多数中小馒头生产厂家的车间无空调设备，搅拌机不能恒温控制，面团的温度需根据季节变化用调节水温来控制。故在搅拌过程中酵母的添加应按照以下情况来决定。

① 春秋季节多用30～40℃的温水搅拌，酵母可直接添加在水中，既保证了酵母在面团中均匀分散，又起活化作用。但水温超过50℃以上时，千万不可把酵母放入水中，否则酵母将被杀死。

② 夏初季节多用冷水搅拌，冬天多用热水搅拌。这两个季节应将酵母先拌入面粉中再投入搅拌机加水进行搅拌，这样就可以避免酵母直接接触冷、热水而失活。酵母如果接触到15℃以下的冷水，其活性会大大降低，造成面团发酵时间长，酸度大，甚至有异味。如果接触到55℃以上的热水则很快被杀死。将酵母混入面粉中再搅拌，则面粉先起到了中和水温并充当酵母保护伞的作用。

③ 盛夏季节室温超过30℃以上，酵母应在面团搅拌完成前5～6分钟时，干撒在面团上搅拌均匀即可。如果先与面粉拌在一起搅拌，则会出现边搅拌边产气发酵的现象，使面团无法形成，影响面团的搅拌质量。盛夏高温季节搅拌时，千万不可将酵母在水中活化，这样会使搅拌过程中产气发酵过快，更无法控制面团质量。

④ 在搅拌过程中，酵母添加时要尽量避免直接接触到高渗物质，如食盐、蔗糖和食用碱等。

2. 使用量

酵母的使用量与诸多因素有关，应根据下列情况来调整。

（1）发酵方法　发酵次数越多，酵母用量越少，反之越多。因此，无面团发酵方法用量最多，面团一次发酵用量次之，两次发酵法用量最少。

（2）配方　辅料越多，特别是油糖等用量高，对酵母产生渗透压也越大，酵母用量应增加。

（3）面粉筋力　面粉筋力越大，面团韧性越强，应增加酵母用量；反之，应减少用量。

（4）季节变化　夏季温度高，发酵快，可减少酵母用量；春、秋、冬季温度低，应增加酵母用量，以保证面团正常发酵。

（5）面团软硬度　加水多的软面团发酵快，可减少用酵母量；

加水少的硬面团则应多用。

（6）水质　使用硬度高的水时应增加酵母量；使用较软的水时则应减少用量。

（7）不同酵母间的用量关系　由于鲜酵母、活性干酵母、即发活性干酵母的发酵力差别很大，因此，它们在使用量上也明显不同。它们之间的换算关系为：

鲜酵母∶活性干酵母∶即发活性干酵母＝1∶0.5∶0.3

### （三）掌握不同酵母的发酵特性

在这些众多的酵母中，发酵特性各不相同，有的发酵速度快，有的慢；有的发酵耐力强后劲大，有的发酵耐力差后劲小，甚至无后劲。

所谓酵母有后劲是指酵母在面团发酵过程中，前一阶段发酵速度慢，越往后发酵速度越快，产气量大，产气持续时间长，面团膨胀大，而且发酵适度后，仍能在一定时间内（15～25分钟）保持不塌陷。酵母的这一特性在馒头生产工艺中是非常重要的，它有利于工人对发酵工序的控制，有利于醒发和蒸制工序之间的衔接，减少面团醒发期间的损失和次品的生成。

酵母后劲小或无后劲是酵母在发酵的前一阶段速度较快，越往后发酵速度越慢，产气量减少，到发酵高峰后，酵母停止产气活动，面团若不及时开始蒸制，再继续发酵就会使面团因内部气压减小而塌陷、收缩为废品。使用后劲小的或无后劲酵母的面团，在醒发过程中相当难控制，稍微过度发酵就会使面团塌陷而无法蒸制。

活性低的酵母，一般发酵耐力较好。传统发酵剂（酵子和老面头见第四章第一节）的发酵力相当差，但发酵耐力比较好，非常适合老面团发酵。

因此，不管选用哪种酵母，首先应该通过小型发酵试验，摸索出酵母的发酵特性和规律，制定出正确的发酵工艺后再大批投入使用，以免造成不应有的损失。

# 第三节 水

## 一、水质的概念

由于水是一种良好的溶剂，在水的循环过程中可溶解与其接触的一切可溶性物质，因此，各类天然水都是不纯净的水，其中含有各种化学的、生物的成分。天然水中各种成分的组成和含量是不同的，从而导致水的感官性状（色、嗅、味、浑浊等）、物理化学性质（温度、电导率、氧化-还原电位、放射性等）、化学成分（各类有机物及无机物）、微生物组成（种类、数量、形态）的状况也各不相同。通常将这些性质的综合称为水质。简言之，水质指水及其所存在的各类物质所共同表现出来的综合特性。

一般情况下，蒸制面食大部分都是采用自来水。其中的浊度、色度及微生物指标都达到了国家有关饮用水的标准。其不同主要在于理化指标的差别。

### （一）水质的物理指标

水体环境的物理指标很多，包括水温、渗透压、浑浊度、色度、悬浮颗粒、蒸发残渣及其他感官指标如味觉、嗅觉等。

(1) 温度　温度是最常用的物理指标之一。由于水的温度与蒸制面食的质量有很大关联，因此，在生产过程中一定要加以注意。水的温度一般随外部环境的不同而不同。一般情况下，地表水的温度变化较大，其变化范围在0.1～30℃；而地下水的温度相对来讲则稳定得多，其变化范围在8～12℃之间。

(2) 嗅与味　被污染的水一般有令人不愉快的气味。用鼻闻称为嗅，口尝称为味，有时嗅和味是不能截然分开的。常常根据水的气味可以推测出水中所含的杂质和有害物质。

水的风味来源可能有，水生动植物或微生物的繁殖和衰亡；有机物的腐败分解；溶解气体 $H_2S$ 等；溶解的矿物质盐或混入的泥土；工业废水中的各种杂质；水消毒过程中的余氯等。不同地质条件的水有不同的气味。蒸制面食工艺用水有一些是地下水，其矿物质含量多，一般有甜味；自来水一般有余氯的味道，自来水管道长时间不用的还有铁腥味。

（3）颜色与色度　天然水通常表现出各种颜色。湖沼水常有黄褐色或黄绿色，这往往是由腐殖生物引起的。水中悬浮泥沙和不溶解的矿物质也常常带有颜色。色度是对天然水或处理后的各种水进行水色测定时所规定的指标。

### （二）水质的化学指标

利用化学反应、生化反应及物化反应的原理测定水质指标，总称为化学指标。由于化学成分的复杂性，通常要选用恰当的化学特性来进行检查或做定性、定量分析。主要的化学指标有碱度、硬度、pH 值、氯离子等。

在蒸制面食生产中经常测定的物化指标主要是水的温度、pH 值、硬度、嗅与味、微生物含量等。其他方面的应用较少，如微量分析只有在发生食物中毒等少数情况下才进行。

## 二、水质与面团质量的关系

水质对面团的发酵和蒸制面食的质量影响很大。在水质的诸多指标中，水的温度、pH 值及硬度对面团的影响最大。

### （一）硬度与面团质量的关系

硬度是将水中溶解的钙、镁离子的量换算成相应的碳酸钙的量，用毫克/千克（mg/kg）量来表示，是水质标准的重要指标之一。我国水硬度的标准是在 100 毫升水中含有 1 毫克氧化钙为 1 度。氧化镁的量应换算成氧化钙，换算公式是 1 毫克氧化钙＝0.74 毫克氧化镁。水的硬度分类标准见表 2-6。

水的硬度对面团的影响较为巨大。水中的矿物质一方面可为酵母生长提供营养，另一方面可增强面团的韧性，但矿物质过量的硬水，导致面筋韧性太强，反而会抑制发酵产气，与添加过多的面团改良剂现象相似。

**表 2-6 水的硬度分类标准**

| 硬度/(毫克/千克) | 德国硬度/度 | 分类 |
| --- | --- | --- |
| 50 | <2.8 | 软水 |
| 50～100 | 2.8～5.6 | 中度软水 |
| 100～150 | 5.6～8.4 | 轻度硬水 |
| 150～250 | 8.4～14.0 | 中度硬水 |
| 250～350 | 14.0～19.6 | 硬水 |
| >350 | >19.6 | 高度硬水 |

如水的硬度过大，可采用煮沸法去除一部分钙离子，或者采用延长发酵时间的方法来弥补其对面团的影响。如水的硬度过小，可采用添加矿物盐的方法来补充金属离子。

### （二）pH 值与面团质量的关系

pH 值是水质的一项重要指标，它与馒头的质量有十分密切的关系。pH 值较低，酸性条件下会导致面筋蛋白质和淀粉的分解，从而导致面团加工性能的降低；pH 值过高则不利于面团的发酵。

水的 pH 值大小对馒头生产有着十分重要的影响，水的 pH 值适中，和面后面团不需特意调节 pH 值就能达到生产要求，给生产带来极大的方便。为节省库存开支，工厂生产一般是用新面粉为原料进行馒头的生产，而一般的新面粉 pH 值不低于 6.0，因而控制水的 pH 值也能较好地调节面团的 pH 值，优化生产工艺。水的 pH 值为 7～8 时馒头的质量最优，这与工艺研究中面团的 pH 值对馒头质量的影响相对应。实际应用中，不同的面粉对水的 pH 值有不同的要求，故而，行之有效的方法是控制好面团的 pH 值。

### （三）水温与面团质量的关系

水的温度与面团的发酵息息相关，是不可忽略的重要因素。我国由于地域广阔，各地的温差很大，这也导致了水温的不同，即便是同一地区，由于四季的更替，水的温度亦有很大的差别。因而，在调制面团时，我们要考虑这些因素。考虑到酵母的最佳发酵温度在 30℃左右，因此，一般情况下，夏天和面时，水不需加热就可直接加入进行和面；春秋季节稍稍加温到30℃就可；冬天，水最好是加热到40℃左右为佳。但无论何时，建议水温不要超过50℃，以免造成酵母的死亡。

### 三、水在蒸制发酵面食中的作用

① 蛋白质吸水、胀润形成面筋网络，构成制品的骨架；淀粉吸水膨胀，加热后糊化，有利于人体的消化吸收。

② 溶解各种干性原辅料，使各种原辅料充分混合，成为均匀一体的面团。

③ 调节和控制面团的黏稠度和湿度，有利于做形。

④ 通过调节水温来控制面团的温度。

⑤ 帮助生化反应，一切生物活动均在水溶液中进行，生化反应包括发酵都需要有一定量的水作为反应介质及运载工具，尤其是酶。水可促使酵母的生长及酶的水解作用。

⑥ 为传热介质，在熟制过程能够顺利传递热量。

## 第四节　辅助原料

蒸制面食中，除主料小麦粉外，还用到了其他很多的辅助原料，如杂粮面、糖、油脂、蔬菜、肉类等。下面就这些辅料做一简要地介绍。

### 一、杂粮面

近年来，在世界范围内已刮起了一股声势浩大的粗杂粮旋风。其中，在我国以蒸制粗杂粮面食为主，包括玉米面、高粱面、荞麦面、小米面、燕麦面、红薯面等蒸制面食。原因在于人们的口味发生了变化，杂粮蒸制面食利于人们调节口味；更为重要的是，粗杂粮均含有丰富的营养成分，大大有利于人们的身体健康。杂粮面团往往可以与小麦粉面团配合制作杂粮花卷，也可以制成纯杂粮的窝窝头或混入小麦粉制成杂粮馒头。

### (一) 玉米

玉米是蒸制面食中使用较为频繁的一类杂粮原料，它有着十分丰富的营养价值。据测定，每100克玉米中含有蛋白质8.5克、脂肪4.3克、糖类72.2克、钙22毫克、磷210毫克、铁1.6毫克，还含有类胡萝卜素、维生素$B_1$、维生素$B_2$和烟酸等维生素。其中，玉米所含的脂肪为大米和小麦粉的4～5倍，而且富含不饱和脂肪酸，其中50%为亚油酸，还含有谷固醇、卵磷脂等，能降低胆固醇，防止高血压、冠心病、心肌梗死的发生，并具有延缓脑功能退化的作用。

玉米含有较多的纤维素，能促进胃肠蠕动，缩短食物残渣在肠内的停留时间，把有害物质排出体外，对防止直肠癌具有重要的意义。另外，玉米中的赖氨酸含量也较多。玉米具有独特的香味，但口感比较粗糙。因而，将玉米面添加在小麦粉中一方面可以改善玉米面加工品质的缺陷，另一方面又可使小麦、玉米的营养互补，达到增加营养的目的，而且还可以改善产品的口味，增加产品的品种。

### (二) 小米

小米的营养价值高，是一种具有独特保健作用、营养丰富的优质粮源和滋补佳品。据测定，每100克小米含有的蛋白质平均值为13.24克，接近小麦全粉，高于其他谷物，而且氨基酸比例协调，特别是色氨酸、蛋氨酸、谷氨酸、亮氨酸、苏氨酸的含量为其他粮食所望尘莫及。小米每100克含脂肪4克、碳水化合物74克、维生素$B_1$ 0.57毫克、维生素$B_2$ 0.12毫克、尼克酸1.6毫克、胡萝卜素0.19毫克、维生素E 5.59～22.36毫克、钙29毫克、磷240毫克、铁4.7毫克以及镁、硒等，这些元素对人体均具有重要作用。

小米面也经常用于蒸制面食中，有的还成为产品的主料。中医认为，小米味甘、咸，性微寒，具有滋养肾气、健脾胃、清虚热等疗效。因而小米的添加有利于增加产品的风味，改善产品的色泽，增加产品的营养。

### （三）高粱

高粱在蒸制面食中应用较为广泛，一方面是由于高粱面本身就有着十分诱人的色泽和香味，其产品也能刺激人的感官，引起人们的购买欲；另一方面，高粱面有着十分丰富的营养价值，和小麦粉混用可起到很好的营养协调作用。据测定，每100克高粱中含有蛋白质8.4克、脂肪2.7克、碳水化合物75.6克、钙7毫克、磷188毫克、铁4.1毫克。

高粱面自古就有“五谷之精”“百谷之长”的盛誉，高粱面制成的蒸制食品有软、香、韧、糯的特色。另外，高粱具有凉血、解毒之功，可防治多种疾病。

### （四）甘薯

甘薯又称为红薯，也经常用于蒸制面食中，甘薯的天然甜味是其他谷物类食品无法比拟的。甘薯含有丰富的氨基酸，其中富含大米、小麦面粉中比较稀缺的赖氨酸，另外甘薯中维生素A、维生素$B_1$、维生素$B_2$、维生素C和尼克酸的含量都比其他粮食高，钙、磷、铁等无机物含量也较丰富。

甘薯是一种生理碱性食品，人体摄入后，能中和肉、蛋、米、面所产生的酸性物质，因而可以调节人体的酸碱平衡。甘薯味甘性平，有补脾胃、养心神、益气力、活血化瘀、清热解毒的功效，现代医学还发现，甘薯有预防癌症和心血管疾病的作用。因而，甘薯作为一类健康食品在蒸制面食中的应用有着十分广阔的前景。

红薯面是甘薯经过切片、干燥、打粉制得的甘薯粉。用红薯面制得的窝窝头口感良好，甘甜耐嚼，很受消费者欢迎。

### （五）其他杂粮面

除上述杂粮面外，应用到蒸制面食中的杂粮面还包括荞麦、燕麦、黑米等较为珍贵的杂粮面。荞麦中富含对人体有益的油酸、亚油酸，能起到降血脂的作用，并对脂肪肝有明显的恢复作用。燕麦中含大量人体必需氨基酸、维生素及皂苷等活性物质，能明显降低心血管和肝脏中的胆固醇，燕麦还含有一种燕麦糖，有独特的燕麦香味。黑米含有丰富的蛋白质、维生素和矿物质，还含有多种生物活性物质，如强心苷、生物碱、植物甾醇等，有促进机体代谢、抗衰老、滋阴补肾、健脾暖肝、明目活血等保健功能。

有的情况下，为调节蒸制食品的风味和营养，通常是几种杂粮混合使用，实际生产中，我们应根据消费者的需求和喜好来进行配料。值得注意的是，杂粮的使用受到其加工品质和价格因素的影响，在实际生产中要充分考虑。

## 二、糖类

糖经常用于面食特别是蒸制面食和点心蒸制面食。糖的种类很多，比如蜂蜜、饴糖、葡萄糖等，蒸制面食中常用的糖是蔗糖类。

### （一）蔗糖产品种类

蒸制面食生产中，使用的蔗糖有白砂糖、黄砂糖、绵白糖等。其中白砂糖品质最优、来源充足、用途广泛。

（1）白砂糖　简称砂糖，是纯度最高的蔗糖产品，蔗糖含量达99%以上，它是从甘蔗或甜菜中提取糖汁，经过过滤、沉淀、蒸发、结晶、脱色、重结晶、干燥等工艺而制得。白砂糖按其晶粒大小又有粗砂、中砂、细砂之分。对白砂糖的品质要求是晶粒整齐、颜色洁白、干燥、无杂质、无异味。

（2）黄砂糖　黄砂糖的晶粒表面的糖蜜未洗净，并且未经脱色，显黄色或红色，因此也称为红糖。其极易吸潮，不耐保存。黄砂糖含无机杂质较多，特别是含铜量较高，最高可达0.02%以上。此种糖内杂物、水分较多，使用时应加以预处理。因黄砂糖具有特殊的医疗保健和着色作用，食品中有不少的使用。

（3）绵白糖　又称绵砂糖和白糖，颜色洁白，具有光泽，是由白砂糖加入2.5%左右转化糖浆或饴糖制成，因此晶粒小而均匀，质地绵软、细腻、甜度较高。蔗糖含量在97%以上。

### （二）糖在蒸制面食中的工艺性能

1. 改善制品的风味

糖本身是甜味剂，在食品中显示柔和纯正的甜味。糖还可以与蛋白质、脂肪以及其他成分作用产生特殊风味或加强某种风味。

2. 对面团结构的影响

由于糖的吸湿性，它不仅吸收蛋白质胶粒之间的游离水，同时会造成胶粒外部浓度增加，使胶粒内部的水分产生反渗透作用，从而降低蛋白质胶粒的胀润度，造成调粉过程中面筋形成程度降低，弹性减弱，面团变得黏软。糖在面团调制过程中的反水化作用，每增加约1%糖量，就能使面粉吸水率降低0.6%左右，所以，糖可以调节面团筋力，控制面团的弹塑性以及产品的内部组织结构。

3. 调节面团发酵速度

糖可以作为发酵面团中酵母的营养物，促进酵母菌的生长繁殖，提高发酵产气能力。在一定范围内，加糖量多发酵速度快，单糖较多糖更有效。但当糖量超过一定限度时，会减慢发酵速度，甚至使面团发不起来，这是因为糖的渗透作用抑制了酵母的生命活动。

4. 提高制品的营养价值

因为糖是三大营养物质之一，蔗糖的发热量较高，约1672千焦/100克，易被人体吸收，故可以提高制品的营养价值。但糖的热量高，肥胖病、糖尿病等患者需要控制糖的摄入量。

## 三、油脂

油脂也是蒸制面食的重要辅助原料之一。

### （一）蒸制面食中常用的油脂

1. 动物油脂

常用的动物油脂是猪油。猪油中饱和脂肪酸比例较高，常温下呈半固态，可塑性、起酥性较好，色泽洁白光亮，质地细腻，口味较佳。猪油起泡性能较差，故不能做膨松制品发泡原料。

2. 植物油

蒸制面食中常用的植物油有花生油、棕榈油、棉籽油、椰子油、小磨芝麻油、色拉油等。植物油中含有较多的不饱和脂肪酸，大多数在常温下为液体，带有特殊的油脂风味，其加工工艺性能不如动物油脂，一般多用作增香料、防黏剂和产品柔软剂。色拉油为高精炼度无色无味产品，在面食中使用较多。植物油经过氢化可作为人造奶油的主要原料。

3. 人造奶油

人造奶油又称人造黄油、麦淇淋、玛淇淋，是以氢化油为主要原料，添加适量的牛乳或乳制品、色素、香料、乳化剂、防腐剂、抗氧化剂、食盐和维生素，经混合、乳化等工序而制成的。它的软硬度可根据各成分的配比来调整。乳化性能和加工性能比奶油还要好，是奶油的良好代用品。

4. 奶油

奶油又称黄油或白脱油。它是从牛乳中分离加工而来的一种比较纯净的脂肪，含有80%左右的乳脂肪，还含有少量的乳固体和16%左右的水分。奶油的熔点在28～33℃之间，凝固点为15～25℃，常温下是浅黄色固体，高温下易软化变形。其具有乳化发泡性、可塑性、起酥性等良好的加工性能，且风味良好，营养价值较高，因此在蒸制面食中常有使用。

## （二）油脂在蒸制面食中的工艺性能

1. 改善面团物理性质

油脂具有疏水性和游离性。面团加入油脂，油脂便分布在蛋白质和淀粉粒的周围形成油膜，限制面粉的吸水，从而可以控制面团中面筋的胀润性。此外，由于油脂的隔离使已经形成的面筋微粒不易彼此黏合而形成面筋网络，从而降低了面团的弹性和韧性，提高了疏散性和可塑性，使面团易定型，不易收缩变形。油脂润滑性及与蛋白质的结合也有利于面团延伸性增加，从而提高持气能力。

2. 油脂的润滑作用

油脂在面食中的最重要作用就是面筋和淀粉之间的润滑剂。油脂能在面筋和淀粉之间的分界面上形成润滑膜，使面筋网络在发酵过程中的摩擦阻力减小，有利于面团膨胀，增加面团的延伸性，增大了产品体积，使产品更加柔软。固体脂润滑性优于液体油。油脂形成的薄膜能阻止淀粉的回生和干缩，使产品老化速度减缓。

3. 营养与风味

油脂具有特殊的香味，特别是动物油和一些植物油，风味很浓，比如猪油和小磨香油都非常香。油脂还使产品口感细腻光滑。油脂具有非常高的热量，并且含有人体必需的脂肪酸，是重要的营养素，同时还是脂溶性维生素的溶剂。肥胖病、高血脂等患者应减少油脂的摄入。

## 四、蔬菜

随着生活水平的提高，人们对蒸制面食提出了新的要求。为应对人民群众对蒸制面食营养和花色品种的要求，蔬菜在此领域的应用逐渐得以推广。蔬菜不但含有大量的对人体起到重要作用的微量元素，大多数还含有很大比例的纤维素，对人的消化起到辅助作用。另外蔬菜还可以丰富产品的种类，如将胡萝卜切碎放入面料中蒸出的产品外表有均匀的红色斑点，十分诱人。

用于蒸制面食中的蔬菜品种很多，其中大多是作为包子的馅料。发酵、腌渍、干制或焯水的蔬菜在实际应用中占到了很大比例，这是由于这类食品有独特的风味的缘故。近年来，新鲜蔬菜在蒸制面食中的应用也越来越多，并受到消费者的普遍欢迎。一方面，新鲜蔬菜营养成分受到的破坏较少，并且不含腌渍食品中通常含有的致癌物——亚硝酸盐类，更有利于人们的身体健康；另一方面，新鲜蔬菜不用经历发酵过程就能直接用于生产，缩短了生产周期，更利于节省成本。下面对一些常用的蔬菜进行简要的介绍。

1. 大白菜

大白菜又称结球白菜和包头白菜，属十字花科、芸薹属，以叶球供食。大白菜在我国南北均有栽培，尤其以北方地区栽培面积大，储藏量多，储藏时间长，是北方冬季市场上的主要蔬菜之一。届时南方市场也有一定需求。大白菜的品种繁多，一般中晚熟品种较早熟品种耐储；青口型较白口型耐储。著名的品种有北京的大青口、天津青麻叶、福山包头、玉田包头等。

大白菜以结球精密、整修良好、色泽正常、新鲜、清洁品质为佳。可以制作成冬菜、酸白菜、泡菜等初级产品，进一步还可做成包子的馅料。

2. 菠菜

菠菜为绿叶类蔬菜，以鲜嫩的叶片和叶柄供食用。通过栽培技术的调节，可以达到常年供应。菠菜含人体所需的多种微量元素，铁含量尤其高。菠菜以色正、叶片光滑鲜嫩、干爽、植株完整者品质为佳，不应有枯黄叶、花斑、抽薹、泥土等。菠菜可直接拌入面团制作菠菜馒头。

3. 芹菜

芹菜是绿叶类香辛蔬菜，以肥嫩的叶柄供食用，包括本芹和西芹两大类。本芹叶柄细长，香味浓郁，按叶色分为青芹和白芹；西芹是芹菜的一种变种，从国外引进，植株高大，叶柄宽厚，纤维较少，肥嫩质佳，但香味淡，又分为青柄、黄柄两类。一般应用在蒸制面食馅料中，以本芹为佳。

4. 茴香

茴香又称茴香菜、香丝菜，是多年生草本，绿叶菜类蔬菜，以香嫩的茎叶供食用。茴香按叶片大小分为大茴香和小茴香两种类型，其中大茴香适宜春季栽培，抽薹早；小茴香抽薹晚，适合周年栽培。茴香在我国北方种植普遍，主要春、秋两季栽培；南方很少栽培，主要采用秋播。茴香香味浓郁，常配合肉类作为包子馅料。

5. 胡萝卜

胡萝卜是根菜类蔬菜，以肉质根供食用。按肉质根性质分为短圆锥、长圆锥和长圆柱三种类型。短圆锥类早熟、耐热，春夏栽培，宜生吃；长圆锥类型为中、晚熟品种，耐储藏；长圆柱类型为晚熟品种。胡萝卜含有大量维生素A，对保护人的视力有辅助作用。一般作为馅料在包子中应用，还可以作为调色用。

6. 韭菜

韭菜是属于葱蒜类蔬菜，以嫩花茎供食用，夏、秋采收上市。一般在包子制作中作为馅料和鸡蛋或肉类混用。

7. 香菇

香菇是人工栽培的食用菌类蔬菜，以肥厚的子实体供食用。按菌盖大小分为大叶、中叶和小叶等品系。香菇在不同的季节都可进行人工栽培，鲜品风味独特，通常用于包子类馅料中。干燥后的香菇可储存很长时间，其泡发后也是制馅的很好原料。

应特别注意的是，对于蔬菜类的蒸制面食，蔬菜的清洗和蒸制时间控制是十分重要的。我们既要清洗干净蔬菜，并在蒸制时使蔬菜熟透来保证产品的卫生安全，又要掌握蒸制时间的度，以使得蔬菜的营养损失最少，口感鲜嫩。

## 五、肉类

用于蒸制面食的肉制品有生鲜肉和加工后的成品肉。肉品主要用于与蔬菜搭配加工蒸制食品的馅料，或作为蒸制食品的层夹料使用，也可以加工成肉松、肉脯等用于面食的装饰和调味。肉制品的蛋白质和脂肪含量较高，还含有丰富的矿物质、维生素等营养成分，有补脾胃、益气血、理虚弱、强筋骨等保健作用，补充了面食的营养缺陷。肉品具有特有的诱人风味，切碎后加入香辛料、调味料等适当腌制后风味更加突出，因此，生产出的肉馅包子的风味和口感非常独特，很受消费者喜爱。

1. 生鲜肉

在我国常用于蒸制食品的生鲜肉为猪肉、羊肉和牛肉等，在某些地方也有少量其他肉原料用于蒸制食品，如禽肉、兔肉、狗肉、鱼肉等。大多生鲜肉作为包子的馅料使用。

生鲜肉原料要求新鲜，无病变，组织细嫩，结缔组织少，肥瘦适度。一般要经过分割、去皮、去骨等预处理，并根据肉馅的要求进行肥瘦搭配。然后再经过绞肉机绞碎或用刀剁细，配入葱、姜和其他蔬菜料中，并调配入调味料和香辛料后制成包子的馅料。

2. 加工后的肉制品

也可用经过加工后的肉制品作为蒸制食品的馅料。目前，常用于馅料的肉制品有叉烧肉、回锅肉、扣肉、酱肉、中国火腿肉等。这些肉制品需要预先熟制和剁细，再配入吸收油腻的蔬菜，作为馅料备用。

一些加工后的肉品可作为花卷类蒸制面食的层夹料，或熟制后产品切片的夹料。作为层夹料的肉制品有肉松、腊肉、西式火腿、香肠等。比如，腊肉汁夹馍、肉松花卷、扣肉夹馍等已经成为我国许多地方畅销的地方小吃或宴席食品。

## 六、其他辅料

为了生产出特别的品种，蒸制面食还可能用到一些其他辅助原料，如食盐、可可粉、奶粉、鸡蛋、果品等。

1. 食盐

食盐又称氯化钠，是非常重要的食品调味料，在蒸制面食中常有应用。根据盐的加工精度分为精盐（再制盐）和粗盐（大盐）两种。食品添加的食盐一般为经过加工的精盐。精盐的杂质少，外观为洁白、细小的颗粒状。食盐除添加入馅料或层夹料增加咸香味外，还可加入面团对其性质进行改良，增加面团的筋力而使持气性提高，杀菌防腐延长产品保质期，增白使产品光亮美观。一般面团配料中不宜过多添加，以防止面团筋力过强而使产品萎缩，或阻碍酵母菌的生长繁殖。

2. 可可粉

将可可豆经焙炒去壳的豆肉，经研磨成酱状，冷却后即凝结成棕褐色带有香气和苦涩味的块状固体，称为可可液块。可可液块经压榨提取可可脂后的饼，再经磨碎成粉即为可可粉。可可粉带有可可的香味和苦味，为棕红色粉末状产品，一般分为高脂肪、中脂肪和低脂肪品种。高脂可可粉含油脂 20%～24%，中脂含油脂

10%～12%，低脂含油脂5%～7%。作为面团中的配料，一般选用低脂可可粉比较合适。可可粉是一种营养丰富的食品原料，不但含有高热量的脂肪，还含有丰富的蛋白质和碳水化合物。另外可可粉含有的一定量的生物碱、可可碱和咖啡碱，具有扩张血管、促进人体血液循环的功能。通常蒸制面食添加可可粉可以生产巧克力馒头等制品。

3. 奶粉

奶粉是以鲜奶为原料，经过浓缩后用喷雾干燥或滚筒干燥而制成。奶粉有全脂、半脂和脱脂三种类型，并且分加糖和未加糖产品。奶粉添加入面团可起到增筋、增白、增香和增加营养、提高面团的吸水率、提高面团的发酵耐力和持气能力等作用，使产品口感更加柔软，外观更加美观，带有奶香，常用于高档新型品种，如奶白馒头。

4. 鸡蛋

鲜鸡蛋含有75%左右的水分，固形物中主要为蛋白质。鸡蛋中的蛋白质不仅为消化吸收率很高的营养物质，而且具有良好的乳化性、起泡性和黏结性，可以改善面团的延伸性和持气性，使产品组织柔软细腻。也可将鸡蛋煎炒后剁碎作为馅料使用来生产素馅包子。

5. 果品

常用于蒸制面食的果品有大枣、葡萄干、果脯和果酱等。晒干后的大枣，经过浸泡复原，可作为枣花馍、枣包的辅料。果脯和葡萄干等一般用于点心馒头和发糕的点缀。果酱则用于果酱包的生产。

## 第五节 添 加 剂

一些食品添加剂也可用于蒸制面食，以改善产品的感官性状，提高制品质量，防止腐败变质等。添加剂的使用一定要遵守GB

2760《食品安全国家标准　食品添加剂使用标准》最新版的要求。蒸制面食中常用的食品添加剂有以下几类。

## 一、碱（$Na_2CO_3$）

食用碱又称碳酸钠，俗称苏打、纯碱、碱面等，纯品为白色粉末状物质。国家标准 GB 2760—2014 规定，碳酸钠是可在各类食品中按生产需要适量使用的食品添加剂，常用于蒸制面食。其作用主要体现在以下几个方面。

1. 降低面团酸度

碳酸钠在水中发生歧化而显碱性。

$$Na_2CO_3 + H_2O = NaHCO_3 + Na^+ + OH^-$$

$$NaHCO_3 + H_2O = H_2CO_3 + Na^+ + OH^-$$

$$H_2CO_3 \xrightarrow{\triangle} CO_2 \uparrow + H_2O$$

它可以中和面团中的酸性。在偏酸性条件下，面筋的韧性和弹性增加，但延伸性变差，发起的面团蒸制后容易萎缩，特别是面团过度发酵产酸较多时更加明显。因此，一般情况下，蒸制面食面团调节 pH 近中性，可防止产品萎缩，使产品更加暄软洁白。

2. 沉淀重金属

碱还可以使水中的二价或多价金属沉淀，从而降低和面用水的硬度。

$$Na_2CO_3 + Ca(HCO_3)_2 = 2NaHCO_3 + CaCO_3 \downarrow$$

$$2Na_2CO_3 + Mg(HCO_3)_2 + 2H_2O = 4NaHCO_3 + Mg(OH)_2 \downarrow$$

这些金属的沉淀，减弱了与面团中的极性基团的作用，防止由此引起的面团僵硬。同时也使产品色泽光亮洁白。

3. 产生香味

碱在面食中与一些有机酸反应生成有机酸盐，具有特殊的碱香味。北方一些地区的百姓比较喜爱稍带碱味的馒头。

碱的加入可能破坏部分 B 族维生素，蒸制后 pH 值高于 7.2 时馒头会变为黄色，影响产品外观，因此不可过量添加。购买食用碱时应注意产品颜色和是否结团以判定其纯度和含水情况。

## 二、面团改良剂

目前，馒头改良剂生产已经成为添加剂行业十分重视的项目。蒸制面食改良剂主要有乳化剂、酶、氧化剂和植物蛋白等。

### （一）乳化剂

1. 乳化剂的作用

大多数乳化剂，在 GB 2760—2014 中也被列入可在各类食品中按生产需要适量使用的食品添加剂名单，在蒸制面食中使用是安全的。

乳化剂是一种具有亲水基和亲油基的表面活性剂。它能使互不相溶的两相（如油与水）的界面张力下降而相互混溶，并形成均匀分散体或乳化体，从而改变原有的物理状态，降低淀粉分子的结晶程度，并从淀粉颗粒内部阻止支链淀粉凝聚，防止淀粉的老化、回生。它还可以减少水分从蛋白质结构中流失，延缓硬质蛋白质的形成。而以上这些都将会使馒头组织柔软并保持较长时间。油脂表面张力的降低，使其容易分散于水中或包裹气体，从而进一步提高持气性，增大馒头体积和柔软度。油脂分散可改善面团内部组织结构，使其均匀细腻，产品色泽洁白。

面食中添加乳化剂的主要目的是让产品组织细腻，外观洁白，柔软抗老化。通常使用与淀粉亲和力较高的乳化剂，如各种饱和的蒸馏单酸甘油酯、大豆磷脂、蔗糖脂肪酸酯、硬脂酰乳酸盐（SSL）等。根据作用原理，要注意乳化剂的 HLB（亲水亲油平衡值）数值，往往几种乳化剂的混合使用效果更好。

2. 乳化剂的使用方法

（1）添加量　乳化剂在蒸制面食中的添加量一般不超过面粉的 0.5%，如果添加的目的主要是油脂乳化，则应以配方中的油脂总量为添加基准，一般为油脂的 2%～4%。

（2）乳化剂的预处理　乳化剂以什么物理状态加入食品中，对其作用效果影响甚大。乳化剂的处理有两种方法，以单甘酯为例进行说明。

① 用油处理。将单甘酯与油脂按 1∶5 的比例混合，在常温下缓慢加热到其熔点，最高不超过熔点以上 5℃，搅拌使单甘酯均匀地溶解在油脂中，然后再自然冷却到室温，形成凝胶后即可使用。

② 用水处理。将单甘酯与水按 15∶85 的比例混合，在常温下缓慢加热到其熔点，并不断搅拌使之形成均匀透明的分散体系，然后自然冷却到室温，形成凝胶后即可使用。

无论用油或水处理，加热快要达到熔点时，应停止加热，发现单甘酯已呈均匀溶解或分散状态时要立即移离火源。若温度上升过高，单甘酯的耐热性极差，热灵敏度高，很快就会变成不溶性大块凝胶，发生变性凝固而失去活性。

乳化剂还可与少量水混合成溶液后添加到食品中，但作用效果要比凝胶差。细粉末状的乳化剂可以直接添加，但作用效果更差。

**（二）酶类**

1. 酶制剂具有显著的优越性

（1）酶制剂是安全的改良剂　酶本身就是活细胞产生的活性蛋白质，本身无毒，故不会留下有害物质。

（2）酶的催化作用具有高度的专一性　只对底物分子的特定部位发生作用，因而可使副反应产物降低到最低程度。

（3）酶的催化效率很高　因此用量相当少，成本低。

（4）操作条件温和　酶促反应通常在温和条件下进行，如常温、常压，因此可以避免了剧烈操作条件下带来的各种营养成分的损失，且耗能低，易操作。

正因为酶制剂具有一般改良剂所无法比拟的优点，所以它在世界各国食品工业中得到了广泛的应用。目前，应用到馒头上的酶制剂品种很有限，但随着酶制剂的不断发展和人们认识的不断提高，酶在改善面制品品质方面将会更受到重视。

2. 应用于面制品的酶制剂品种

（1）脂肪氧化酶　首先，脂肪氧化酶对面粉中的类胡萝素可起到氧化作用，从而对面粉具有漂白作用；其次，脂肪氧化酶可作为一种面团调节剂，能产生一种耐混合性更好的面团，并可以增加面制品的体积。小麦面团中脂肪氧化酶作用的机制是十分复杂的，与游离硫醇基的失去和蛋白质二硫键的形成相关，这样将导致面团的强度增加，有增筋作用。在实际生产中，具有酶活性的大豆粉可用作脂类和脂肪氧化酶的一种来源。

（2）脂肪酶　脂肪酶是一种对脂质产生水解作用的水解酶。面粉的成分中含有1%～2%的脂类，其中大部分是甘油三酸酯，它可被脂肪酶降解，生成游离脂肪酸、甘油单酸酯和甘油二酸酯，使脂肪更容易分散均匀。

（3）葡萄糖氧化酶　有增筋作用，在提高面团的持气能力方面相当有效。与脂肪酶协同添加时效果更佳。

（4）$\alpha$-淀粉酶　$\alpha$-淀粉酶的来源为细菌$\alpha$-淀粉酶、麦芽$\alpha$-淀粉酶、真菌$\alpha$-淀粉酶。它可使淀粉转化成糊精和糖类，为酵母提供足够的碳源，加速面团的发酵，使发酵后的面团更加松软膨大。由于$\alpha$-淀粉酶作用使面团中生成的糊精量增大，同时糊精可阻止淀粉水分损失，从而可延缓馒头的老化速度，对改良馒头色泽亦有良好的效果。但是如果过量添加，淀粉酶作用过于强烈会使面团变成黏性极强的糊状，而影响馒头的质量。一般真菌$\alpha$-淀粉酶在蒸制过程中会迅速失活，作用时间很短，不会影响馒头瓤的淀粉结构。但是细菌$\alpha$-淀粉酶对热最稳定，其作用能延续到蒸制的最高温度，因此，它的添加量必须严格控制。

（5）蛋白酶　面团中添加中性蛋白酶作用于小麦蛋白质，变成肽和氨基酸，使面粉中的小麦面筋适度软化，能更好地发挥面团的机械适应性及伸张性，使其减少收缩，改善面制品弹性，主要应用于南方馒头的品质改良。

（6）转谷酰氨酶　能促进麦谷蛋白形成面筋，是非常有效的增筋剂。它可以催化在面筋蛋白中的谷氨酸残基和赖氨酸残基之间形成一种非二硫键的共价键，所以这种酶可以有效地加强面筋的网络结构。

另外，常用的酶制剂还有乳糖酶、木聚糖酶、戊聚糖酶、乳脂酶等。

### （三）植物蛋白

植物蛋白不仅是改良剂的填充料，还具有促进面团的面筋扩展，增加其延伸性；协助乳化，增加制品柔软度和白度；吸水保水，防止淀粉结晶老化变硬等作用。常有的植物蛋白制品有大豆浓缩蛋白、大豆分离蛋白、小麦活性面筋蛋白（谷蛋白粉）、花生蛋白粉等。

## 三、其他添加剂

### （一）化学膨松剂

目前在食品加工中运用较广泛的化学膨松剂是碳酸氢钠、碳酸氢铵和发酵粉。由于碳酸氢铵在蒸制食品中挥发不彻底而残留气味，故不能应用于蒸制面食的生产。

1. 碳酸氢钠

俗称小苏打，白色粉末、无臭味，为碱性膨松剂，分解温度60℃以上。其反应式：

$$2NaHCO_3 \xrightarrow{\triangle} Na_2CO_3 + CO_2 \uparrow + H_2O$$

碳酸氢钠受热分解后残留部分为碳酸钠，使成品呈碱性。如果使用不当不仅会影响成品口味还会影响成品的色泽，出现黄色，故要注意用量。

国家标准 GB 2760—2014 中，碳酸氢钠也被列为可在各类食品中按生产需要适量使用的食品添加剂，常用于蒸制面食。

2. 发酵粉

俗称泡打粉，是由碱性物质、酸式盐和填充物按一定比例混合而成的膨松剂，属复合化学膨松剂。填充物多选用淀粉，其作用是可以延长膨松剂的保存期，防止发酵粉的吸潮结块和失效，还可以调节气体产生速度，促使气泡均匀产生。

发酵粉按其作用可以分为快速发酵粉、慢速发酵粉。快速发酵粉在面团中常温下就可发生中和反应释放出二氧化碳气体。慢速发酵粉在入锅蒸制时才产气。

由于发酵粉是根据酸碱中和的反应原理而配制的，它的生成物显中性，因此消除了小苏打在使用中的缺点。其膨松原理在于膨松剂中的酸味剂与碳酸盐小苏打反应，产生二氧化碳，起到膨松作用。用量最多为0.3%～1.0%，添加量过多会产生黄斑，对维生素破坏很大。在使用化学膨松剂时，维持面团的pH值，对保证馒头质量是很重要的。研究表明，使用“小苏打＋酸味剂”体系时，面团的pH值维持在6.4～6.6之间，可使馒头制品的比容即膨松度最好。

在蒸制面食中使用的泡打粉应该是无铝（不含明矾）的产品。

### （二）食用色素

在制作点心蒸制面食时，可能要使用色素点缀产品，传统的节日贡品馒头常用色素装饰。由于主食产品对抗营养性比较重视，蒸制面食使用的色素最好是天然食用色素，而且加入量要严格按照国家标准控制。

常用于蒸制面食的色素有玉米黄、天然苋菜红、甜菜红、红曲米、天然胡萝卜素、焦糖色等。虽然是天然色素，但一般也不允许添加入主食面食中，多半只能在装饰料中少许添加，或者在点心面点中少量添加。

### （三）甜味剂

蒸制面食可以使用的甜味剂除了前面介绍的蔗糖之外，还有饴糖、甜酒、蜂蜜等天然的甜味辅料。一般的化学合成甜味剂不允许添加入蒸制面食面体，但有一些从天然成分中提炼或者改性而来的甜味剂还是符合国家食品添加剂使用标准的，可以使用。

1. 蛋白糖

阿斯巴甜，由L-苯丙氨酸（或L-甲基苯丙氨酸酯）与L-天冬氨酸以化学或酶催化反应制得的天冬酰苯丙氨酸甲酯，甜度是蔗糖的200倍左右，是一种天然功能性低聚糖，不致龋齿，甜味纯正，吸湿性低，没有发黏现象，不会引起血糖的明显升高，适合糖尿病患者食用。GB 2760—2014 中规定可以应用于烘焙食品和餐桌甜味料，最大使用量为 1.7 克/千克和按生产需要适量使用。

阿力甜，又名阿力糖，为二肽化合物，即 L-$\alpha$-天冬酰-$N$-(2,2,4,4-四甲基-3-硫化三亚甲基) -D-丙氨酰胺，甜度为蔗糖的 2000 倍，甜味清爽，但因分子结构中含有硫原子而稍带硫味。GB 2760—2014 规定，阿力甜可以添加到餐桌甜味料中，限量为 0.15 克/份。

2. 甜菊糖

又称甜菊甙、甜菊糖苷，菊科植物甜叶菊叶子提取出来的一种糖苷，被认为是一种天然的甜味剂。甜度为蔗糖的 250～450 倍，带有轻微涩味。GB 2760—2014 规定，甜菊甙在糕点中最大使用量为 0.33 克/千克，在餐桌甜味料中限量为 0.05g 克/份。

其他甜味剂作为发酵面食的馒头中多不允许添加，但一些作为点心产品的蒸制面食还是可以使用的，但一定要符合国家对点心中用量的规定。

有防腐效果的助剂或添加剂在第五章介绍。

添加剂的使用是百姓拒绝的，也是政府特别关注的涉及民生的焦点问题，因此新的食品安全标准和更严格的要求不断出现。蒸制面食生产企业在生产中欲使用添加剂之前，要认真查阅最新的有关资料和标准，仔细权衡利弊并向有关部门咨询后再决定是否使用。笔者建议尽量不要在蒸制面食中使用添加剂。

# 第三章

# 蒸制面食基本生产工艺与设备

## 第一节　蒸制面食的生产原理与工艺过程

### 一、蒸制面食生产基本原理

在小麦粉中加入一定的酵母及其他辅料，混匀后加水搅拌，得到具有一定弹性、塑性、延伸性的面团，将该面团在一定温度和湿度下进行发酵，使得面团起发并具有发酵香味（一次发酵法没有此工序，和面后直接进行成型操作），再加入剩下的原辅料进行二次和面，稍加静置使面团松弛，对面团进行馒头机成型和整形机（搓馍机）整形，或揉面机轧片后刀切成型，或擀皮并包入预先准备好的馅料，然后放入醒发室或在蒸屉内醒发一定时间，使面坯表面光滑、体积膨胀，最后将面坯放入蒸柜或蒸锅中汽蒸熟制。由使用原料及成型方式的不同，可得到很多品种的产品。

### 二、蒸制面食工艺过程

目前，蒸制面食的生产流程各厂家不尽相同，同一厂家也都采用不同的工艺方法以满足产品多样化的要求。但是主要的工序是相似的，其主要工艺过程如图 3-1 所示。

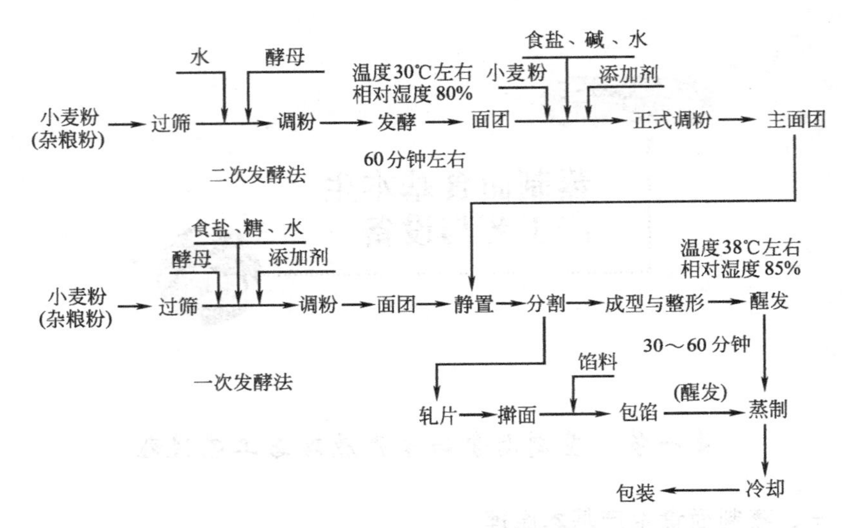


图 3-1　蒸制面食生产过程示意

## 第二节　蒸制面食的配料与和面

和面又称为面团调制、调粉、搅拌、捏合，是蒸制面食生产中最关键的工序之一。

### 一、和面的基本原理与工艺要求

#### （一）面团调制的目的

① 使各种原料充分分散和均匀混合，形成质量均一的整体。

② 加速面粉吸水、胀润形成面筋的速度。

③ 扩展面筋，促进面筋网络的形成，使面团具有良好的弹性和韧性，改善面团的加工性能。

④ 拌入空气有利于面团发酵。

## （二）和面原理

1. 面团搅拌的六个阶段

（1）混合原料阶段　这时所有配方中干、湿性原料混合在一起，使其成为一个既粗糙又湿润的面团，这时面筋还未开始形成，用手触摸面团粘手，感觉很粗糙，无弹性和延伸性。

（2）面团卷起阶段　此时面筋开始形成，配方中的水分已全部被面粉吸收，由于面筋的形成，面团产生了强大的筋性，将整个面团结合在一起，开始不再粘缸，这时用手捏面团不是很粗糙，但仍会粘手，没有延伸性，缺少弹性，而且易断裂。

（3）面筋扩展阶段　随着面筋不断地形成，面团表面已趋于干糙，而且较为光滑且有光泽，用手触摸时有弹性，并且柔软，拉面团时具有延伸性，但是仍易断裂。

（4）搅拌完成阶段　面团在此阶段，面筋已完全形成，柔软而且具有良好的延伸性。这时搅拌钩在转动时面团又会再黏附在缸的边侧，但当搅拌钩搅离开缸侧时，黏附在缸侧的面团又会随钩离去，并会发出噼啪的打击声和嘶嘶的粘缸声。此时面团的表面干燥而有光泽且细腻无粗糙感，用手拉取面团时有良好的伸展性和弹性，并且能拉出一块很均匀的面筋膜。此时为搅拌的最佳阶段，可停止搅拌，进行发酵或成型。

（5）搅拌过度阶段　如果在搅拌完成阶段时还不停止搅拌，则面筋超过了搅拌耐度，就会逐渐被打断。随后面团表面会再度出现含水的光泽，面团出现黏性，如停止搅拌面团则会向四周流泻，用手拉面团时没有弹性，且很粘手。一般搅拌到这个阶段会影响蒸制面食的质量，而筋力较高的面团达到这种状态则可减少馒头的萎缩。

（6）面筋打断水化阶段　若再继续搅拌下去，面团就开始水化，越搅越稀且流动性很大，用手拉面团时，手掌上会有一丝丝的线状透明胶质出现，感觉非常黏手。这时面筋已彻底被破坏，就不能再用于制作蒸制面食了，应适当添加新面粉再重新搅拌。

2. 面粉的水化和溶胀

面粉中的淀粉和蛋白质在与水混合的同时，会将水分吸收到粒子内部，使自身润胀，这个过程称为水化过程。淀粉的形状接近球形，水化作用较为容易，而蛋白质由于表面积大，且形状复杂，水化所需时间较长。

一般可将胀润作用分为两个阶段，实际生产中胀润通过搅拌机的搅拌加速进行。小麦面粉与水接触时，在接触表面形成面筋，会阻碍水的浸透和其他蛋白质的相互作用。搅拌机的搅拌破坏了这层筋膜，使水化作用不断进行。水分子被蛋白质胶体吸附于粒子表面，与亲水胶体的各个链的所有极性基团发生溶剂化作用，并将位于胶体粒表面的可溶性组分粒子从胶体上洗掉，使其在胶体中处于溶解状态，并在那里产生一定的渗透压力，即完成搅拌的第一和第二阶段。

随后水将包含在胶体内的低分子可溶性成分，如可溶性糖、脂类、维生素、矿物质溶解，由于它们的浓度很大，就产生了一种很大的内部渗透压力。一般来讲，这个内部渗透压大于外部环境的渗透压，此时将有大量的水分子进入胶体内部，这就使得内外渗透压达到平衡，这时是搅拌的面筋扩展和完成阶段。

从搅拌开始，面团的胶体性状就发生着一系列变化。在搅拌初期，由于蛋白质和淀粉吸水很少，面团的黏度很小，搅拌头受的阻力也不大；随着搅拌的进行，淀粉粒的吸附水也增加，面团的黏度增大，表面附有水膜，面团表现粘工具和手；继续搅拌，水分大量渗透到蛋白胶粒和结合到面筋网络内部，形成了具有延伸性和弹性的面团，当面团表面显出光泽时，搅拌即告完成。

面团中的水 60%是结合水，而 40%的游离水是面团可塑性的基础。蛋白质虽只占面团的 7.5%左右，却含有了大部分结合水，因此，面筋蛋白质的水化作用对面粉的水化作用影响很大。为了使水化能充分进行，应注意以下几点。

① 水和面粉的均匀混合。

② 高筋面粉水化较慢，低筋面粉水化较快。

③ 食盐能使面筋硬化，抑制水化作用的进行，所以在工艺流程中，为使水化迅速进行，在搅拌的开始先不加入盐，而在调粉的后期再加入。糖类使用量较多时，也有与盐相同的抑制水化作用的效果。

④ 水化作用与pH值有密切的关系，pH值4～7范围内，pH值越低，硬度越大，水化作用越快。

3. 蛋白质的变化与面团的黏弹性

面团形成过程发生着复杂的化学反应，其中最重要的是面筋蛋白质的含硫氨基酸中硫氢基和二硫键之间的变化。

```
       S
      /|
蛋白质  |  + 蛋白质—SH ——→ 蛋白质—S—S—蛋白质
      \|                   |
       S                   SH
```

面团搅拌达到完成阶段时则形成以面筋为中心的网状结构（图3-2），淀粉、脂质等被包围在面筋网络中，形成较稳定的薄层网络，使面团具有持气性，能够保持住发酵过程中产生的$CO_2$，在面团内形成微细气泡。

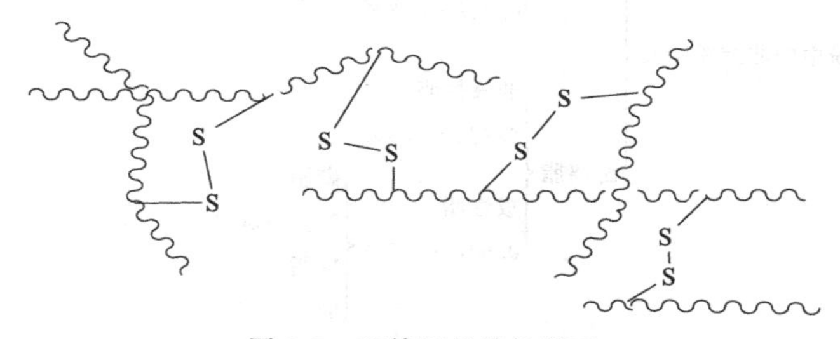

图3-2 面筋网状结构模型

在搅拌过程中，当水和其他辅料加入面粉中进行机械搅拌时，麦胶蛋白和麦谷蛋白吸水膨胀，体积增大，蛋白质微粒间相互黏结成一个连续的膜状面筋网络，并将淀粉覆盖包围在网络中。同时，麦胶蛋白、麦谷蛋白和水溶性蛋白质重新分配，脂类和其他成分也被揉和到面筋网络中，面粉颗粒被润湿时，蛋白质进入水中形成极细的纤维，再通过分子间的氢键和疏水键彼此结合而形成纤维状的聚合体，从而维持面团的强度和弹性。

搅拌有三种作用，一是使各种原料混合均匀，二是加速面粉吸水形成面筋，三是扩展面筋。搅拌时间不足，面筋没有扩展呈不规则排列结构，使面团缺乏弹性；经过充分搅拌的面团，面筋得到充分规则扩展，使面团具有弹性和韧性。

另外，在搅拌过程中，面粉蛋白质中的硫氢基团被混入面团中的氧气和氧化剂所氧化，转变成二硫基团，产生分子间二硫键结合的大分子面筋网络，使面团变得有弹性、韧性和延展性，持气性增强。

4. 和面过程中面粉蛋白质与脂质的相互作用

面粉中的非淀粉脂类与面筋蛋白质的相互作用，对蒸制面食的质量也有一定的影响，面粉中的非淀粉脂质组成见图 3-3。

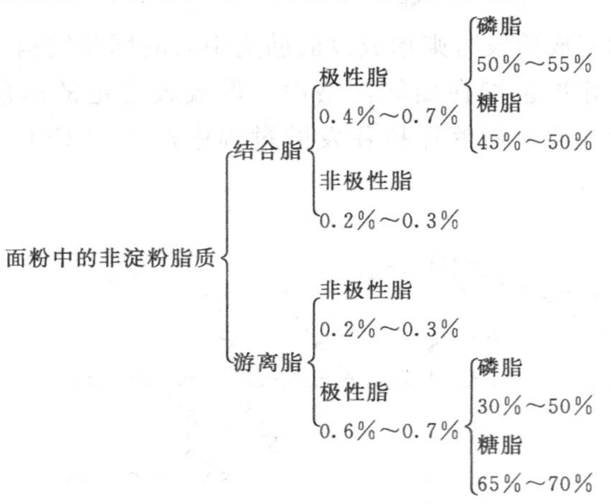


图 3-3　面粉中的非淀粉脂质组成

(1) 面筋是脂质-蛋白质复合体　面粉加水搅拌后，蛋白质聚合体解离减少，随着进一步搅拌和面团形成，游离脂质不断减少而向结合脂质转化，直至面团的完全形成为止。在搅拌过程中共有1/3～1/2 的游离脂质转化成结合脂质，即与面筋蛋白质结合成紧密的复合体。因此，面筋中约含有 10%的脂质，面筋不是纯蛋白质，而是一种脂质-蛋白质复合体。

(2) 脂质在面团和蒸制面食中的作用机理　在面团搅拌过程中，面粉中的脂质主要是与蛋白质结合成复合体。在蒸制过程中，随着温度的上升，蛋白质开始变性，脂质-蛋白质间的结合力减弱，脂质慢慢地转化为与淀粉结合。因此，在面团中，脂质是与蛋白质结合的，脂质-蛋白质复合体能阻止面筋的解聚，增强面筋网络的结构牢固性和保持气体的功能，有利于面团发酵、体积膨胀及保持蒸制面食的形状。在蒸制面食过程中，脂质与淀粉结合，脂质-淀粉结合体能延缓淀粉的回生老化，起到抗老化和保鲜作用。

(3) 乳化剂对脂质-蛋白质相互作用的影响　乳化剂是重要的蒸制面食品质改良剂，它能加强面粉中脂质与蛋白质的相互作用。它还能与脂质、蛋白质、淀粉形成复合体。在生产营养强化馒头时，常常加入大豆蛋白，但大豆蛋白能与麦胶蛋白疏水基结合，与麦谷蛋白亲水基结合，破坏面筋网络，使产品品质下降。加入乳化剂后面团中的脂质、面筋蛋白质、大豆蛋白、淀粉和乳化剂间产生多重的交互作用，就克服了加入大豆蛋白后对面团品质的不良影响。

5. 面团搅拌中的物理变化

当面粉和水一起搅拌时，面粉中的蛋白质和淀粉等成分便开始吸水过程。由于各种成分吸水性不同，它们的吸水量也有差异。面粉的主要组成如图 3-4 所示。

面粉 100%
- 固形物 86%
  - 蛋白质 12%
  - 淀粉 74%
  - 纤维素和无机盐（少量）
- 水分 14%

图 3-4　面粉的主要组成

搅拌后的面团，面粉要吸收 45%左右的水。在面团中水分与固形物的组成如图 3-5 所示。

面粉 145%
- 固形物 86%
- 水分 14%+45%=59%

图 3-5　面团的组成

已搅拌好的面团，是由固相、液相和气相三相组成。淀粉、麸星、不溶性蛋白质构成了固相，它大约占面团总体积的44%；液相是由水及溶解在水中的物质构成，它约占面团总体积的46%；气相是由气体构成，面团中的气体有两个来源，一是面团搅拌过程中混入的，二是在酵母发酵过程中产生的，用一般搅拌机搅拌的面团，气体含量约占面团总体积的10%。面团中的气体，对于形成面团的疏松结构起着重要的作用。搅拌不充分的面团，制成的产品孔隙差，体积小。

面团三相之间的比例关系，决定着面团的物理性质。面团中液相和气相的比例增大，会减弱面团的弹性和延伸性；固相占的比例过大，则面团硬度大，不利于产品体积的增长。

6. 和面过程中的其他变化

在搅拌过程中，面团的胶体性质不断发生变化。蛋白胶粒一方面进行着吸水膨胀和胶凝作用，另一方面产生着溶胶作用。在一定时间和一定搅拌强度下，高筋粉的面粉胶凝作用大于溶胶作用，其吸水过程进行得缓慢，这类面粉要适当延长调粉时间。而中筋粉和弱力粉的吸水过程开始就进行得较快，到一定程度后，其溶胶作用大于胶凝作用，对这类面粉要缩短搅拌时间。

搅拌时加入的辅料，如糖、盐和油脂等也影响着面团的胶体性质。糖和糖浆的持水性强，有稀释面团的作用并降低面团的弹性和延伸性。

食盐对面团胶体性质的影响，随食盐溶液浓度而不同。加盐适量，能与面筋产生相互吸附作用，增强面筋的弹性和韧性；加盐过量，吸收性增强，面团被稀释，其弹性和延伸性变劣。在蒸制面食中的花卷是一大类需要放盐的品种，我们一定要注意盐的放入量。

油脂有疏水性，加入面团后分布于蛋白质和淀粉颗粒的表面，阻碍蛋白质吸水形成面筋。同时，它还会妨碍小块面筋形成大块面筋，不利于面团工艺性质的形成。因此，调粉时不要过早加入油脂。

在和面过程中，面团的温度有所提高。其热能有两个来源，一是机械能转化成热能，二是面粉微粒吸水时产生热能。这些热能提高了面团的温度，增加了水解酶的活性，加快了水解速度，降低了面团的韧性。

### （三）和面工艺要求

对于蒸制面食来讲，和面工艺有一定的要求，简单来说就是使和面后的面团有利于后续工序的进行，有利于产品质量。面团的物理性状中主要包括弹性、韧性、可塑性、延伸性等。一般要求和面到面团的外观干燥，表面光滑，有面团良好的弹性和延伸性。

无论是一次和面工艺还是二次和面工艺，都应注意以下事项。

1. 小麦粉的选择

小麦粉的质量对面团调制的影响最为巨大。一般来说，面筋含量越高，形成面团的时间越长，即搅拌时间越长，而且面筋弱化越慢，即搅拌耐性指数（M. T. D）越小。蒸制面食的生产一般采用中力粉。

成熟不足的小麦粉，面团的状态不佳，缺乏弹性。这种情况应该添加速效型氧化剂（如脂肪氧化酶或抗坏血酸等）来改善；相反，小麦粉成熟或氧化过度，则面筋结合困难，面团呈不均匀的状态。对于成熟度较小的面粉应强烈搅拌，而对于氧化过度的小麦粉应加入还原剂使其恢复正常。

此外，小麦粉的麦芽糖价表示淀粉的损伤程度，它与搅拌过程中的粉质仪图谱有关，也与发酵过程中产生$CO_2$量有关。

2. 和面机的选择及和面时间的控制

不论立式还是卧式的和面机，搅拌缸的大小都应符合生产规模。从经验来看，所调的面团的体积以占搅拌缸体积的30%～60%为适当。搅拌机最好是变速的，可分为低速（15～30 转/分钟）、中速（60～80 转/分钟）、高速（100～300 转/分钟）和超高速（1000～3000 转/分钟）。调制蒸制面食面团一般采用低速和中速。搅拌桨的叶片越长，搅拌机的功率越大。具体的和面机介绍将在本节的第二部分进行。

和面时间应根据和面机的种类来确定。目前国产卧式和面机绝大多数不能够变速，因此，和面时间需10～15分钟，如果使用变速和面机，一般需要10～12分钟。和面时间还应根据原料性质、面团温度等灵活控制。

搅拌不够：因面筋未能充分扩展，达不到良好的伸展性和弹性，这样既不能保存发酵中所产生的气体，又无法使面筋软化，导致做出来的产品体积小，内部组织粗糙且多颗粒，结构不均匀，容易出现萎缩现象。搅拌不够的面团因性质较湿或干硬，所以在整形操作上也较为困难，很难滚圆至光滑。

搅拌过度：因面筋已经打断，导致产品在发酵产气时很难保住气体，使产品体积偏小。在搅拌时形成了过于湿黏的性质，造成在整形操作上极感困难，面团滚圆后也无法挺立，而向四周扩展。如用此面团蒸制面食，同样因无法保存膨大的空气而使产品体积小，内部空洞大，组织粗糙而多颗粒，品质较差。

3. 加水量的控制

加水量越少，会使面团的卷起时间缩短，而卷起后的扩展阶段中应延长搅拌时间，以使面筋充分地扩展。但水分过少时会使面粉的颗粒难以水化，形成的面筋性质较脆，稳定性差。蒸制面食生产中应视具体的情况确定水的添加量。如对生产主食馒头来说，如果采用的是中筋粉，且未添加油脂和奶粉，加水量可控制在43%以下。加水量超过这个量的话，可能造成馒头机粘辊或粘传送带的现象。

4. 面团温度的控制

适当的面团温度是面团发酵时所要求的必要条件。不同发酵方法对面团温度的要求也不同。在实际加工时还应该根据加工车间和季节的变化来适当地调节面团的温度。

面团温度低所需卷起的时间较短，而扩展的时间应予延长，如果温度高，则所需卷起的时间较长。如果温度超过标准太多，则面团会失去良好的伸展性和弹性，卷起后已无法达到扩展的阶段，使面团变成脆和湿的性质，最终对产品品质的影响也很大。

（1）影响面团温度的因素　影响面团温度的因素有面粉和主要

辅料的温度、室温、水温、搅拌时增加的温度。如果采用二次发酵法，还有种子面团发酵后的温度。

(2) 搅拌时因摩擦引起面团增加的温度　以二次发酵法为例，搅拌种子面团时增加的温度按下式计算。

$$T_1=(面团温度\times 3)-(室温+粉温+水温)$$

搅拌主面团时增加的温度按下式计算。

$$T_2=(面团温度\times 4)-(室温+粉温+水温+种子面团发酵后温度)$$

根据经验，第一次和面时一般增加2～4℃，第二次和面时一般增加4～8℃。温度的变化与和面间室温有关，室温高而导致设备热且散热难，则升温多。

(3) 用水温来控制面团温度　在食品厂的生产实践中，室温和粉温不易调节，一般用水温来调节面团的温度。水温的计算公式如下。

第一次和面时的水温=(面团理想温度×3)-(室温+粉温+搅拌新增加的温度)

例如：已知室温为24℃，粉温为23℃，搅拌时增加4℃，调出面团的理想温度是28℃，则计算的水温是33℃。

第二次和面时的水温=(面团的理想温度×4)-(室温+粉温+搅拌新增的温度+第一次发酵后的面团温度)

例如：已知室温为25℃，粉温为24℃，第一次发酵后面团的温度为30℃，搅拌时增加8℃，调出面团的理想温度是33℃，那么所求的水温为45℃。

(4) 用冰水来控制面团的温度　在夏季，特别是我国南方地区，室温高达35℃以上，自来水的温度也大大高于和面时面团所需的理想温度。因此，用水已不能控制面团温度，而需要用冰和冰水来控制面团的理想温度。

我们可以将部分冰或冰水与自来水混合使用来调节水温到理想温度，按水温调节的方法进行面团温度的调节。

5. 注意辅料的影响

添加奶粉会使吸水率提高，加入1%的无糖奶粉，吸水率要增加1%，且使水化时间延长。

糖的添加会使面团的吸水率减少，为得到相同硬度的面团，每加入1%的糖量，要减少0.6%的吸水率，且随着糖加入量的增加，水化作用变慢。

食盐对吸水量有较大的影响，如添加2%的食盐，比无盐面团减少3%的吸水量。食盐可使面筋硬化，较大地抑制水化作用，因而影响搅拌时间。

其他辅料的影响在此不再阐述，请参考有关文章。

## 二、和面设备

### （一）和面机的机械原理

从面团形成的原理可以看出，和面机的机械作用主要有三点，即分散、水化和捏合。当面团初步形成后具有特殊的物理性质，成为可以伸展，并有一定弹性和一定抗张力的半固体，所以，以和面机的搅拌臂对面团的作用，主要归纳为拉伸、折叠、卷捏、轧延和冲击等。在这些作用下，面团充分暴露于空气，氧化作用能加快进行。由于和面的最终目的是结合作用，所以在设计时应该使搅拌机尽量对面团具有折叠、卷起、伸展、轧延和揉碾等动作，而尽量减少切断和拉裂面团的动作。

### （二）和面机的形式和特点

和面机是蒸制面食生产设备中最重要的设备之一。和面效果的好坏与和面机的种类有很大的关系。和面机按转动轴位置分类，主要分为卧式和面机（图3-6）和立式和面机（图3-7）两类。大型和面机多为卧式，其最大容量为25～300千克，是我国馒头工业化生产使用最为广泛的和面机。立式和面机一般可以换搅拌轴，并且设置不同的搅拌速度。卧式和面机一般为固定的搅拌轴，搅拌速度也为一种或两种。目前，根据实际需要，出现了全封闭的自动进料、进水的卧式和面机，以及自动控制搅拌速度、和面温度以及搅拌时间的卧式和面机。而且，也出现了双面翻斗卧式和面机，进面

图 3-6 卧式和面机

图 3-7 立式和面机

与出面的操作不交叉，使工艺流程更顺畅。

一边进料一边出面的连续推进式和面机已经出现在蒸制面食生产线上，但设备投资大，技术要求高，一般食品企业难以应用。

另外，按搅拌臂的运动对面筋的作用分类有面筋结合型和非面筋结合型（弱结合型）。

1. 结合型和面机

结合型和面机为一般的卧式和面机、立式勾状和面机以及连续面团推进式和面机等。这几种和面机都是给面团以强烈地搅拌和捏合，促进面筋的结合作用。用这种和面机要求小麦粉的筋力较强，能耐受这种强力的揉捏作用。

2. 弱结合型和面机

主要是立式，但也有卧式。立式一般是搅拌臂模仿手臂的运动而动作，而容器也做旋转运动。卧式和面机，基本上与饼干和面机类似，形式虽有多种，但共同特点是速度较低，搅拌臂的动作主要是不断将面团翻起，使各种材料充分混合，而使面筋的结合作用压低到最低限度。

馒头制作一般使用结合型和面机效果较好，也有使用弱结合型和面机的。使用不同的和面机需要适当调整配料和工艺条件。

**（三）和面机的主要参数**

1. 搅拌臂的转速、长度（距旋转中心距离）和圆周速度

和面机的搅拌臂转速越大、臂越长，搅拌作用力就越大。臂的转动直径与角速度的乘积就是臂的运动速度。显然，这个速度越大，对面团的作用力越大，因此对于小型和面机，要达到对面团一定的作用力，就要有较大的转速。但大的和面机，并不因为对面团的作用力大就能缩短和面时间。这是因为，大的和面机要处理的面团也较多的缘故。

2. 搅拌臂的粗细、形状和运动

现在以卧式和面机常采用的圆柱状搅拌臂（也称搅拌桨叶）为例进行分析。搅拌圆柱作用于面团与擀面杖非常相似，擀面杖圆柱越粗，对面团的轧延能力越大，这是因为太细的圆柱对面团作用面积太小的缘故。搅拌圆柱越粗则动力负荷越大，因此圆柱的直径有一定的范围。除了有旋转的搅拌柱状臂，一般在轴上还有固定棒，常为有圆角的长方形的直棒和曲棒。这种固定棒称为拾起棒，其目的不是延伸面团，而是起翻揉、折叠的作用。

3. 和面缸壁与搅拌臂的间隙

各种搅拌器都有一定的间隙。间隙的大小，原则上对于一定物理性质的面团都有一个合适的范围。间隙过小，容易引起面筋的过早破坏；间隙过大，对面团的搅拌轧延作用会减小，而且也不利于面团的翻转和拾起。一般较软的面团，对间隙小的和面机有一定的

适应性；对硬面团，间隙过小容易破坏面筋。

## 三、原料准备和投料原则

蒸制面食的原料一般分为大量原料、少量原料和微量添加剂。大量原料指小麦粉、水及少数馒头使用的杂粮面，少量辅料是酵母、糖、油脂、奶粉、食盐、香辛料、馅料等，微量添加剂是指面团改良剂、营养强化剂等。以下分别讨论原料的准备，投料与混合的关系，以及投料的方法。

### （一）原料的准备

原材料的准备是调制面团的准备工序，它的操作既关系到面团的调制、发酵乃至产品质量，又与成品的卫生指标及人们的身体健康有关。

1. 小麦粉及杂粮粉的处理

小麦粉是蒸制面食的最基本原料，杂粮粉则是蒸制面食中多样化的基础，除了根据不同的产品选用不同小麦粉和杂粮粉之外，还要对其进行必要的处理。

首先，应根据不同的季节适当调节面粉和杂粮粉的温度，以利于面团的形成与发酵。夏季应将小麦粉储存在干燥、低温和通风良好的地方，以降低温度；冬季则应将小麦粉和杂粮粉置于温度相对较高的环境，以提高粉温。

其次，投料前的粉如果有结团最好过筛，使小麦粉和杂粮粉形成松散而细小的微粒，还能混入一定的空气，有利于面团的形成和酵母的繁殖和生长，促进面团的发酵成熟。

2. 酵母的处理

目前，即发活性干酵母在蒸制面食生产行业得到了广泛的应用，即发活性干酵母若在其保质期内，可不经特别处理直接投入面粉拌匀即可。但考虑到一些厂家采用鲜酵母和普通干酵母进行馒头的生产，在此对它们的前处理作些介绍。

无论是鲜酵母还是普通干酵母，在加入面团搅拌前一般应进行活化。

对于鲜酵母，应加入酵母重量5倍、30℃左右的水；而对于干酵母，则应加入酵母重量约10倍的水，水温以40～45℃为宜，活化时间为10～20分钟。活化期间应不断搅拌，使之成为均匀分散的溶液。为了增强发酵力，也可在酵母分散液中添加5%的砂糖以加快酵母的活化速度。

酵母在使用前，要检验是否符合质量标准。使用时不能与砂糖、盐、添加剂等辅料一起溶解，溶解时水温不能超过50℃。酵母溶解后应在30分钟内使用，如遇特殊情况，溶解后不能及时使用，要放置在0℃的冰箱中或冷库中储存，若在－10℃以下储存时，使用前应解冻后再进行活化。

3. 水的处理

硬度过大或极软的水都不适于馒头的生产。为了改善水质，硬度过大的水可以加入碳酸钠或煮沸，经沉淀后降低其硬度；极软的水可以添加微量的碳酸氢钙，以增加其硬度。

酸性水或碱性过大的水均不适于馒头的生产，一般要求水的pH值以6.5左右为宜。碱性不利于酵母的生长，抑制酶的活性，延缓面团的发酵作用；酸性水的加入使得产品的口感不佳，有酸味。对水pH值可采用加碱或加醋酸（不常用）的方法来调节。

一般情况下，以处理过的江水、河水、湖水、井水等为水源的自来水作为蒸制面食生产用水都能满足水质要求。如水质不符合相关国家标准，要进行适当的调节。水中的消毒剂（杀菌剂）残留应很小，以防止其影响发酵和产品风味。

### （二）投料原则

1. 大量原料的混合

面粉和水的混合并不容易。面粉，尤其是强力粉，与水接触时，接触面会形成胶质的面筋膜，这些形成的面筋膜阻止水向其他没有接触上水的面粉浸透和接触，搅拌的机械作用就是不断地破坏面筋的胶质膜，扩大水和新的面粉的接触。和面时水的温度、材料的配比和搅拌速度都会影响面粉的吸水速度。水温低，面粉的吸水速度快；水温高，面粉的吸水速度则慢。再者，面粉中柔性原料多，则会软化面筋，使吸水率减少。搅拌速度慢，面筋形成速度也慢。

2. 少量原料及微量添加料的混合

这些少量的原料或微量原料，如果直接投入和面机或分别投入和面机的话，那么使它们在面团中充分扩散、均匀分布就显得较为困难，即使能，也要花费大量的能量和时间。而且一些辅料的溶解也需要过程，直接加入面团搅拌后仍呈颗粒状，从而导致产品颜色或外观出现问题，比如出现碱斑、糖点等。但如果在投料前，将它们与要加的水的一部分或大部分混合，使其分散或溶解，不仅混合均匀，且省时省力。另外，如果要添加奶粉，为防止奶粉吸湿结块，要把称量后的奶粉和砂糖先搅拌在一起，这二者一起投入水中不会产生结块的现象。

### （三）投料的顺序

投料的顺序也是影响蒸制面食质量的一个重要因素。以下较具体叙述一次发酵法的搅拌（一次和面）投料顺序。

① 首先将水、糖、蛋、改良剂等置于容器中搅拌充分，使糖和其他固体在水中溶化或分散均匀，使其能够与面粉中的蛋白质和淀粉充分作用。

② 将奶粉、即发酵母混入面粉中后放入搅拌机中，加水搅拌成面团。如果使用鲜酵母或活性干酵母应先用温水活化。酵母与面粉一起加入，可防止即发酵母直接接触水而快速产气发酵，或因季节变化而使用冷、热水对酵母活性直接伤害。奶粉混入面粉中可防止直接接触水而发生结块。

③ 面团已经形成，面筋还未充分扩展时加入油脂。此时油脂可在面筋和淀粉之间的界面上形成一层单分子的润滑薄膜，与面筋紧密结合而且不分离，从而使面筋更为柔软，增加面团的持气性。如果加入过早，则会影响面筋的形成。为了防止加入油脂后面团表

面形成油膜而抱轴打滑，可以先将面团切一个口子，油脂放入切口的内部再搅拌。

④ 最后加盐，一般是面团中的面筋已经扩展，但还未充分扩展或面团搅拌完成前 5～6 分钟加入。

## 四、和面操作与故障分析

### （一）和面操作的要求

根据和面的基本原理及影响和面效果的因素，为了获得具有良好性能的面团，应精心操作，了解本厂所用小麦粉中湿面筋的数量和质量、含水的多少，以便确定和面工艺参数，如加水量、水温、搅拌时间等。因而正规的馒头生产车间必须与相关的质检部门建立联系，把原料的有关指标及时反馈到生产第一线。

具体操作还要做到以下四定。

（1）原料定量　每次加入和面机中的面粉量要稳定，不能忽多忽少，加料太少，机内空隙大，料与料之间的碰撞机会少，面团不易搅拌均匀；加入料太多，则阻力过大，容易使电动机超载，严重时会造成电动机的烧毁。

（2）加水定量　同一批原料，每次和面时的加水量应保持一致。加水要求一次定准，一次加足，以利于小麦面粉和辅料等能吸水均匀。如果一次加水不足，搅拌一段时间后发现水分不足再补加，由于加水时间有先后，小麦面粉吸水不均匀；如果一次加水过多，搅拌后再添加小麦面粉，后加入的小麦面粉吸水就不均匀，这两种情况都会影响面团的形成。所以，能否正确估计加水量，做到一次加足，干湿均匀，是衡量工人技术水平高低的重要指标之一。

（3）确定和面时间　和面时间应严格控制，卧式和面机和面时间一般不超过 15 分钟，当然，可根据和面量的大小进行适当的调整。不能为单纯追求产量而减少和面时间。

（4）恒定面团温度　量大的主要原料，比如面粉、水的温度是决定面团温度的主要因素。季节不同气温变化，可能导致面粉难以保持一定温度水平，需要通过水的温度来调节，使和好的面团温度稳定，以利于生产操作。

### （二）和面操作方法

① 首先根据工艺要求将酵母、添加料等辅料定量，需要溶解的加水溶解，并用蒸汽或电加热调节好水温。

② 开机之前检查和面机内有无异物，电源电压是否正常工作。首批使用，启动搅拌轴空转3～5分钟，检查倾听有无异常现象和杂音。如设备完好，停机，人工倒入面粉或启动进料装置进料。

③ 面粉加入后，应先启动和面机搅拌轴，再加入酵母及其他辅料，搅拌1～2分钟使混匀。然后加入水，加水要均匀，时间控制在1分钟内。

④ 面粉加水后，在控制时间内，最好和面机不要中途停机，确需停机，时间不应超过5分钟，如需停机10分钟以上，必须将机内面料卸完后再启动试机。

⑤ 不同添加料应根据其溶解特性溶解后一次加入和面机内。

⑥ 在设备正常运行的情况下，为保证和面质量，最好采用手动控制，以改变转轴转动的方向数次。一般情况下尽量让和面机保持正转，为了达到面团的翻转效果，可以适当反转。

⑦ 和好的面团静置时间要适中，不宜太长，一般10分钟左右即可。

⑧ 在正常开机过程中，控制好每次的加料量，经常观察设备的运行情况、轴承发热情况，发现问题要及时处理。在生产中，搅拌过程不得把手伸入和面机内。

⑨ 和面质量主要靠人的感官和经验来判定。

⑩ 和面机内壁、搅拌轴的粘粉，停机时和出面后要用刮刀尽量去净。每班结束要彻底清理和面机一遍，以避免细菌的繁殖和设备腐蚀。

⑪ 传动防护装置在和面机正常运行时严禁打开或摘除，确需打开时，应先停机并关掉电源。

### （三）和面机常见故障及排除方法（表 3-1）

表 3-1 和面机常见故障及排除方法

| 故障 | 产生原因 | 排除方法 |
| --- | --- | --- |
| 和面机加料后，搅拌速度明显减慢 | 皮带过松；原料超重，电动机负荷过大；电压过低；传动系统缺少润滑 | 收紧皮带；检查面粉是否过多，电动机是否缺相运动；电压是否正常；是否缺少润滑油 |
| 搅拌时，和面机内有部分物料不运动 | 和面太少或过多 | 调整原料的投入量，或搅拌过程时常手工翻动操作 |
| 和面机转动时忽然停机 | 负荷过重，熔丝烧断；卡有异物 | 检查电路接触部分是否良好，更换熔丝；取出异物 |
| 和面机发生异响 | 皮带与轴齿键的配合过松；轴承损坏、偏位；卡有异物 | 键的配合按标准重新配置；将已坏的轴承换下；停机取出异物 |

## 第三节 面团发酵

面粉等各种原辅料搅拌成面团后，一般需要经过一段时间发酵的过程。只有馒头坯经过发酵（醒发是最后发酵）才能加工出体积膨大、组织松软有弹性、口感疏松、风味诱人的产品。

### 一、面团发酵原理

#### （一）面团发酵的目的

面团发酵的目的主要有以下几点。

① 使酵母大量繁殖，产生二氧化碳气体，促进面团体积的膨胀。

② 改善面团的加工性能，使之具有良好的延伸性，降低弹韧性，为馒头的最后醒发和蒸制时获得最大的体积奠定基础。

③ 使面团和馒头得到疏松多孔、柔软似海绵的组织和结构。

④ 使馒头具有诱人的香甜味，特别是馒头的老面味必须由面团的发酵来实现。

⑤ 改善口感。使馒头的口感柔韧筋道适中，绵软适口。

### （二）酵母在面团中的生长繁殖

酵母是加工馒头的三大重要原料之一。酵母在面团发酵过程中主要起到以下三方面作用。

① 能在有效时间内产生大量的二氧化碳气体，使面团膨胀，并具有轻微的海绵结构，通过蒸制，可以得到松软适口的馒头。

② 酵母有助于麦谷蛋白结构发生必要的变化，即面团的成熟作用，为整形操作、面团最后醒发以及蒸制过程中馒头体积最大限度地膨胀创造了有利条件。

③ 酵母在发酵过程中能产生多种复杂的化学芳香物质，增加馒头的风味。

酵母是一种有生命力的单细胞微生物，与其他微生物一样需要有适当的营养物来维持它的生命活力和繁殖生长。因此，要使酵母在面团发酵过程中充分发挥上述作用，就必须创造有利于酵母繁殖生长的环境条件和营养条件，如足够的水分、适宜的温度、适当的pH值、必需的氮和矿物质。

从面团搅拌开始，酵母就利用面粉中含有的低分子单糖和低氮化合物而迅速繁殖，生成大量芽孢。发酵到一定程度，能生长繁殖的酵母细胞数显著减少，而细胞死亡速度大大超过繁殖速度，并可出现酵母细胞体变形、自溶等现象，此时即为过度发酵，酵母进入了衰亡期。此时的面团已经发成了“老面”。

一般认为，酵母细胞的繁殖增长率与面团中的酵母用量成反比，酵母用量越少，其繁殖增长率越高，反之则低。生产实践证明，不能得出酵母用量越少越好的结论，因为没有足够数量的酵母细胞，就无法制作出体积膨大、结构疏松的馒头。关键是要正确掌握酵母的质量和用量，并根据不同加工工艺方法和馒头种类、原辅料等情况灵活调整。

### （三）发酵过程中酶的作用与糖的转化

面团发酵实质上是在各种酶的作用下，将各种双糖和多糖转化为单糖，再经过酵母的作用转化成二氧化碳气体（它使面团膨胀）和其他发酵物质的过程。因此，酵母在发酵过程中只能利用单糖来发酵，可供发酵的糖有以下来源。

1. 淀粉酶作用于淀粉转化为双糖

面粉中天然存在的α-淀粉酶和β-淀粉酶是将淀粉转化为酵母可发酵糖的主要酶。α-淀粉酶作用于面粉中的损伤淀粉使之转化为小分子糊精，β-淀粉酶很快地使糊精变为麦芽糖——酵母可发酵糖。

淀粉酶在馒头生产中具有重要的意义，一方面在用一次发酵法和两次发酵法生产馒头时可为酵母提供可发酵糖的来源，另一方面增加了吸水率使面团松软，有利于酵母生长繁殖和面团发酵。

2. 麦芽糖酶作用于麦芽糖转化成单糖

淀粉酶将淀粉转化成麦芽糖，连同面粉中含有的少量麦芽糖，在酵母分泌的麦芽糖酶的作用下，被分解成二分子的葡萄糖。麦芽糖必须被吸收到酵母体内后，才能被麦芽糖酶分解。因此，麦芽糖酶作用的速率取决于麦芽糖的吸收速率。

3. 蔗糖酶作用于蔗糖转化成单糖

蔗糖酶在面团搅拌大约5分钟时，它就能将蔗糖完全转化为葡萄糖和果糖。蔗糖酶的作用是在酵母细胞外壁上发生的，这两种单糖都能很快地吸收进入酵母细胞，进入碳水化合物酶系统。面团中的蔗糖来源于面粉天然存在的蔗糖和添加的蔗糖。

麦芽糖与上述三种糖共存时，被利用的较迟，是发酵后期才被利用的糖。发酵过程中不同糖发酵情况见图3-8。

在面团发酵中，淀粉是经两步水解才最后生成葡萄糖被发酵利用。由于过程复杂，所需时间较长。

在发酵过程中，酶对糖的发酵速度，随糖的浓度不同而不同。糖的浓度大，发酵力的高峰也高，衰退也来得迟。了解这些生化变化，对于发酵管理是非常重要的。

温度、pH值对发酵力也有很大影响。温度高发酵力急剧上升，经过高峰后便很快衰退。酶对pH值很敏感，在pH值5.0左

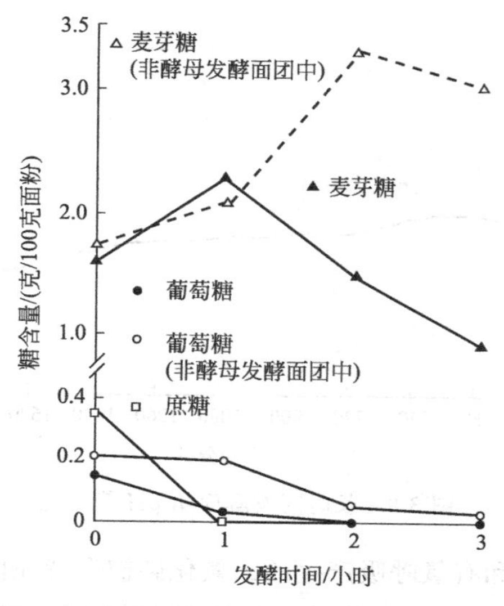


图 3-8　发酵过程中不同的糖被发酵的情况

右酶的活性最大，当大于或小于 pH 值 5.0 时活性减退。搅拌面团时 pH 值在 6.0 左右，但随着发酵的进行，pH 值便下降为 5.0 左右，这是在发酵过程发酵速度逐步增快的原因之一。

## 二、面团发酵过程中的酸度变化

随着发酵的进行，除酵母发酵外，也会发生其他的发酵过程，如乳酸发酵、醋酸发酵、丁酸发酵等其他发酵过程，使面团的酸度增高。pH 值的变化对面团中酶的活性、微生物的生长、最终馒头的品质等有较大的影响。

面团在 36 小时发酵过程中 pH 值总体上呈下降趋势。pH 下降主要是因为面团发酵初期由于刚搅拌后的面团内充有大量的空气，酵母进行旺盛的有氧呼吸所致。长时间发酵面团 pH 值变化见图 3-9。

随着发酵过程的进行，酵母发酵产生较多的二氧化碳，面团中的氧气不断被消耗，直至有氧呼吸被无氧呼吸代替，有氧呼吸过程中产生的热量是酵母生长繁殖热能的主要来源，也是面团发酵后温度上升的主要原因。同时，产生的水分也是发酵面团变软的主要原因。

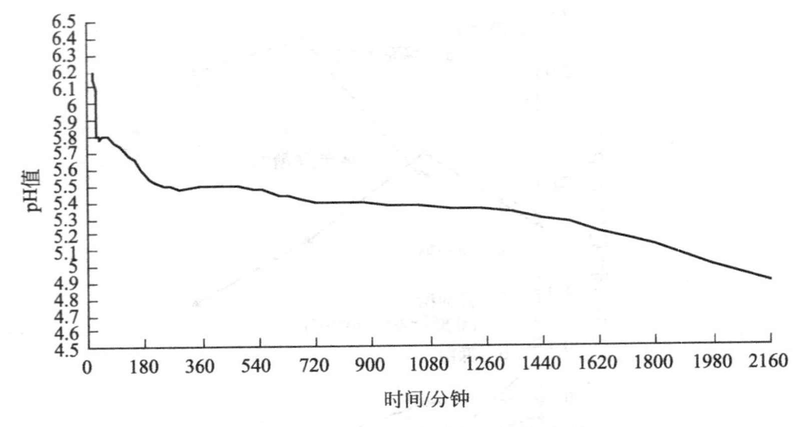


图 3-9　长时间发酵面团 pH 值变化

无氧呼吸和有氧呼吸产生的二氧化碳被保持在面团中是使面团 pH 值下降的原因之一。另外，酵母糖代谢过程也是使面团 pH 值下降的原因之一。在酵母体内，由丙酮酸向乙醛、二氧化碳转化过程中产生的乙醛有两条代谢途径，一条途径转化为酒精，另一条途径转化为乙酸。

除了酵母的有氧呼吸和无氧呼吸外，随着面团发酵的进行，还发生着复杂的微生物发酵过程，如乳酸发酵、醋酸发酵和其他发酵，使面团的 pH 值下降。

乳酸发酵主要是乳酸菌（它不和酵母竞争相同的碳源，酵母利用单糖以及多糖分解成的单糖，乳酸菌利用乳糖）利用面粉的营养物开始发酵，生成乳酸等产物。醋酸发酵主要是醋酸菌利用酵母发酵的产物乙醇进行发酵，生成醋酸和水。丁酸发酵主要是微生物利用单糖生成丁酸。乳酸和醋酸、丁酸发酵过程如下。

$$\underset{\text{单糖}}{C_6H_{12}O_6} \xrightarrow{\text{乳酸菌}} \underset{\text{乳酸}}{2CH_3CHOH \cdot COOH} + 83.6\text{ 千焦}$$

$$\underset{\text{酒精}}{CH_3CH_2OH} + O_2 \xrightarrow{\text{醋酸菌}} \underset{\text{醋酸}}{CH_3COOH} + 489\text{ 千焦}$$

$$\underset{\text{单糖}}{C_6H_{12}O_6} \xrightarrow{\text{丁酸菌}} \underset{\text{丁酸}}{CH_3CH_2CH_2COOH} + 2CO_2 + 2H_2 + 75.3\text{千焦}$$

以上过程在面团发酵中往往都是同时进行的，由于发酵过程产生的碳酸、乙酸、乳酸、丁酸等酸造成面团的pH值下降。同时面团中还有一种发生较少的反应，就是微生物和蛋白质酶分解蛋白质成氨基酸，氨基酸在少数厌氧细菌的作用下发生两种蛋白质独特的发酵作用。反应之后生成一定量的酸，虽然不多，但对面团pH值的变化有一定的贡献。

当发酵进行到一定程度，由于产酸菌产生的酸太多，pH值过低，会抑制酵母、产酸菌的生长，其他的杂菌生长可能占主导，像发生的酪酸、丁酸发酵，有恶臭味，这些发酵是应该尽量避免的。因此，面团发酵到相当长时间后，可能会产生刺鼻的、令人讨厌的气味。

## 三、面团发酵过程中风味物质的形成

面团发酵的目的之一，是通过发酵形成风味物质，在发酵过程中形成的风味物质大致有以下几类。

（1）酒精　是经过酒精发酵形成的乙醇。

（2）有机酸　乳酸、醋酸、丁酸、酪酸等。

（3）酯类　是以酒精与有机酸反应而生成的带有挥发性的芳香物质。

（4）羰基化合物　包括醛类、酮类等多种化合物。

（5）醇类　除酒精外，还有丙醇、丁醇、异丁醇、戊醇、异戊醇等。

酵母本身也具有一种特殊的香气和味道，由于被配方中的其他配料所稀释，而不能为人们所鉴别。有关学者认为此种香气来源于酵母脂肪。

除了酵母以外，某些细菌或真菌对形成良好的馒头风味也是十分必要的。

## 四、面团发酵过程中流变学及胶体结构的变化

发酵过程导致的面团流变学性能变化对馒头的后续加工及产品口感影响显著。

面团发酵中产生的气体，形成膨胀压力，使面筋延伸，这种作用就像缓慢搅拌作用一样，使面筋不断发生结合和切断。蛋白质分子也不断发生着—SH 基和—S—S—基的相互转换。另外，在面团发酵过程中，氧化作用可使面筋结合，但过度氧化，又会使面筋衰退或硬化。

在发酵过程中，蛋白质受到酶的作用而水解使面团软化，增强其延伸性，最终生成的氨基酸又是酵母的营养物质。小麦粉中酶的作用，一般不会使面团发酵过度。但是使用蛋白酶制剂不适当时，却有使面团急速变软、发黏、失去弹性、过度延伸等不良现象发生。

## 五、影响面团发酵的因素

在发酵过程中，既要有旺盛的酵母产气能力，又要有能保持气体的能力。这就要求面团既要有弹性，又要有延伸性的结实面筋膜。在诸多影响面团发酵的因素中。主要因素实质上就是产气能力和面团的持气能力两个方面。

### （一）影响酵母产气能力的因素

1. 温度

在一定的温度范围内，温度提高，酵母的产气量增加，发酵速度快。

35℃时虽然产气量最大，但 3 小时发酵完成后，产气速度下降幅度也最大，说明发酵温度高，酵母发酵耐力差，面团持气能力也降低。27.5℃时产气量比较稳定，发酵完成后产气未下降，说明在此温度下发酵，酵母的发酵耐力较强，面团持气能力也较大。因此，在馒头实际生产过程中，面团温度要控制在 26～32℃之间，快速发酵法生产馒头时，面团温度应控制在 30℃左右，发酵室温度不宜超过 35℃。温度超过 35℃，虽对面团产气有利，但由于产

气速度过快，而不利于面团持气和充分膨胀，也易引起其他杂菌如乳酸菌、醋酸菌的过量繁殖而影响馒头质量。

2. pH 值

如前所述，酵母适宜在酸性条件下生长，pH 值范围在 5～6 之间，产气能力较强。

3. 酒精浓度

酵母耐酒精的能力很强，但随着发酵的进行，酒精的浓度越来越大时，酵母的生长和发酵作用便逐渐停止。面团发酵后，可用去 4%～6%的蔗糖，产生 2%～3%的酒精。一次发酵法约产生 1.5%酒精，二次发酵法约产生 3%的酒精。

4. 酵母的数量

一般地说，面团中引入酵母（或面肥）数量越多，发酵力越大，发酵时间就越短，但用量过多，超过了限度，相反会引起发酵力的衰退。如果使用酵母发酵，其活力和用量比较容易控制和掌握。但是如果使用面肥发酵，由于面肥老嫩差异很大，即面肥中所含酵母数量不等，同时还受到气候、水温、发酵时间等因素的影响，并且还要根据制品品种和具体情况加以调节，因此需凭实践经验掌握。

5. 发酵时间

发酵时间对面团质量影响极大，发酵时间过长，发酵过头，面团质量差，酸味强烈，熟制时软塌不喧；发酵时间过短，胀发不足，也影响成品质量。准确掌握发酵时间是十分重要的。但发酵时间又受酵母多少、质量好坏、温度高低等条件制约。馒头制作行业掌握发酵时间的方法，大都先看所用发酵剂质量和数量，再视所采用的发酵温度来定发酵时间，最后还要看产品的特殊要求（比如老面馒头需要深度面团发酵）。

### （二）影响面团发酵持气的因素

1. 小麦粉

在原料中小麦粉质量的好坏对持气能力起决定性因素。小麦粉中蛋白质的数量和质量是面团持气能力的决定性因素。小麦粉的成熟度不足或过度都使持气能力下降。

小麦粉的氧化程度决定着持气能力的大小，小麦粉质量是最主要的因素，氧化程度低的面团表面湿润，缺乏弹性，氧化过度的面团易撕裂。

2. 面团软硬程度（即吸水率）

在发酵过程中，面团软硬也影响发酵，一般来说，软的面团（掺水量较多）发酵快，也容易被发酵中所产生的二氧化碳所膨胀，但是气体容易散失；硬面团（掺水量较少）发酵慢，是因为这种面团的面筋网络紧密，抑制二氧化碳气体的产生，但也防止二氧化碳气体散失。因此，调制发酵面团，要根据面团用途具体掌握调节软硬。一般来说，作为发酵的面不宜太硬，稍软一点较好，同时还要根据天气冷暖、湿度以及面粉质量（面筋质多少，面粉粗细，含水量高低）等情况全面考虑。

3. 面团搅拌

最初的搅拌条件对发酵时的持气能力影响很大，特别是快速发酵法要求搅拌必须充分，才能提高面团的持气性。而长时间发酵如二次发酵法，即使在搅拌时没有达到完成阶段的面团，在发酵过程中面团也能膨胀，形成持气能力。

4. 面团温度

温度对搅拌时的水化速度、面团的软硬度以及发酵过程中持气能力有很大影响。温度过高的面团，在发酵过程中，酵母的产气速度过快，面团的持气能力下降。因此，长时间发酵的面团必须在低温下进行。

以上各个因素并不是孤立的，而是相互影响相互制约的，如酵母多，发酵时间就短，反之发酵时间就长。温度适宜，发酵就快，反之，发酵速度就慢等。因此，要取得良好的发酵效果，就要从多方面情况加以考虑，掌握恰到好处。不过面团发酵主要还是取决于时间的控制和调节。如酵母少，天气冷，面团较硬，发酵时间就可以长一些；酵母多，天气热，面团又软，发酵时间就可以短一些，这样加以调节的结果，发酵大体上适当。所以控制发酵时间又是发酵技术中的关键。

## 六、发酵过程的控制与调节

### （一）面团发酵时的产气量及持气性

产气量是指面团发酵过程中产生二氧化碳气体的量。要增加产气量，一是可增加酵母用量，二是提高面团温度，三是加入一定量的酵母食粮和改良剂。

面团发酵时的产气速度与发酵室的温度密切相关。在温度38℃，发酵时间90分钟时产气速度最快，超过38℃后产气速度迅速下降。因此，面团发酵温度不要超过38℃。

气体能保留在面团内部，是由于面团内的面筋经发酵后已得到充分扩展，整个面筋网络已成为既有一定的韧性又有一定的弹性和延伸性的均匀薄膜，其强度足以承受气体膨胀的压力而不会破裂，从而使气体不会逸出而保留在面团内。因此，面团的持气性与面团的扩展程度有关。当面团发酵至最佳扩展范围时，其持气性也最好。影响面团持气性的因素有蛋白质分解酶、矿物质含量、pH值、其他因素（如机械因素）。

### （二）产气量及持气性的关系

要生产出高质量的馒头，就必须使面团发酵到最适当的程度，即在发酵工序，要控制面团的气体产生与持气性这两种性能都达到适当的范围，亦即使面团的产气量与持气性同时达到合适的点。在面团发酵过程中通常有以下三种情形。

（1）当面团的产气量与持气性都达到最大时，做出的面食体积最大，内部组织、颗粒及表皮颜色都非常理想。

（2）产气量达到最大程度，而面筋未达到最大程度扩展，即持气性能未能达到最大，面筋韧性过强，气体产生再多也无法将面团膨胀到最大体积。而当面团达到发酵阶段的最高扩展阶段时，即持气性达到最大时，产气量已下降，也不能使面团膨胀到最大体积，做出的馒头体积小，组织不良，颗粒粗。在这种情况下，可在面团搅拌时添加少量蛋白酶以加快面筋的软化程度，使气体的气室能够膨胀；或加入含有淀粉酶的麦芽糖、麦芽粉等，以延长产气能力，适应面团在发酵期间的扩展。

（3）面团在发酵期间面筋扩展已经达到最大，但产气量未达到最大，即面筋扩展比产气速度快，面团内因无充足的气体无法膨胀到最大体积，做出的馒头体积小，品质差。在这种情况下可增加糖的用量，加快产气速度；或使用筋力较强的面粉，以延长面团扩展时间。

## 七、发酵的工艺条件和成熟标准

### （一）发酵工艺参数

发酵的温度应控制在26～33℃之间，相对湿度70％～80％，发酵时间根据采用的生产方法以及实际情况而定。一般在发酵室内控制温湿度的条件下完成，在没有发酵室的情况，面团可放于容器中，放在温暖的地方发酵，发酵过程应盖上盖子或者在面团上盖上棉布保湿，注意棉布不宜过湿，否则粘上面筋而难以洗除。

### （二）发酵成熟的判断

当发酵恰到好处时，面团膨松胀发，软硬适当，具有弹性，气味正常。用手抚摸，质地柔软光滑；用手按面，一按一鼓（按下的坑能慢慢鼓起），俗称不起“窝子”；用手抻拉，带有伸缩性，揪断连丝，俗称“筋丝”；用手拍敲，嘭嘭作响；切开面团，内有很多小而均匀的孔洞，和豆粒大小一般，俗称蜂窝眼；用鼻子嗅闻，酸味不呛，酒香气味；用肉眼观察色泽白净滋润。当发的不足时，即面团没发起，既不胀发，也不松软，用手抚摸，发死发板，没有弹性，带有硬性；用手按面，按坑不能鼓起；切开内无孔洞，这种情况是不能制作成品的，要延长时间继续发酵。发得过度的，即面团发酵大了，一般叫做“老”了，成为“老面”，这种面团非常软塌，严重的成为糊状，按不鼓起，抓无筋丝，即无筋骨劲，严重的像豆腐渣那样散，酸味强烈，这种面不但不能用来制作成品，发酵太过度的面团甚至不宜做面肥用，必须加面重新揉和，重新发酵。研究表明，当面团 pH 值达 3.5～3.6 时，酵母已达零增长，发酵阶段已经结束。用测定面团 pH 值的方法可以较快而准确地检查面团的发酵程度，从而避免发酵不足或过头。测定面团 pH 值的方法很简单，即取 10 克面团样品，加入 100 毫升蒸馏水，在组织捣碎机中捣成匀浆，离心后用 pH 计或 pH 试纸测定其上清液的 pH 值。

## 第四节　成型与整形

### 一、馒头机成型

主食馒头在实际生产中的大批量制作，传统上一般都采用馒头机成型。

馒头机，又称馒头成型机，是通过机械运动将发酵过或没有发酵调制好的面团，加工成圆球形生坯或刀切成方形生坯的机械设备。在成型过程中，设备对面团有搅拌、揉捏、挤出、切割、搓光等作用。国内传统的馒头机主要特点是结构紧凑、操作方便，馒头大小可在一定范围内进行调节，计量较准确，馒头大小均匀，造价低。目前，国内一些企业模仿国外的先进技术，加工出了包子馒头成型机（见本章第九节），不仅使生产更加流畅，也解决了馒头成型时坯大小的大范围调节问题，并降低重量的波动，以及防止一头不光滑的问题。

除最新出现的仿手工圆馒头生产线外（见第九节），现在小型馒头工厂和作坊中应用的圆馒头机主要是卧式双轨螺旋辊馒头成型机，也就是馒头厂内常说的双对辊馒头机，也有少数厂家使用盘式馒头成型机。

1. 卧式双轨螺旋辊馒头成型机（双对辊馒头机）

它主要由喂料机构、供料机构、成型机构等组成。其工作原理是利用推、挤压及两个螺旋轴相向旋转将面团加工成型。电动机启动后，将和好的面团投入进料面斗内，在绞龙进料器的作用下将面团压入并推出面嘴，被旋转的切刀切成大小均匀的圆状小面团，接着小面团依次进入双辊式成型槽内，在螺旋推动下迅速地揉搓形成表面光滑的圆形馒头坯。另外，该机设有撒粉装置，以防面团和成型辊黏结（图 3-10）。

图 3-10　卧式双轨螺旋辊馒头机

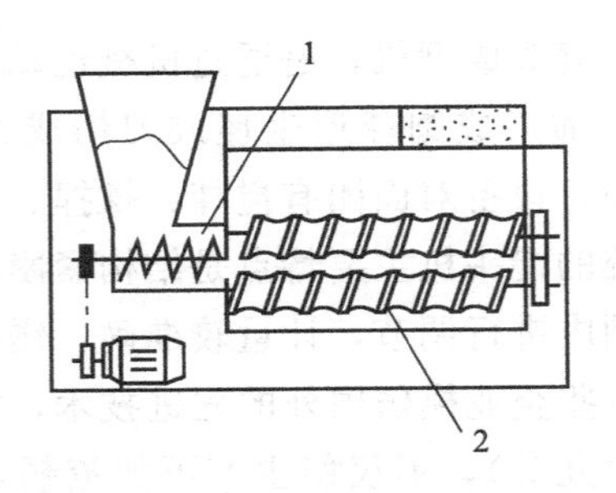


图 3-11　卧式双轨螺旋辊馒头机结构
1—挤出机构；2—成型机构

我国市场上销售的卧式馒头机有两种类型，一种是开式的，一种是闭式的，其结构如图 3-11 所示。开式机造价低，操作不太安全；封闭式机外形整齐，操作安全，但价格稍高。

采用这种馒头成型机成型出的面坯，表面圆滑，内部组织结构致密，生产出的馒头洁白细腻而带有层次。但在面团的一端总是有旋状纹，又称为旋儿或节疤，难以消除。主要原因如下。

① 面团挤出面嘴，被切刀的分割并不是瞬间完成的，面团的

向前运动将未切断的面拉长，然后再被辊揉成圆团，因此出现旋状节疤。

② 切刀与面嘴以及两辊之间有一定间隙，间隙愈大，节疤愈大。切刀与面嘴的间隙导致面团更不易切净。

③ 是在成型运动中，面团自转基本上是以两个节疤的连线进行旋转，旋转角度越小，节疤越明显，因为双辊揉搓不到。

所以要消除节疤，提高光洁度，除了首先保证切刀与面嘴以及双辊之间有很小距离外，还应增大旋转角度，使面团节疤处在旋转中与辊面保持接触和揉搓，这样成型效果就会大有改观。除此之外，还应使面团与辊面之间保持一定的摩擦力，辊转速应选择适当。现在已经有设备生产企业解决了馒头坯一头不光滑的问题。

卧式馒头机开机后有一个填满面嘴的过程，需要适当调节出坯大小，故连续运转效果较好，而当处理较少的面团（一般 10 千克以下）时就不很实用。而且，搓圆的面坯在醒发和蒸制时容易塌扁而不够挺立，需要搓高。卧式机下料均匀，且成条状面块送入进面斗，推进入面也就均匀，能够防止由于搭桥而导致的馒头坯重量不一。

为了解决馒头坯粘辊的问题，一般在馒头机上方安置一个干面粉存放及撒粉装置。实际上是用一个半圆形面槽，槽的下面有一些可以下面粉的孔洞。还设置一个带毛刷的转动棒，用以拨动干面粉，加快且均匀撒干粉于馒头坯上。另外，现在也有将螺旋辊的铝质材料改成不锈钢质的，并涂上防粘涂料（不粘锅涂料），以防止馒头坯粘辊。

根据生产需要，设备加工企业正在不断完善传统的双对辊馒头机，比如山东白鸽食品机械有限公司生产的 HMZ50-70 型数控变频直连体馒头机，不仅解决了馒头一头有节疤的问题，而且经过进面斗的改进，能够在馒头机进面斗内和面，节约了设备和占地面积，非常有利于小型馒头房的使用。

2. 盘式馒头成型机

盘式馒头成型机是由螺旋挤出机构、切断装置及圆盘成型槽组成。工作时，面团通过螺旋挤出机构挤出面团棒，接触到限量行程开关，接通电路，切刀旋转将面团棒切断，面团掉入圆盘成型漏斗，进入转动圆盘，在盘内滚动、揉捏成型（图 3-12）。

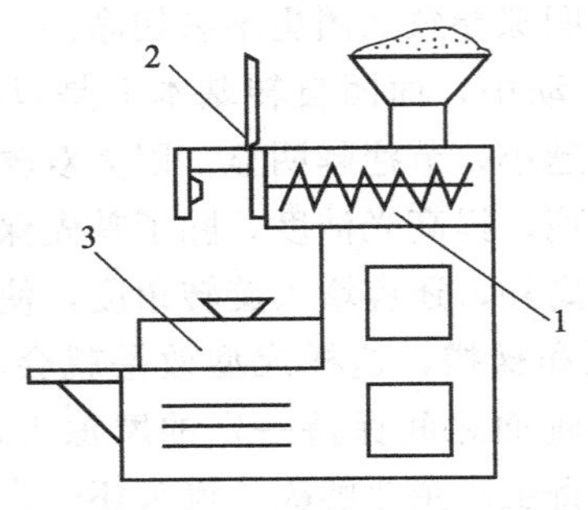


图 3-12　盘式馒头成型机结构

1—挤出机构；2—切断装置；3—转动圆盘

使用这种馒头成型机，成型出的面团外形不圆，呈 D 形，其不需要搓高，而且可以处理较少的面团。经过分析，馒头坯不能为圆形的原因是，面团在成型室运动的最后阶段，只是一种运动，几乎没有侧向运动，这是由于半径增加，切线运动速度加快，离心力增大，面团的一部分始终与模板直竖壁处于滑动摩擦状态，未对面团起到揉捏作用，所以成型出的面团出现一个平台；再就是成型模板截面形状是一个圆弧、直线组成的长形，即水平尺寸大于垂直尺寸，所以成型出的面团是一端平面的椭圆体。那么要保证盘式馒头成型机有好的面团成型效果，则必须降低圆盘的转速，保证面团在成型过程中始终有两种运动。再就是成型模板应加工成界面形状近似于正方形，消除直竖壁，增加圆弧，这样成型效果就会大大改观。另外该设备成型的馒头内部结构不够细腻，白度无法与卧式馒头机相比，因此未被馒头厂广泛采用。

3. *刀切馒头机*

仿手工操作，将面带卷成条状，进行连续刀切，不破坏面团的组织成分，产品筋度高、口感好，同时可以通过变化操作来生产不同的方馒头和花卷产品。一般的刀切馒头机可以调整刀切馒头坯的大小和速度，大多数所切的坯在10～150克/个之间，产量在3000～9000个/小时之间。由于生产效率高，馒头坯大小均匀，操作简单，故障率和次品率都很低，因此刀切馒头机已经成为馒头厂首选的成型设备。刀切馒头机还可以作为仿生搓圆馒头成型线的面坯分割机（图3-13）。

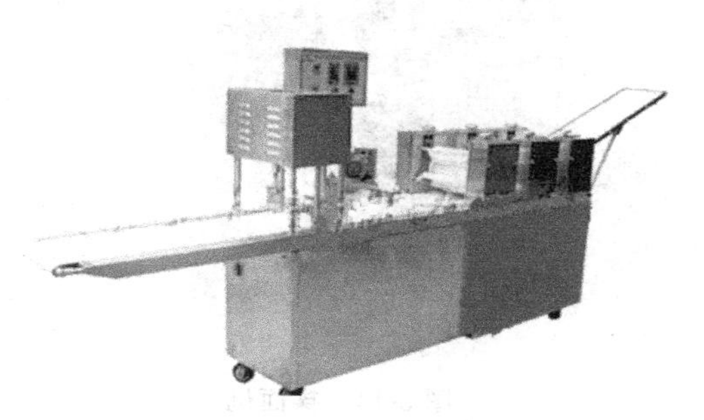

图3-13　刀切馒头机

一般刀切馒头机附带有面带调整压面装置（2～3遍压延），以使面带更适合于进入卷片装置，并保证馒头坯大小的一致性。

## 二、揉面与手工成型

手工成型前面团必须经过揉面过程，以保证面团中的气体排出，使组织细密、产品洁白。传统的方法是将面团放于案板上人工按压和翻折，劳动强度十分大，现今工厂多采用揉面机（压面机、轧面机）揉面。揉面的作用主要如下。

① 使物料进一步混合，分散均匀。

② 促进物料之间的相互作用。

③ 排除发酵产生的二氧化碳气体。

④ 面筋网络充分扩展。

⑤ 面团组织结构变得紧密细腻。

⑥ 使产品表面光滑洁白。

### （一）揉面机揉面

揉面机又称为轧面机（压面机）、揉轧机等，如图3-14所示。

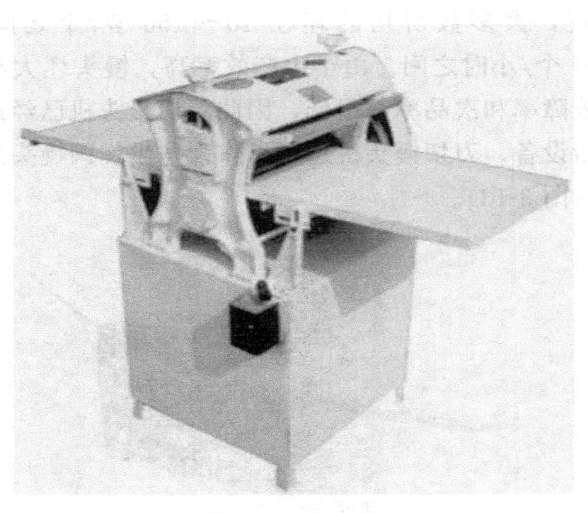

图 3-14　揉面机

它是由一对轧面辊、放于辊两边的两块面板，以及支架、电动机、传动带和正反向控制开关等组成。揉面机揉面是通过轧薄面团，手工折叠后再轧薄的反复操作，模仿手工按压翻折动作的设备。设备分为双辊可调至完全接触的对零型，以及双辊不能调至相互接触的非对零型。对零型揉面机的辊间距可在 0～2 厘米之间调节，揉面时将间距放大，轧片时按要求将间距调小，因此，其不仅可以揉捏面团，还可以将面团轧至相当薄的片，对于生产精细的花卷、面皮等非常实用。非对零的揉面机的辊间距可在 1～3 厘米间调节，主要用于主食馒头面团的揉轧。

现今连续揉压机（图 3-15）已经广泛用于生产馒头。该设备不仅可以实现原面团揉压机的功能，而且可以自动反复揉压面团，降低了操作人员伤手的可能性。技术要求高的馒头厂使用了全自动揉面机（见本章第九节），可以自动控制压面遍数，并且实现自动折叠面片，效率大大提高。

经过反复揉轧，面团中的二氧化碳气体排出，由软变硬，组织变得紧密细腻，色泽变白，表面变光滑，面筋网络进一步扩展，生产出的产品洁白光滑，组织细密。但揉面遍数过多，面团开始变

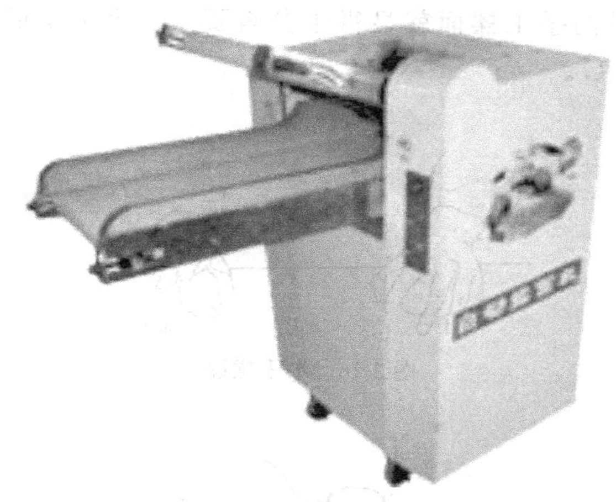

图 3-15　连续揉压机

软，面片发黏。因此，轧面遍数应控制在面团细腻光滑时为好，不可过度揉轧。温度高的夏季，揉轧 30 遍左右面团就有可能开始变软发黏，而温度低的冬季，可能轧 40 遍仍未出现变软的趋势。

在面团较软的情况下，面团可能粘辊，可撒少量干面粉（扑粉）于面片上防粘。但应尽量少用干粉或不用干粉，以避免因面层黏合不紧而出现产品分层起泡。

**（二）手工揉面**

手工揉面一般是将面团放于案板上，用双手按压和翻折。传统的案板是用木料制成，现今食品厂的案板多用不锈钢材料制成，一些条件较差的作坊使用白铁皮案板。案板要求表面平整光滑，有足够的强度，能够承受相当的力量冲击而不变形。

手工揉面，面团中物料的进一步混合分散较揉面机更好，而按捏的力量远不如揉面机，因此，要想得到组织结构细密的面团，需要许多遍的揉按，并且很难达到揉面机的效果。由于手工揉面劳动强度相当大，再加上人员的长时间接触面团，容易造成污染，故除少量的特色小花色面食外，一般食品厂甚至作坊都采用机械揉轧面团的方法。家庭式馒头、包子等制作主要采用手工成型的方法，这样，和面后的手工揉面就显得十分重要了。手工揉面方法见图3-16、图3-17。

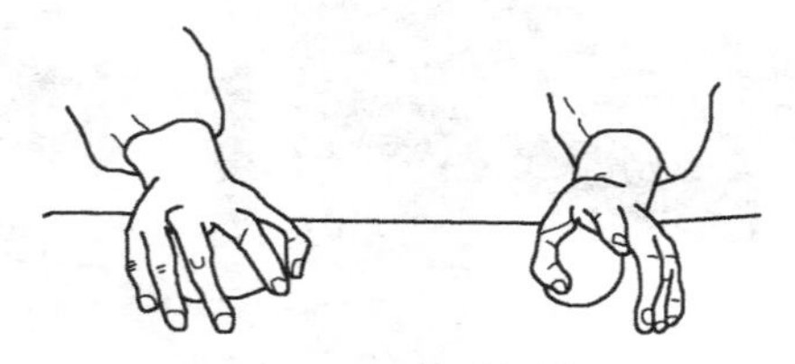

图 3-16　单手揉搓

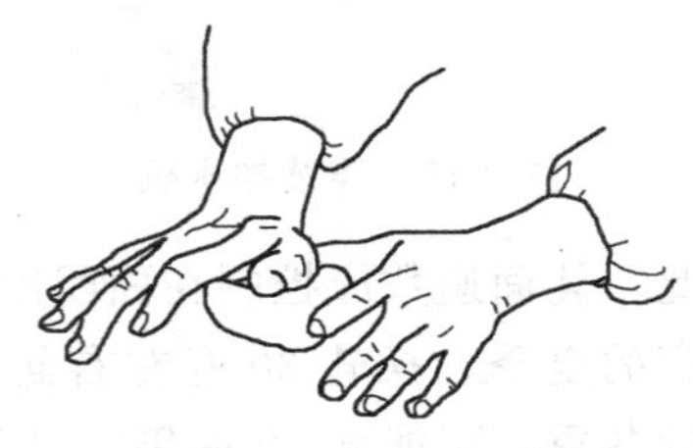

图 3-17　双手揉面

手工揉面基本要领：揉面时用力要轻重适当，要用“浮力”，俗称“揉面得活”，特别是发酵膨松的面团更不能死揉面，否则会影响成品的膨松；揉面要始终保持一个光洁面，不可无规则地乱揉面，否则面团外观不完整，不光洁，还能破坏其面筋网络的形成；揉面的动作要利落，揉面均、揉面透、有光泽；达到“三光”，即面光、手光、案板光。手工揉面及成型时为了防止面团粘手和案板，常适当撒一些干面粉于案板上，俗称“扑粉”“扑面”“面布”“薄面”“薄粉”“燥粉”。

### （三）手工成型

一般情况下，如果生产花色馒头，馒头机成型就显得无能为力了，虽然现今出现了刀切馒头机、包子机等设备，但对于复杂花型的馒头成型效果仍不能令人满意。因此，只有靠手工成型来满足工艺要求，工人成型的熟练程度对蒸制面食的生产影响巨大。

1. 成型前的操作

成型前的基本操作技法主要有搓条、下剂、制皮和上馅等。

（1）搓条　取一块揉好的面团，通过拉、捏、揉、搓等方法使之成条状，而后双手掌跟压在条上，同时适当用力，来回推搓滚动面团，同时双手用两侧抻动的力使面团向两侧慢慢地延伸，成为粗细均匀的圆柱长条。

搓成的条要光洁、圆整、粗细一致。操作时要搓揉抻相结合，边揉边搓，使面团始终呈粘连凝结状态，并向两头延伸；两手着力均匀，防止一边大一边小；要用掌跟推揉，不能用掌心（因为掌心发空，压不实、搓不光）。

（2）下剂　下剂又叫分坯、摘坯或掐剂子，是将整块的或已搓成条的面团按照品种的生产规格要求，采用适当的方法分割成一定大小的坯子。下剂能否做到大小均匀，重量一致，直接关系到成品的外观和成品的大小，影响到下面工序的操作，因而十分重要。

由于面团的性质和品种的要求不同，下剂的手法也有所区别，在操作上有揪剂、挖剂、拉剂、切剂等各种技法。

① 揪剂　揪剂又叫摘坯，一般用于软硬适中的面团。操作方法是左手轻握剂条，从左手拇指与食指中露出相当于坯子长短的一段，用右手拇指与食指轻轻捏住，并顺势向下前方推摘，即摘下一个剂子，然后左手将握住的剂条乘势转 90°，并露出截面，右手顺势再揪，如此反复。

② 挖剂　挖剂又叫掐馅，常用于剂条较粗、坯剂规格较大的面团。主要操作方法是面团搓条后，放在案板上，左手按住，从拇指和食指间露出坯段，右手四指弯曲成铲形，手心向上，从剂条下面伸入，四指向上挖断，挤成一个剂子。然后，左手向左移动，让出一个坯段，重复操作。

③ 拉剂　拉剂又叫掐剂，常用于比较稀软的面团。即右手五指抓起适当剂量的坯团，左手抵住面团，拉断即成一个剂子。再抓、再拉，如此反复。如包子的下剂方法即属于这种类型，如果坯子的规格很小，也可用三个手指拉下。

④ 切剂　有的面团如层酥面团，非常讲究酥层，必须采用快刀切剂的方法，才能保证截面酥层清晰。切剂的速度不宜过快，最好是用锋利的刀，向下切的力量不要过大，前后不停地锯割，以保证切出的剂子断面平整不变形。也有馒头、花卷等采用切剂的方法。

⑤ 剁剂　常用于制作馒头、花卷等。搓好剂条，放在案板上拉直，根据剂量的大小，用厨刀一刀一刀地切下。既可作剂子，又可作为制品生坯。为了防止剁下的剂子相互黏结，可在剁时用左手配合，把剁下的剂子一前一后错开排列整齐。这种方法速度快，效率高，但有时出现大小不均的情况。

切剂和剁剂在某些品种中具有成型的意义，这时更必须注意剂子的形态、规格，达到均匀、整齐、美观。无论采用何种方法下剂，必须均匀一致，大小分量准确。

(3) 制皮　制皮是将面团或面剂，按照品种的生产要求或包馅操作的要求加工成坯皮的过程。一般制皮是为包馅做准备的，是包馅前的操作工序。制皮技术的要求很高，操作方法较为复杂，它的质量好坏，会直接影响包捏和制品的成型。由于品种不同、要求不同、特色不同、坯料的性质不同等原因，制皮的方法也是多种多样。在操作程序上，有的在分坯后进行制皮，有的则在制皮后进行分坯。制皮的常用方法有按皮、捏皮、压皮、擀皮、拍皮、摊皮等。生产实践中，如条件允许的话，可用轧面机先进行轧片，再制皮，往往会达到事半功倍的效果。

① 按皮　按皮是一种基本的制皮方法。操作时将下好的剂子揉成球形，或直接将摘下的剂子截面朝上，用右手掌边、掌跟按成边上薄中间较厚的圆形皮子。按时，不可用掌心，否则按得不平且不圆整。一般豆沙包、糖包即采用此法制皮。

② 捏皮　捏皮一般是把剂子用双手揉匀搓圆，再用双手捏成圆壳形，包馅收口，又称“捏窝”。适用于米粉面团或小的小麦粉面团。

③ 压皮　压皮是一种特殊的制皮方法，一般用于韧性小的剂

子或面团较软、皮子要求较薄的特色品种的制皮。一般剂子较小的广式小笼包子常用这种制皮方法。具体操作方法是将剂子截面向上，用手略摁，右手拿刀（或其他平滑、平整的工具）放平，压在剂子上，稍使劲旋压，成为圆形的皮子。要求压成的坯皮平展、圆整，厚薄大小适当。

④ 擀皮 擀皮是当前最主要、最普遍的制皮方法，技术性较强。由于适用的品种多，擀皮的方法和工具也是多种多样。擀皮的方式一般有“平展擀制”和“旋转擀制”两种。按工具使用方法，分单手擀制、双手擀制两种。典型的擀皮方法有面杖擀法和橄榄杖擀法。

具体的操作方法是先将面剂压成扁圆形，放在案板上，将擀面杖放在面团上，双手分别以拇指控制面杖，在面剂上来回滚动，直到达到需要的厚度和宽度为止。

(4) 上馅 上馅是包子类蒸制面食一个必须的成型步骤。由于品种的要求不同，上馅的方法大体包括包馅法、拢馅法、夹馅法、卷馅法、滚粘法和酿馅法等。

① 包馅法 一般是用来制作包子类食品最常用的方法。由于品种成型方法并不相同，如捏边、卷边、提褶等，因此上馅的多少、部位、方法也有所区别。

② 夹馅法 主要用于花卷类蒸制面食。制作时上一层坯料加上一层馅，再加上一次坯料。可以夹一层，也可以夹多层。然后用轧面机压实（或擀面杖擀实），对折后再压面，如此反复后卷曲成型，进行后续操作。

2. 手工基础成型技法

手工成型技法就是将面团按照品种的形态要求，运用手工的方法，使成品和生坯定形的操作技术。成型的技法与前面的基础操作方法有直接的联系。

(1) 卷、包、捏

① 卷 卷是刀切馒头、花卷类蒸制面食生产中必须应用到的成型技巧，常与擀、切、叠等联用，还常与压、夹等配合成型。下

面主要介绍应用较多的单卷法。

单卷法是将擀制好的坯料经加馅、抹油或直接根据品种需要从一边卷向另一边成圆柱形的方法。

卷制法操作的要领是卷起前坯料要擀成长方形，卷起时两端要整齐卷紧，有些坯料还需在卷边抹点水，使其粘连，防止卷成的圆筒散裂；要卷得粗细均匀，切段时要大小一致，刀要锋利；卷曲时需要抹馅的品种，馅不可抹到边缘，以防止卷进的馅心挤出，影响美观，浪费原料。

② 包　包是将制好的皮子上馅后使之成型的一种技法。包的手法在蒸制面食的制作中应用极广，很多带馅料的品种都要用到包法。包法往往是与上馅结合在一起，如包入法、包拢法、包裹法、包捻法等，也常与其他成型技法如卷、捏结合在一起。

③ 捏　捏是将包馅的坯料，按成品的形态要求，经双手的指上技巧制成各种形状的方法，是比较复杂多样、富有艺术的一项技巧。所有成品或半成品，要求形象逼真，注重形似。捏常与包相结合运用，有时还利用各种小工具成型，如花钳、剪子、梳子、骨针等。制作的品种很多，动作也多种多样，有一般捏法和捏塑法两大类。

一般捏法比较简单，是一种基础的捏制法，其操作要领是将馅心放在皮子中心，用双手把皮子边缘按规格黏合在一起即成，没有纹路、花式等。

捏塑法是在一般捏法的基础上进一步的成型，具有一定的立体造型，是花式馒头的主要制作方法，坯皮包入馅心后，利用右手的拇指、食指（有时还用到中指）采取提褶捏、推捏、捻捏、折捏、叠捏、花捏等手法来成型。

(2) 擀、叠、切

① 擀　擀是运用面杖、橄榄杖、通心槌等工具将坯料制成不同形态的一种技法，也可借助轧面机来代替部分擀面操作，一般常需与包、捏、卷、叠等其他技法连用。这部分内容在成型前技法中已有论述，在此不再赘述。

② 叠 叠常与擀相结合，是将经过擀制的坯料按需要经折叠形成一定形态半成品的技法，常与折连用。最后的成型还需与卷、切、擀、剪、钳、捏相结合。叠制法的操作要领是叠，是与擀相结合的一种工艺操作技法，边叠边擀，要求每一次都必须擀得厚薄均匀。

③ 切 切是以刀为主要工具，将加工成一定形状的坯料分割成型的一种方法，常与擀、压、卷、揉、叠等技法连用，主要用于刀切馒头、花卷等产品。

## 三、整形

较廉价的馒头机一般有缺点，而成型效果较好的馒头机又价格昂贵，且体积较大，不利于在小型馒头厂推广应用。馒头机使馒头生坯有了一个较为固定的形状和较为美观的外表，但是，传统的馒头机制得的生坯或有节疤，或形状不一，因而，对馒头生坯的整形显得十分必要。

### （一）搓馍机整形

搓馍机又称为馒头整形机，在馒头生产线上与传统馒头机配合形成一个连续的生产工序。它是由传动装置、运送馒头坯的皮带、搓馍皮带、面板、导板、支架等组成（图 3-18）。

图 3-18 整形（搓馍）机

搓馍机的主要作用有以下几点。

（1）传送馒头坯 足够长度的传送距离，使馒头坯在皮带上运行时，给翻旋和排放的操作提供了足够的时间缓冲。

(2) 将坯搓光　馒头坯从馒头机出来后进入搓馍机，由搓馍机的传送带送入一个不锈钢整形槽内，整形槽由一边固定的导板和与主传送带同向前进且速度大于主皮带线速度的搓馍皮带组成，馒头坯在槽内旋转并与挡板产生摩擦力，得到揉挤和搓光，表面也变得更加光滑。

(3) 使馒头坯挺立　在揉搓的作用下，馒头坯底部修整成平面，并成为圆柱状，高径比明显变大，生产出的产品更加挺立。

整形后表面不光滑，或者形态不美的馒头坯要放入馒头机重新进行成型操作。

### (二) 手工整形

无搓馍机的生产者或生产手工成型产品时，一般在排放前需要手工整形。

生产圆馒头时，可以将成型的圆形面坯放于案板上滚搓或用双手对搓，使坯变成挺立的圆柱形。手工生产刀切馒头时，切出的坯一般紧靠成横排，要用刀或平板将刀口面整平，然后，整排放于蒸盘上。刀切馒头机成型的馒头坯一般比较规整，无需再进行整形。

## 四、排放

1. 装盘上车

在馒头生产线上，馒头坯整形后要进行装盘或者上醒蒸线，馒头坯要排列整齐，蒸盘装满后放于蒸车上，待蒸车放满后，推入醒发室进行醒发。

蒸盘又称为托盘，一般用0.6～0.8毫米厚的不锈钢材质制成，盘底冲有许多直径1.5～8.0毫米的通孔，以保证蒸汽穿过，并在汽蒸过程不让面团穿入孔中。蒸盘的尺寸应与蒸车和蒸箱相配合，一般有400毫米×600毫米、500毫米×500毫米、500毫米×700毫米等尺寸规格。蒸盘的使用应注意保持其清洁和干燥，内部可刷上薄薄的一层植物油，以防止馒头粘盘，有利于产品的卸下和产品底部的完整。现今很多馒头厂采用蒸盘上铺放硅胶蒸垫（或垫布）的方法防止粘盘，垫有蒸垫的蒸盘上无需刷油，所用的蒸垫应该是由无毒且没有气味的材料制成，能够透气，而且耐高温经久耐用。

蒸车又称为托架车，是托架蒸盘和运载馒头坯的专用工具。蒸车可根据实际生产要求设计尺寸，一般每层放两个蒸盘，层间距在80～110毫米之间，每车10～18层，层数过多可能导致装馒头坯后重量过大推动困难，或因蒸车过高操作困难。馒头坯的醒发和蒸制都是在蒸车上进行的，因此，蒸车所有部件必须是由坚固且耐高温材料制成，而且不能生锈。

大多数馒头车间都是手工排放馒头或其他蒸制面食坯于托盘上，排放要整齐，注意间距。

自动排放机、自动垫纸以及连续输送等设施的出现，使蒸制面食的成型排放与后续醒发完全自动连接，生产效率和准确性显著提高，也大大减少了劳动力。

2. 装笼

一些馒头生产者仍采用传统的笼屉汽蒸馒头。笼屉的制造成本较低，而且适合于地锅烧水产汽和锅炉产汽两种条件熟制馒头。笼屉多为铝合金材料制成，也有用不锈钢材料或木质材料加工的。笼屉上应先铺一层湿棉布或硅胶蒸垫，再排放馒头生坯，排满后抬入醒发室或放于蒸锅上醒发。使用笼屉的劳动强度大，且馒头易粘布而造成产品底部不完整和原料的浪费。

馒头坯之间的排列距离以蒸制后不相互粘连为准（传统连排馒头除外），尽量充分利用蒸盘或笼屉的有效面积，以节约空间和能量。

## 第五节　面坯醒发

醒发又称为饧发、饧馍。醒发是面团的最后一次发酵，在控制温度和湿度的条件下，使经整形后的面团（馒头坯）达到应有的体积和性状。它是以馒头为主的蒸制面食生产的最重要一步，其操作的成败直接影响产品的终端品质。

## 一、醒发目的

由于醒发实际上是发酵过程，该过程的基本原理和作用与面团发酵基本相同。醒发的目的主要有以下几个方面。

（1）恢复柔韧性　馒头生坯经揉轧和成型后，面团处于紧张状态，僵硬而缺乏延伸性。醒发时使面团的紧张状态得到恢复，使面坯变得柔软有利于膨胀。

（2）面筋网络扩展　在醒发过程，面筋进一步结合，网络充分扩展，增强其延伸性和持气性，以利于体积的保持。当然，也可能因发酵作用会使面筋水解或破坏。

（3）面团发酵　馒头的生产可能采用主面团发酵法和主面团不发酵直接成型醒发的工艺，无论主面团发酵与否，醒发过程的发酵都是不容忽视的。如本章第三节所述，发酵过程酵母菌大量生长繁殖，发生一系列的生物化学反应，面团的 pH 值变低，产生风味物质。

（4）使产品组织疏松　酵母发酵产气使馒头坯内部产生多孔结构，膨胀达到所要求的体积，而且改善馒头的内部结构，使其疏松多孔、暄软可口，外观丰满洁白。

## 二、醒发设备和条件控制

### （一）醒发设施

工厂实践中，用于醒发的设施一般是醒发室或连续醒发机（连续醒蒸一体生产线见本章第九节），由加热、加湿和保温等装置组成。简单的醒发室是在房间内设置暖气片来提高和控制室内温度，另外设置带喷气孔的蒸汽管用于室内加湿。

常见的醒发室形状有方形和长形两种。醒发室应设置在生产车间内，与其他操作间用砖墙、材钢或扣板制成的隔墙分开，并且吊顶控制室内空间高度在 2 米左右，以防止因房过高而造成热量损失。最好在与其他操作间隔离的墙上半部设置玻璃框，以便生产人员在醒发室外观察室内坯的醒发情况。

由于热空气和热蒸汽较冷空气轻，有向上运动的趋势，因此会造成室内上下温度不一致。特别是在冬季，地面温度低，接近地面处与醒发室顶部的温度可能相差 10℃以上，由此导致蒸车上部的馒头已经醒发过度，而下部馒头仍醒发不足。为此，在醒发室设计时，不仅要考虑整体温度和湿度问题，还要考虑温度和湿度的均衡问题。

1. *方形醒发室*

方形醒发室的空间利用率较高，且利用旧车间改造容易，因此被许多馒头厂采用。

方形室内可根据面积设置 2～4 组立式暖气片，用于提供升温的热量。房内对角处可分别设置两个加湿管喷蒸汽来增加室内湿度。为了避免上下温差过大，可以在两边安放两台空气强制对流装置，图 3-19 为热空气强制对流装置结构示意图。在装置上部设置一强力风扇，将室内上部的热空气吸入装置内，再由装置底部的出气口吹出，从而达到将热空气向下循环的目的。也可以在对流装置内安装一根加湿管，将湿热蒸汽随对流空气直接吹至醒发室的下部。

2. *长形醒发室*

根据长期实践，笔者认为比较合理的醒发室应设计为长形的隧道式。它克服了方形醒发室存在的不能分段控制温度和湿度；蒸车在室内不能完全按直线运动，需要转向而操作困难；上下温度和湿度难以达到一致等问题。而且具有醒发设备投资少、容易控制、适用性广等优点。图 3-20 是长形醒发室的蒸汽管路简图。

在接近地面处设置两排环绕式暖气管（或者用 7.6 厘米粗不锈钢管代替暖气管），用以提高室内温度，蒸车骑暖气管上醒发馒头。由于热量直接是从车下产生，因此解决了上下温度不一致问题。为了防止蒸车移动时车轮碰撞暖气管而损坏设备，可在管两边的地面

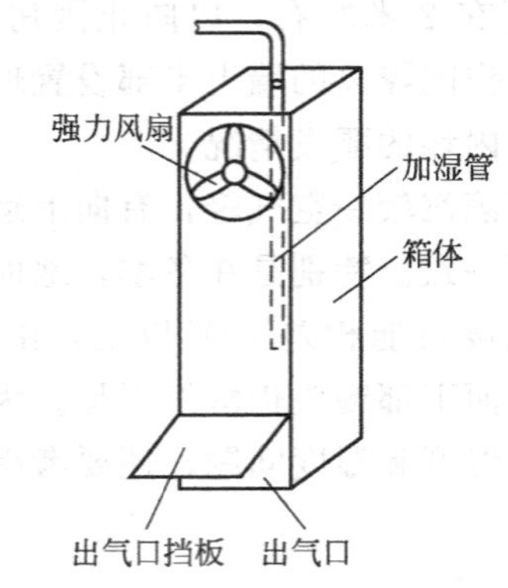


图 3-19　热空气强制对流装置示意

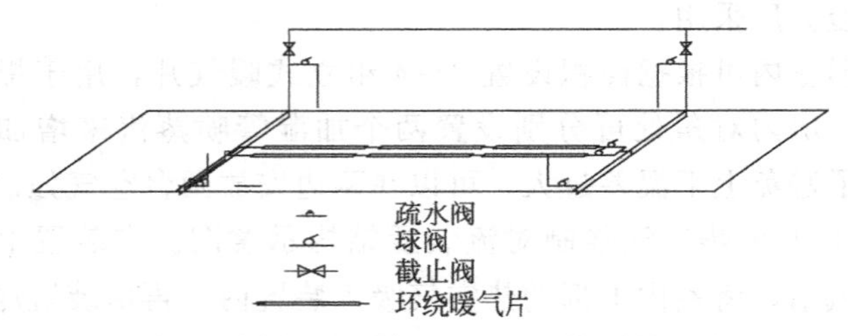


图 3-20　长形醒发室蒸汽管路示意

上加护板。建议暖气管不要接触地面，防止热量向地面传导而浪费能源。

沿醒发室纵向的墙壁设置四根加湿管，可顺墙壁方向向两边喷出蒸汽，以达到增加室内湿度的目的。由于喷气孔开在管的下部，而且管上孔径较小，喷出的蒸汽直线运动并雾化，从而防止了上湿下干的情况发生。可以通过调节球阀来控制喷出蒸汽量的大小，以调节不同醒发阶段的湿度。

醒发室最好在两端开门，蒸车由一头进，另一头出。室内要有足够的宽度，保证操作人员在蒸车两边顺利走过。

3. 新型组合式醒发房

组合式蒸汽恒温、恒湿醒发房是在吸收、消化国外面点醒发技术的基础上，根据国内市场的实际需求而设计生产的产品。该产品实现了自动控制温度和湿度，并且保证整个醒发空间的温湿度均匀性。虽然效果良好，但设备投资较大。

该设备主要工作原理示意见图 3-21。

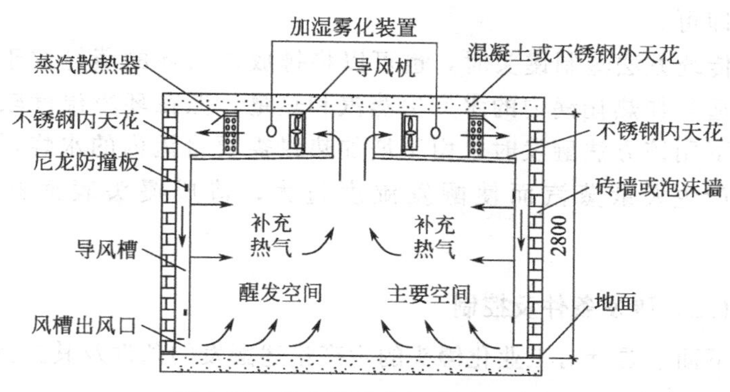


图 3-21 组合醒发房工作原理示意

通过风机将醒发房内醒发空间的空气抽到夹层天花内，然后经过散热器将空气加热，再将加热的空气吹到导风槽，通过导风槽出风口将热风送到醒发空间，这样不断循环加热，使温度达到所需要的醒发温湿度（温度 30～60℃相对湿度 60%～95%）。

醒发房的湿度是通过蒸汽喷淋管来补充，经过热风吹向醒发房内各个位置，使醒发房内的湿度达到相对均匀。

当干温设定在某个温度及进入醒发房蒸汽管道压力为 0.2 兆帕的时候，温差不超过±1.2℃，醒发房会自动开启或关闭蒸汽供应，并且会在 20 分钟内将温度升到设定的温度。当湿度设定在某个湿度及进入醒发房蒸汽管道压力为 0.2 兆帕的时候，湿差不超过±1.8%，醒发房会自动开启或关闭蒸汽湿度的供应，并且会在 4 分钟内将湿度升降到设定的湿度。

另外，醒发房可根据不同产品的要求来设置温、湿度，使产品醒发效果更理想。

4. 作坊生产的醒发设施

作坊式小规模馒头类生产投入较小，不可能花费较多的资金和较大的空间建造醒发室。一般情况下只需将面坯放在一个密闭的柜子内，再在底部放一电炉，上面加一盆水烧开产汽就可以保证温度和湿度了。在空气湿度较大、温度较高的情况下（我国南方地区的夏季），不需任何醒发工具，直接在操作间或蒸制间内醒发即可。

传统方法蒸制馒头时，也可以将排放馒头坯的蒸笼放于蒸锅上，适当加热让锅内的水产生蒸汽和热量。但在环境温度较低的情况下用该方法醒发时，由于增加热量需要将锅内的水烧得相当热，产生大量蒸汽而使醒发湿度过大，造成馒头表面状态不理想。

### （二）醒发条件及控制

下面主要针对工业化馒头的生产论述醒发的条件及其控制。

1. 温度

醒发的温度取决于多种条件，但主要是根据酵母发酵的温度来确定。一般来说，酵母最适的生存温度为30℃，但由于酵母在38℃时产气能力最强，为了防止醒发时间过长而使坯软塌，一般采用这个产气最快的38～40℃作为醒发温度。温度过低，酵母产气能力差，醒发慢，延长了生产周期，且使产品不够挺立；醒发温度过高，发酵过于剧烈，可能会造成馒头表面有裂纹、起泡，而且醒发时间过短，设备的运作没有足够的缓冲时间，容易出现醒发过度的情况。若温度超过50℃，酵母可能被烧死，不能达到醒发的目的。

当进入醒发室后，我们可以通过醒发间预先放置的温度计来了解醒发间的温度。若温度过低，通常可打开暖气片阀门，使室内温度升高到所需温度；若温度过高的话，面坯要暂缓进入醒发间，通过关闭暖气片阀门和减少蒸汽进入量的方法减低温度后，再进行醒发，以免造成醒发过于剧烈，使得产生的气体冲破面坯表皮，甚至出现烫死面的现象。

当冬季成型间温度低于20℃时，由于醒发室的温度接近40℃，馒头坯的温度与醒发室温度差异超过了15℃，此时将馒头坯直接推入醒发室，可能会因为物料与环境温差过大而导致坯表面出现露水现象。解决此问题，可以在醒发前设置一个预醒发室，根据实际情况，控制预醒发室的湿度在较低水平，甚至不加湿，温度设置在30℃左右，让馒头坯的温度有所提高后再推入醒发室醒发馒头。

2. 相对湿度

湿度是馒头醒发工艺中最关键的参数。醒发工序要求的相对湿度以70%～90%范围为佳，一般要求不能低于60%。因为湿度过小，会使面坯表面干燥，而阻止面坯的膨胀，影响成品的光洁度，严重时还会使蒸出的馒头有大的裂纹（详见第五章第四节）。不同于面包醒发的是，一般情况下，馒头的醒发湿度不要超过95%。实践中发现，湿度过高会造成馒头表面产生水泡，颜色发暗，而且产品不够挺立，粘盘。馒头坯温度低，表面容易结露水，而温度高则水分容易挥发，因此，实际生产中很难确切定出一个严格的湿度标准。经验证明，醒发过程中，以面坯表面保持柔软且不粘手为宜。

工业生产中，湿度的大小一般是通过调节加湿管喷汽量来控制的，一般是慢慢增加蒸汽量，达到所需湿度后，固定阀门，并在醒发过程中适时监控，发现湿度下降，立刻加大喷汽量。当然，如果湿度过大的话，只需关小喷汽阀，若仍降不下来，可打开醒发室的门，让部分蒸汽外泄。

夏季如果馒头生产车间没有安装空调，当室温高于35℃时，此时用蒸汽加湿的话，醒发室温度可能会超过45℃，而使操作人员无法承受这样的工作环境，而且过高的温度对馒头的醒发也非常不利。因此，醒发室内可以用超声波加湿器加湿，或者水雾加湿等方法加湿并降温。

3. 醒发时间

醒发时间对产品的质量影响是十分巨大的，醒发的时间应视具体的产品和生产工艺而定。醒发时间不足，产品体积小，内部组织结构不良，严重的还会产生死面馒头一样的产品；醒发过度的话，产品味酸，并且可能由于膨胀过度超过了面团的延伸限度而使得产品表面塌陷、缺乏光泽或表面不平、出现黑色暗斑，内部出现大蜂窝状孔洞而使产品变得组织结构粗糙，口感变硬。

通常情况下，采用二次发酵工艺醒发的时间可以稍短，而采用一次发酵工艺的醒发时间相对来说要稍长，一般控制在50～80分钟为好。若在此时间范围内不能达到醒发的要求，可通过调节酵母加入量、面团温度和加水量等措施来解决。

## 三、醒发适宜程度及判断

面团醒发的适宜程度一般是根据操作员的经验来判断，醒发程度应视不同的产品、工艺而定。总体原则是面团软可醒发重一些，面团硬醒发轻一些；面筋强醒发时间长，弱筋力面团醒发轻。具体的醒发程度要在生产实践中慢慢摸索决定。

一般情况下，判别醒发的程度，主要观察面团体积膨大的倍数。通常以搓圆时的体积为基数，就北方馒头而言，醒发到面坯体积的1.5～2.5倍为宜；南方馒头醒发程度要深一些，一般为3倍左右。由于蒸制的方式不同，醒发的程度应该依经验有所调整。如作坊式馒头的生产一般采用蒸锅来进行熟制，蒸制过程面坯膨胀大，醒发程度可稍浅。

醒发适宜程度还可以根据面坯的外观特性和手感来判断。以北方馒头为例，面坯醒发适当时，坯仍比较挺立但开始向横向扩大，外表光滑平整，面团表面稍透明，手摸柔软有一定弹性，不跑气，不粘手。

## 四、决定醒发程度的因素

(1) 产品的类型　产品的类型是决定醒发程度的首要因素。由于不同类型的产品满足不同的消费者，制作工艺存在很大的差别，产品醒发程度有所差别也就不足为奇了。

(2) 面团的软硬　含水量大的面团，调制后比较柔软，其延伸性较硬面团好，因此醒发的体积大一些也不会出现蜂窝状大孔洞，组织仍然细腻。而硬面团的延伸性和抗拉伸性差，虽然产品筋力强，色泽较白，但过度醒发可能会使内部出现大孔洞而造成组织口感变差。

(3) 面粉面筋的含量和质量　面筋含量高或面筋质量好的面粉，面团的抗拉伸能力强，发酵程度深也不会造成面筋破裂而漏气；面筋含量低和面筋质量差的面粉，不能耐受过度的胀发，醒发程度要轻一些。

(4) 面团的发酵程度　由于面筋耐受的作用力是有限的，因此醒发的程度通常要考虑到前面的发酵工序。发酵时间长，面团成熟较好，醒发要轻，否则，会造成醒发过度；发酵时间短或未经发酵的面团，醒发程度相对要重一些，以保证产品的柔软。

(5) 蒸制工艺的不同　大多数情况下，工厂都是通过低压蒸汽在蒸柜内对馒头进行熟化的，由于是锅炉产生的蒸汽直接喷入蒸柜，热量充足，升温迅速，面坯定型较快，所以要求面坯的醒发程度要控制很好，醒发的轻了，成品体积小；但醒发过度的话，也有可能造成产品的塌陷。

采用在蒸锅内熟化产品的工艺时，要充分考虑到面坯在锅内可能增长的体积，防止因锅内的醒发而造成醒发过度。有的家庭在蒸制馒头时，将面坯放入未烧开水的蒸锅中进行蒸制，这种情况下，在烧水升温过程中面坯继续发酵，故醒发尤其要轻。

## 第六节　面食蒸制

汽蒸是蒸制面食加工的熟制工序，加热方式的不同使得馒头不同于面包，并有馒头特有的风味和营养性。在蒸制过程中，产品发生了一系列的物理、化学及生物化学变化。与西方对烘焙工艺的研究比较，我国传统蒸制工艺的研究还很粗浅。

### 一、蒸制理论

#### (一) 蒸制原理

面团经醒发后，在蒸制过程中，以蒸汽为传热介质对面食进行熟制，主要的传热方式是传导和对流作用，也有少量辐射作用。

1. 对流

在蒸柜或蒸锅中，热蒸汽与面食表面的空气发生对流作用，使面食表面吸收部分热量而升高温度，同时，蒸汽在面食表面冷凝。当蒸锅中的空气排尽后，对流作用减缓，但是，由于蒸柜内有一定的压强，馒头表面的冷凝蒸汽又重新蒸发，新的蒸汽补充过来，使得面食进一步升温。对流作用贯穿于蒸制的全过程，特别在蒸制初期起到主导作用。

2. 传导

蒸柜内的热量不仅是由水蒸气直接传导给馒头坯，而且在面坯内部的热量是由一个质点传给另一个质点，使产品成熟。传导是馒头熟制的主要传热方式之一。

3. 辐射

蒸制装置内部的蒸汽管壁、锅壁等高温界面会产生少量的热辐射。

汽蒸过程主要是以蒸汽为热载体，对流和传导是协同进行的。因此，需要保证对流顺利，让空气排出，热蒸汽不断补充进来并与馒头接触。蒸制设备不仅要求有一定密闭性，还要注意不可过于密闭，一定的密闭性可防止蒸汽大量泄漏而造成浪费，且可避免凉空气温度难以升高；而适当排气有利于蒸汽的补充和对流。

### （二）蒸制过程中的温度变化

蒸制过程中，馒头中心温度上升较慢，外层温度上升较快，其中以最近馒头坯表面起始温度最高，升温最快。在蒸制一定时间后，馒头各部分的温度都达到了近100℃。从蒸制开始到蒸制结束，馒头的任何一层温度都不超过101℃。馒头蒸制一般都在蒸锅（蒸柜）内进行，为了加速对流运动，蒸锅（蒸柜）的锅盖上或柜的上下面都设有排气孔。

### （三）面食蒸制过程中各层水分含量的变化

在蒸制过程中，以馒头为例，面食中发生最大的变化就是水分的重新分配，既有水蒸气冷凝使得馒头水分含量的增加，又有温度的升高使得馒头水分的蒸发。

馒头坯中心起始水分含量最低，馒头瓤其次，馒头坯表面最高。蒸制结束后，其水分含量的大小关系为馒头表面＞馒头瓤＞馒头中心。在蒸制的前10分钟，馒头表面和中心的含水量变化较大，而馒头瓤水分含量变化较迟缓。在整个蒸制过程中，无论是馒头坯表面、馒头瓤还是馒头中心，水分基本上处于一个上升趋势。

### （四）面食蒸制过程体积增长

面食的体积在蒸制过程基本上也呈上升趋势。面食开始蒸制后，体积有显著的增长，随着温度的增高，体积的增长速度减慢，面食体积的这种变化与它产生的物理、微生物学和胶体化学过程有关。当把凉面坯放入已经煮沸的蒸锅内以后，气体发生了热膨胀，由于气体的膨胀，面团内才有千百万个小的密闭气孔。另外一种亦是纯物理作用，温度升高气体的溶解减少，由于面团发酵时所产生的气体，一部分是溶解在面团的液相内，当面团温度升高到49℃，则溶解在液相内的气体被释出，此释出的气体即增加气体的压力，增加细胞内的膨胀力，因此整个面团逐渐膨胀。第三种物理方面的影响是，低沸点的液体于面团温度超过它的沸点时蒸发而变成气体，低沸点的气体以酒精量为最多，亦是最重要的一种，酒精在77℃时即开始蒸发，增加气体压力，使气孔膨胀。除了上面三种受热后的纯物理作用影响外，另外还受酵母同化作用的影响，温度影响酵母发酵，影响二氧化碳及酒精的产量，温度愈高发酵反应愈快，一直到约60℃酵母被破坏为止。这些因素都使得面坯的体积增大。在面食蒸制的前段，其体积有显著的增长，而在蒸制的后段，面食皮形成，其延伸性丧失，透气性降低，这样也就形成了面食体积增长的阻力。与此同时，由于蛋白质的凝固和淀粉糊化使面坯瓤骨架形成，也限制了里边面食瓤的增长。因此，在定型后，面食的体积增长较缓慢。

## (五)馒头蒸制过程中pH值的变化(图3-22)

从图3-22中可以看出pH值从始至终大致是一个下降的过程，说明面坯的酸度在逐渐增大。其主要原因是由于酵母菌、乳酸菌、醋酸菌的存在。首先，在面团发酵的过程中，酵母分泌的各种酶将各种糖最终转化成二氧化碳气体，使面团发酵。此时，面团发酵产生的二氧化碳使面团的pH值降低。其次产酸菌活性的增强使面团在酵母发酵的同时还发生了乳酸发酵和醋酸发酵。

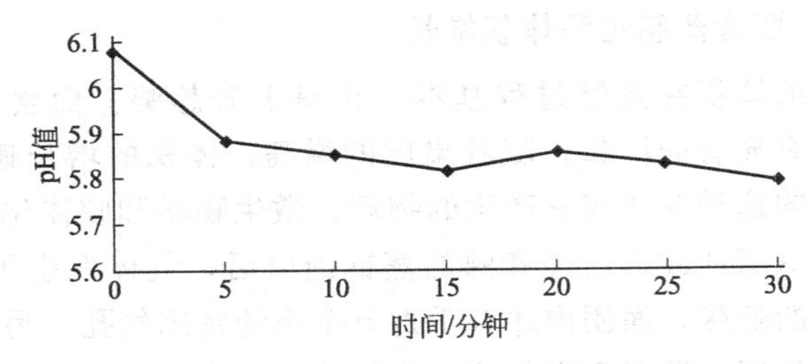


图3-22　面坯蒸制过程中pH值的变化

在蒸制过程中，由于温度的上升幅度较大，使得三种菌的活性衰退以致消失，所以pH值在蒸制的后期下降的幅度较迟缓。在蒸制中间，pH值稍有上升，可能是发生了酸醇反应，中和了部分酸的原因。而此段时间从感官上来说有酯类香味产生，从而印证了这一点。在蒸制的最后阶段，还原糖被氧化而生成酸，以及其他的产酸反应(如酶促反应)的发生使得在无产酸菌作用的情况下pH值又有下降的趋势。

## (六)面坯蒸制过程中淀粉和蛋白质变化

1. 淀粉的糊化和水解

面坯在蒸制过程中，随着温度的升高，淀粉逐渐吸水膨胀，当温度上升至55℃时，淀粉颗粒大量吸水开始糊化，直到蒸制结束，淀粉完全糊化。淀粉的糊化程度越高，面食的消化就越好。

在蒸制过程中，面坯内的淀粉酶活性增强，大量水解淀粉成糊精和麦芽糖，使淀粉量有所下降。淀粉酶的作用几乎贯穿了整个蒸制过程，直到温度上升到83℃左右时，β-淀粉酶才钝化，而使α-淀粉酶钝化的温度要高达95℃以上。蒸制温度较烘烤温度低得多，淀粉酶几乎在整个蒸制过程中都在水解淀粉，低分子糖的增加使得产品口味变甜，所以在不加甜味剂的情况下，馒头较面包味甜。

2. 蛋白质的变性与水解

温度升高到70℃左右时，面坯中的蛋白质开始变性凝固，形成馒头的骨架，使得产品具有固定的形状。面筋蛋白在30℃左右时胀润性最大，进一步提高温度，胀润性下降，到温度达到80℃左右时，面筋蛋白变性凝固。

在蒸制中还同时伴随着蛋白质的水解，主要是蛋白水解酶的作用，蛋白水解酶一般在80℃左右时钝化。酶解产生的低分子肽、氨基酸等，及其与其他成分结合产生的物质也是馒头风味的重要组成部分。

### （七）馒头蒸制过程中微生物学变化

100克面坯在蒸制过程中的酵母菌、乳酸菌和醋酸菌的生存状况见表3-2。

表3-2　馒头蒸制过程中微生物生存状态的变化

| 项目 | 酵母菌 | 乳酸菌 | 醋酸菌 |
|---|---|---|---|
| 蒸制时间 | 菌落数 | 菌落数 | 菌落数 |
| 蒸制前 | $61\times10^6$个/克 | $122\times10^5$个/克 | 200个/克 |
| 5分钟 | $152\times10^3$个/克 | $103\times10^5$个/克 | 200个/克 |
| 10分钟 | $55\times10^2$个/克 | $32\times10^2$个/克 | 未检出 |
| 15分钟 | 未检出 | 未检出 | 未检出 |
| 20分钟 | 未检出 | 未检出 | 未检出 |
| 25分钟 | 未检出 | 未检出 | 未检出 |

当馒头坯上锅后，酵母就开始了比以前更加旺盛的生命活动，使馒头继续发酵并产生大量气体。当馒头坯加热到35℃左右，也就是蒸制5分钟左右，酵母的生命活动达到最高峰，大约到40℃，酵母的生命力仍然强烈，加热到45℃时，它们的产气能力就立刻

下降，到达 50℃左右，酵母就开始死亡。当馒头蒸制 10 分钟以后，温度已高于 60℃，所以酵母已经很难发现。

各种乳酸菌的适宜温度不同（好温性的为 35℃左右，好热性的为 48～50℃），当馒头坯开始醒发至蒸制的前 5 分钟，温度都没有超过 50℃，这期间乳酸菌的生命活动都很旺盛，乳酸菌菌落数最多，蒸制到第 10 分钟温度已超过 50℃，也就是超过其最适温度，其生命力就逐渐减退，大约到 60℃时就全部死亡。所以蒸制 15 分钟后，已经很难再找到乳酸菌。

### （八）结构的变化

蒸制中面坯形成了气孔结构，除了受蒸制工艺的影响外，前面的工序如发酵、揉压、醒发亦都对馒头最后的结构产生一定的影响。

在蒸制过程中，气孔的最初形成是由面坯中的小气泡开始的，气泡受热膨胀，并由此产生外扩的作用力，压迫气孔壁，并使其变薄。

随着蒸制的进一步进行，蛋白质变性凝固，气体膨胀也达到了限度，这时产品的内部结构已经形成。

### （九）风味的形成

蒸制过程中，产品的风味逐渐形成。馒头所得风味除保留了原料的特有风味外，由于发酵作用还产生了其他的风味，其中最主要的是醇和酯的香味。

醇和酯主要产生于发酵过程中，在蒸制过程中挥发出，形成了诱人的香气。另外，淀粉酶水解形成甜味，蛋白酶水解产生游离氨基酸而带有芳香口味，有机酸与碱在高温下形成的有机酸盐，比如乳酸钠、脂肪酸钠等对风味也有所贡献。

## 二、蒸制设备类型

蒸制面食类食品的蒸制设备主要有蒸柜、蒸笼、蒸锅、醒蒸机及蒸车。其中蒸柜、蒸车以及醒蒸机主要用于工业化生产中。蒸笼、蒸锅一般是作坊和家庭等小规模生产所用，不再进行介绍。醒蒸一体设备在本章的第九节介绍。

蒸柜又称为蒸箱、蒸室、蒸炉等，主要是由不锈钢箱体构成（图 3-23）。双层壁间填充有保温隔热的岩棉或泡沫材料，整个柜前面由一可开关的门组成，门关闭时与箱体接触的一周配有耐高温的弹性密封条，扣紧把手后，柜门的四周无大量蒸汽泄漏。导入柜内蒸汽的蒸汽管上安装有控制蒸汽量的阀门和显示入柜蒸汽压力的气压表，管路的终端为一节通入柜内的下部的喷汽管，该段管上设有两排向斜下方的蒸汽喷孔。一般当蒸车进入蒸柜后，喷汽管应在蒸车的下面，既保证通入足够蒸汽量向上弥漫而加热馒头，又不能将高温蒸汽直接喷在馒头坯上。蒸柜内的顶面为人字形或圆弧形，以便冷凝水沿壁流淌，防止水滴下落至馒头坯上而出现水泡。蒸柜上面设有排气孔，排气孔最好有一根不锈钢管引出室外，以减少室内的蒸汽，在管上设置阀门，以便控制蒸汽排出量。蒸柜的下面必须设有排气排水口，其不仅保证冷凝水的排出，而且蒸汽是向上运动的，只有在下面排气才能使凉空气压出。

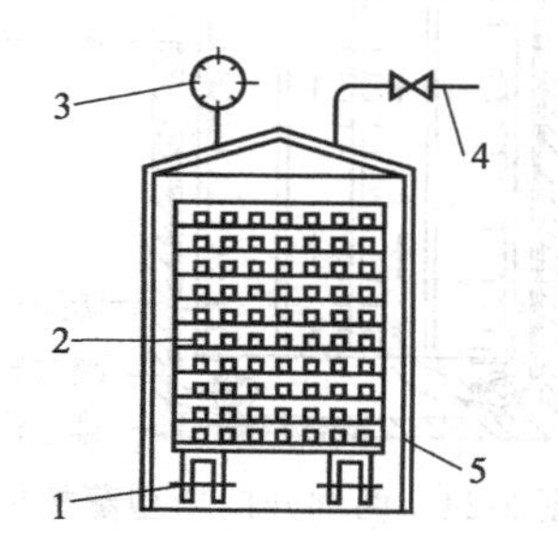


图 3-23　蒸柜结构示意

1—蒸车；2—蒸盘；3—压力表；4—进汽管；5—蒸箱

蒸车是醒发和蒸制馒头的承载和运输工具，蒸车的尺寸应与蒸柜和托盘相配合。蒸车过小，生产效率低，而蒸车过大，载馒头坯后重量过大，推动困难。因此，以每车可承载 100～140 克的馒头 500～600 个为宜。车高不要超过 1.5 米，以利于操作人员向车上装卸馒头。车下安装有四个车轮，其中两个为转向轮，两个为定向轮，使车的运动和调向稳定且方便。由于蒸车与馒头一起在柜内汽蒸，车上所有零件不仅要承受重力，而且必须能够承受高温，并不能污染产品，因此最好用足够厚度的不锈钢材料制成。

近年来，一些设备生产企业根据蒸制馒头的原理和要求，设计出了新型的带有自动控制蒸汽压力、蒸制时间、排气量、收集冷凝水和蒸后抽排蒸汽等先进设施的蒸柜。由于这类设备造价较高，一般在大规模、生产高附加值产品的馒头厂多应用。多数柜体可以进两车馒头，为了保证生熟隔离，以及生产流程的顺畅，该蒸柜在两端设置双门，一端进生馒头坯，另一端出熟馒头。其基本原理见图3-24。

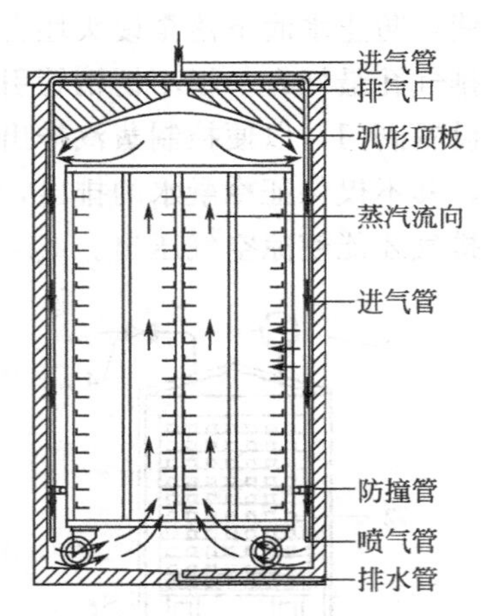


图 3-24 两端开门新型蒸柜原理

## 三、蒸制条件的控制

面坯醒发后就要进行蒸制了，如何有效地控制蒸制条件，对于生产优质产品来讲是至关重要的。

### （一）汽蒸操作

相对面包的烤制来说，面食的蒸制方式及规程较为简单，一般采取的是先通蒸汽后进料的方式。

① 打开分气包连接蒸柜的阀门。打开蒸柜的门，慢慢开启蒸柜上的蒸汽阀门，让管道内的空气和冷凝水排出。开大气阀观察喷气管通气情况是否正常。

② 关闭柜门，预热蒸柜，并打开蒸柜顶端的排气口阀门，排除蒸柜中的空气。

③ 关闭蒸汽阀门，关小蒸柜顶端阀门，打开柜门，将装有醒发好的馒头坯的蒸车推入蒸柜。

④ 关闭柜门，拧紧门扣，缓慢打开蒸汽阀，此时检查蒸柜是否密封完好，如漏汽过大的话，调节蒸柜门上的旋钮使得漏汽最少。

⑤ 调节阀门使蒸汽压保持在要求的数值。

⑥ 检查蒸柜上下排气口是否畅通，并且调节排气阀，使排出的蒸汽保持稍有向外吹的力量。

⑦ 蒸制结束，关闭气阀，稍等后打开柜门，拉出推车。

这里所述的蒸制规程是一般情况下的蒸制方式，但实际生产中，一般要视具体情况有所取舍和调整。

对于一些醒发不足的面坯，我们不妨先将其放入蒸柜，再先通入较少的蒸汽来使面坯得到最大程度的体积增长，而后再增大气压进行熟化。

**（二）馒头生熟的判别与蒸制时间**

馒头的成熟依照一般的概念应该是如下状态：馒头中绝大部分微生物已经死亡，馒头的形态已经固定，不粘手、有弹性、爽口，馒头淀粉的糊化度（$\alpha$ 化）达到最大、最适于人体吸收。

蒸制时间的长短受到面坯大小、蒸汽压力及进汽量、产品种类及形状的影响。

进蒸柜的蒸汽量越大、产品体积越小，蒸制时间就越短；面坯越大，进蒸汽量越小，蒸制时间相应就长。对于一般重约 135 克的主食馒头来说，在保证蒸柜内空气排尽、压力在 0.02～0.04 兆帕的前提下，蒸制 26～27 分钟已经可以了。而蒸柜不能承受压力的情况下，进气压力小于0.01兆帕，则需要蒸制30～35分钟才能够让馒头有足够的弹性。

而相对家庭作坊式生产来说，如果蒸制时沸水装锅汽蒸时间可以缩短，而火力不大的话，气压小，蒸制时间相应要延长。小馒头的蒸制时间可缩短许多。

对100克的馒头来说，其淀粉糊化在蒸制的第22分钟达到了最大值，这时的馒头中心已经达到100.5℃维持了2分钟，此时馒头中的活酵母、乳酸菌、醋酸菌基本上都未检测出，细菌含量也符合食用标准。如果以蒸制时馒头中心温度达最高温度并持续2分钟为馒头成熟的话，25克、50克、75克、100克、120克馒头成熟的时间分别应该是9分钟、14分钟、18分钟、22分钟和24分钟。

产品的种类也是需要重点考虑的。一般来说肉馅类的包子蒸制时间相对要长，以保证肉类的充分成熟；蔬菜馅类的包子蒸制时间要短一些，以保持其鲜嫩和营养；杂粮类熟化时间相对来说较长，要延长蒸制时间。

**（三）蒸制压力**

蒸制时柜内压力也是必须充分考虑的因素之一。蒸制过程，要求在一定时间内有蒸汽从排气口喷出，习惯上称此为“圆汽”。工业生产中，可通过调节进气阀来控制蒸汽量。蒸汽量大，面食熟化快，但过大可能阻碍面坯体积的膨胀，产品个体偏小，还可能因喷入的气压过大而导致蒸汽直接反冲到馒头坯表面的现象，从而造成产品表皮发黑、起泡、出现麻点等问题；蒸制压力小，没有足够的热量交换，蒸制温度低，俗称“汽顶不上来”，蒸制过程会出现面食成熟时间长，面坯过度地继续发酵可能会造成产品不够挺立，或出现塌陷和萎缩的情况。

具体实践中，要根据产品醒发程度、种类、大小来适当调节蒸制压力，以优化蒸制工艺。一般使用蒸柜时，进柜（箱）气压不能低于0.01兆帕，也不能高于0.06兆帕。蒸笼蒸馒头时，应加大火力，尽快让蒸笼圆汽。蒸制过程中不允许断汽。

依据蒸柜的材质强度及排气的控制状态，柜体承受压力的能力是不同的。保持柜内有一定压力，可以大量减少能源浪费，而且也能够使柜内温度提高，缩短蒸制时间，提高设备利用率。因此，排出蒸汽不直喷（不超过 1 米的距离），并且能够把进汽压力提高到 0.02 兆帕以上柜体不变形是蒸柜合格的最重要指标之一。

以上所述是工厂生产中蒸制条件的一般控制方法，但具体要领需在生产实践中去体会。

## 第七节　冷却和包装

### 一、冷却

#### （一）馒头冷却的目的和原理

为了便于规模生产和大范围销售，馒头必须冷却，然后包装。馒头若没有适当的冷却，包装后由于温度高，会产生水蒸气冷凝而成水滴，附在包装袋内壁和馒头表面，因而馒头表皮泛白，易于腐败。一般销售新鲜馒头冷却至 50～60℃左右时包装最为理想，这样既不会将多余的水蒸气蒸发掉而损失内部水分，并保持产品仍然柔软，也不会因高温而造成包装袋内结露水。确定馒头要损失多少水最为理想是非常困难的，因为这必须视产品包装和存放情况来决定。一般馒头工厂都缺少冷却设备，都是让其自然冷却。但由于季节的变动，大气的温度及湿度皆会发生变化，所以应根据工人的经验对冷却程度加以调整。一般保温销售的产品或前店后厂的热食销售稍加冷却即可，甚至不冷却也可。超市销售冷馒头，货架期要求延长，这时产品应该彻底冷却，一般需要在室温下冷却 1 小时以上稍变硬后再包装。

馒头出锅后发生着水分的迁移和蒸发，产品逐渐失重变硬。当出锅后除了外表的一层表皮外，馒头的温度几乎每一部分都非常均匀，但水分分布并不均匀，外表皮水分含量多。出锅后，表皮迅速降温，水分先快速蒸发，再出现蒸发和冷凝同时进行。由于内部温度高，水分向馒头低温外皮扩散。水分的分布和温度的变化结果，使水分从中心部分分散到表皮，再由表皮蒸发到外面的空气。水分的蒸发最主要原因为蒸汽压的作用，蒸汽压与温度相关，温度愈高蒸汽压愈大。冬天的大气蒸汽压低，馒头表皮蒸发快；夏天大气的蒸汽压高，馒头表皮蒸发慢。因此冷却时若大气的空气干燥，馒头则蒸发较多的水分以降低馒头本身温度，这一现象为自然界的物理平衡现象。大量蒸发水分的结果导致馒头重量明显减轻、表皮发皱甚至裂口、馒头质地变硬、品质不良。若湿度大，馒头与环境之间蒸汽压差则小，馒头表皮水分有适当的蒸发，甚至冷却再久亦不会使水分过度流散，产品表面光滑、失重少、组织柔软。因此，馒头的冷却过程应该尽量提高环境湿度，避免干燥空气的直吹。为了提高冷却速率，可以用潮湿冷空气对流来加快降温。

蒸制过程的温度基本上能够将微生物杀死。冷却过程馒头暴露于空气中，而且馒头蒸制间与冷却间的湿度较大、温度较高，很容易滋生各种各样的微生物，这就为馒头沾染微生物提供了条件。因此，馒头的保质期往往受到冷却程度以及冷却过程微生物污染的影响。

**（二）预冷却间**

比较理想的馒头冷却工艺应该把此工序分为两个阶段：刚出锅的预冷却阶段和后冷却阶段。冷却间也应该分成预冷却间和主冷却间。

馒头刚出蒸柜，温度100℃左右，表面的水分很多，会大量散发出蒸汽，如果直接进入主冷却间，会影响前面已经晾凉的馒头。设置预冷却间就是将热馒头的大量蒸汽挥发，且将馒头经过初步降温后再进入大冷却间。

预冷却间可根据实际生产量进行设计，一般面积不宜太大。一般保证蒸出的馒头冷却20～30分钟的时间即可。房间高度及顶棚斜度与醒发室情况相同，要求此空间内杀菌容易，并能够保持湿度，防止有“过堂风”，还要让顶棚上的冷凝水不下滴。最好将预冷却间也设计成隧道式的房间，以利于蒸车的存放和顺序移动。房间内的两边墙壁上布置有紫外灯，人员不在房间内时开灯杀菌。房间内安置加湿装置和换气装置，在气候非常干燥的时候，开启加湿器增加预冷却间的湿度，当气候湿润空气闷热时则开排气扇抽出湿气。

预冷却间必须每天在生产间歇用漂白粉水刷洗墙壁和顶棚表面，并且点燃硫磺熏蒸房间或喷洒过氧化氢以杀灭空间内的微生物。熏硫保持30分钟后一定要开启排风扇，抽走残余的$SO_2$气体，防止造成有害成分沾染产品或影响馒头风味。

### （三）冷却操作

1. 热馒头产品的冷却

集贸市场上的热馒头是以保温的形式进行销售。馒头常用的冷却方法是将出蒸柜的馒头继续放在蒸车上，推入预冷却间，让其自然冷却20～30分钟，或倒在冷却台上冷却，冷却程度以产品不烫手、仍有热量、保持柔软为宜。然后立即倒入保温筐中，盖上棉被。

2. 超市货架馒头的冷却

需要生产在超市中较长时间销售的蒸制面食产品时，比如进入超市销售的馒头，需要彻底冷却，并且变硬后叠放于包装箱内。

出柜后的馒头立即推入预冷却间进行预冷却，预冷却20～30分钟后，推入主冷却间继续冷却1小时以上。主冷却间不仅是冷却馒头的场所，也是馒头包装前暂存的场所，面积一般较大，比如班产5吨馒头需要配置80平方米以上面积的冷却房间。

主冷却间也应该保持一定的湿度，以及相对无菌状态。如果馒头在主冷却间停留时间超过2小时，应该将蒸车用洁净的棉布罩起来，以防止馒头表皮过度失水而干缩。

冷却条件应根据实际情况摸索调整，值得提醒的是，不同季节的冷却工艺条件应该有所不同。

生产线上馒头的冷却是在蒸车上完成的，在配置设备的时候要考虑这个工序的蒸车需要量。经验表明，为了充分冷却馒头，生产凉馒头的生产线上需要的蒸车数量，较生产热馒头的蒸车要增加1倍。

## 二、包装

### （一）产品包装的目的

当馒头中心部位冷却到室温时，应立即进行包装。如继续长时间暴露于空气中，馒头产品极易干硬，感染霉菌，水分损失太大，影响风味和口感。

（1）延迟产品老化，防止干缩　淀粉老化后的馒头坚硬干燥，芯子无弹性，这既影响风味又降低了人体的消化吸收率。老化现象是馒头储藏中的必然趋势，但包装后的产品可以延缓老化作用，其原因是馒头处于相对恒湿的状态下保存，不易失水，可以延缓淀粉胶体的水相分离作用，胶体失水亦是老化的重要原因。老化变硬的馒头食用前需要复热。然而，馒头干缩后，表皮失水过多，再进行复蒸已经不能恢复原来的柔软度。包装后，馒头不会出现干缩现象。

（2）防止污染　馒头作为直接食用的食品，要求清洁卫生，包装可以防止在储藏、运输、销售过程中污染脏物和菌类；刚出锅的馒头水分一般在35%～50%，如果温度适宜，又有微生物污染，将是极易腐败变质的食品。包装后的成品可防止在与空气、容器、手接触时被污染，宜于周转，并延长了保存期。试验证明，馒头经过充分冷却和包装后，在温度30℃以下条件可以储藏24小时以上。同时，包装袋隔离了产品与异味的接触，保持了原有产品的风味。

（3）防止破损　馒头在储藏、运输和销售中不仅有污染的可能，而且还易造成破损残缺的问题，特别是质地比较柔软的产品更易发生。用薄膜包装馒头，可避免相互间粘连后拿开时破皮，也能起到减震的作用，防止碰撞、挤压破坏外观的完整性。

（4）美化商品，提高价值　包装后的产品，因包装上的图案新颖和色彩艳丽而十分醒目，可使商品美化，提高产品等级。包装还能将产品的制造商和商标加以注明，特别是可以显示质量安全（QS）认证标志，使消费者放心。在包装上还可对营养特点进行宣传，可以说包装也是广告的一种形式，可以使产品家喻户晓。

### （二）对包装材料的要求

合格的食品包装应符合以下几方面的要求。

① 对食品有良好保护性，包括化学保护、物理保护、微生物保护、机械保护等。

② 方便食品的储存、运输、展示、销售。

③ 方便消费者打开取用馒头。

④ 符合消费者要求的精美包装装潢，有科学的、醒目的产品介绍和使用说明。

⑤ 包装材料的成本低廉，易于着色和印刷。

⑥ 包装无毒性，干净卫生，不会对食品造成化学或风味污染。

馒头所用的包装材料很多，有硝酸纤维素薄膜、聚乙烯薄膜、聚丙烯薄膜等。其中，尤以聚乙烯塑料袋应用最为广泛。现今也出现了可降解塑料制品，主要用于食品包装。一般可降解材料为碳水化合物、蛋白质及其他有机物，在自然界可以被细菌发酵分解，从而达到防止“白色污染”和保护环境的目的。

目前，对于热馒头来说，包装袋上一般打一两个小孔，以便蒸汽挥发，防止露水泛白产品。

### （三）馒头的包装形式

传统馒头的销售形式是在笼屉上直接销售或散装于笸箩中盖上棉被保温销售。现今前店后厂的企业或饭店食堂大多采用放在笼屉上销售，而农村和不发达小城市仍保留传统的销售形式。在笸箩中保温必须下垫棉布或棉被，上盖棉被，由于馒头与棉被直接接触，所以需要保持棉被干净卫生，注意经常洗晒。

由于百姓比较喜食热而柔软的新鲜馒头，其口味和外观都保持最佳状态，并且回家食用时不需要复蒸，非常方便，因此，北方许多地方以保温销售为主。一般馒头厂产品的保温销售形式为，将馒头预冷却后装入塑料袋中，再整齐地排放于带有保温层的馒头筐内，盖上棉被达到保温的目的。保温不仅保持了产品的柔软性，也降低了塑料袋内外的温度差，从而减少袋内壁上的冷凝水。

彻底冷却后包装，可以使产品的保质期明显延长，有利于产品的远销，特别适合于超市的上架销售。但冷透的馒头必须复蒸（馏馍）后才能食用。

目前很多有规模的正规馒头企业取得了生产许可，并获得了质量安全（QS）认证，因此包装尤为重要。为了满足批量化的要求，冷馒头包装多采用自动机包装，不仅节省人力，提高了生产效率，同时也为包装前的进一步灭菌提供了可行的条件。

## 第八节　速冻蒸制面食生产

一些馒头厂已经开始应用速冻技术，而且许多速冻食品厂也生产面点。速冻蒸制面食具有非常强的生命力，发展前景良好。

### 一、速冻的作用

① 速冻延长了蒸制面食的保质期，使产品的规模化生产和远销成为可能。冷冻保藏有效地抑制了微生物的繁殖生长，降低了酶活性，并且在密闭条件下，制品水分损失较少，其物理性质变化微弱，因此克服了馒头不易储存的问题。

② 速冻面团的组织结构破坏比较少。急速冷冻在很短的时间内让面团中水分结晶，冰晶较小，从而使制品基本保持了原有的特点和性状。带馅的食品急速冷冻可以避免馅料中的水分渗入皮料，保持产品外观和组织性状。

③ 冻结后再包装能够保持制品的形状。一般面食的坯料或成品比较柔软，而且有一定的黏性，当它们在一起堆放时容易变形并相互粘连，无法保持形状。冷冻后制品变得硬而不粘，紧密排放或堆压时不易变形，也不会粘连。

④ 速冻食品已经进入千家万户，人们已经接受并比较喜欢它。速冻食品比较耐储存，食用前稍微加工即可，避免了饭前上街购买的麻烦，并且食用的时间不受限制。

⑤ 速冻生坯使得蒸制面食在连锁店简单加工即可销售，便于各个店面的产品品质保持一致，而且也保证了带馅蒸制面食的馅料鲜嫩可口，产品形态更加诱人。

但速冻食品必须冷冻保藏，运输和销售都需要相应的设备支持。处于成本上考虑，目前，普通的主食馒头很少进行速冻上市，速冻产品一般仅为附加值较高的地方特色制品或点心馒头等。速冻制品分为速冻生坯和速冻成品两类。

## 二、速冻设备

速冻机是一种能够在短时间内冻结大量产品的高效率冻结设备，其可以将食品的中心温度迅速降至－18℃以下，以达到营养成分不流失、品色不变的冻结状态。

速冻机一般可分为推进式速冻机、平板速冻机、隧道速冻机、螺旋速冻机、提升式速冻机、往复式速冻机、流化态速冻机等。下面简要介绍食品厂常用的推进式速冻机、平板速冻机、隧道速冻机和螺旋速冻机。

### （一）推进式速冻机

推进式速冻机是一种小型、节能、高效、多用途、经济型的速冻设备，它适用于中小型速冻食品加工厂快速冻结水饺、包子、春卷、汤圆、馄饨等速冻食品。

该机主要是由制冷系统、推进系统、电气控制系统及速冻室等组成。工作人员将装有待冻食品的冻品盘通过速冻入口进入速冻轨道并在人力的作用下向出口方向步进移动，在移动的过程中，经过一个由风机及导流板的作用下形成的一个稳定的垂直环状低温气流，这个低温气流与水平运动的被冻食品进行热交换，从而实现快速降温冻结过程。

### （二）平板速冻机

平板速冻机也是一种小型、高效、经济型的速冻设备，特别适合小型食品厂快速冷冻食品。体积更小、降温更快、能量利用率较高。

此设备是在制冷板上直接放置食品托盘，让食品接触冷源，最大限度地充分利用能源。其结构见图 3-25。

图 3-25　平板速冻机内部结构

平板速冻机处理量较小，生产效率低，操作劳动强度大。

### （三）隧道速冻机

隧道速冻机结构非常简单，可以购买整体设备，也可以馒头厂自建速冻间作为隧道再安装制冷装置。自建的速冻间可以根据蒸车的尺寸而建，让整车馒头冷却后直接推入隧道，从而减少了人力劳动。

速冻隧道内配置低温气流强制循环风机，让冷风接触馒头而起到迅速降温的作用。

### （四）螺旋速冻机

采用螺旋的方式输送产品，占地面积小，冻结量大，因此这种结构方式可以制造产量较大的速冻设备，目前应用的也比较多。

按照送风方式分为垂直送风和水平送风两种。垂直送风是冷空气从网带上部送风，垂直吹过食品表面，该方式的优点是冷冻品的水平位移小，缺点是不适合冻结有包装的食品；水平送风是冷空气水平掠过冻品表面，此种方式的优点是可以冻结有包装的食品，缺点是冻品容易产生水平位移。

图 3-26 是螺旋速冻机的结构示意图。设备传动装置复杂，投资较大。

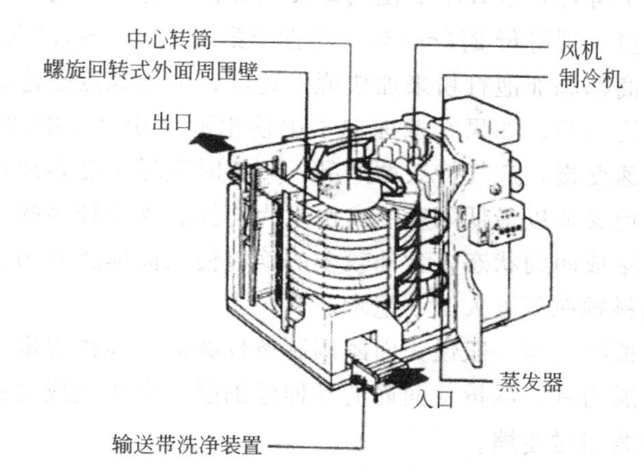


图 3-26 螺旋速冻机的结构示意

## 三、速冻包子生坯

### （一）加工过程

速冻产品现今成功推广的为熟制后的包子，但速冻包子生坯是连锁销售企业非常需要的，应用价值更大，且实现难度也较大。有关熟制后的包子参见本节相关内容，这里探讨速冻包子生坯加工技术。

1. 速冻包子坯的加工工艺

馅料预处理→剁馅→调馅
↓
原料预处理→调制面团→发酵→分块擀皮→包馅成型→醒发→冷却→急速冷冻→包装→冷藏销售

2. 食用前加工工艺

冷冻包子坯→排放→汽蒸

### (二) 主要工艺条件

1. 面团调制

(1) 配料　面皮原料以中筋度面粉、耐冻性好的酵母（如鲜酵母和活性干酵母，最好不要使用即发高活性干酵母）为好，适当增加酵母用量（鲜酵母2%～4%，活性干酵母0.5%～1.5%）。很多包子加工商都添加泡打粉来加快醒发速度，笔者观点是速冻包子最好不使用泡打粉。如果在速冻包子中使用泡打粉（发酵粉），应该选用作用速度慢，产气持久的产品。调粉时应尽可能多加水，使面团柔软，但又要以最低限度的自由水为前提。含水较多的馅料应调制成可黏结成团的状态，含油较多的馅料使用固体脂肪为宜。速冻包子的馅料颗粒不可大于3毫米。

(2) 搅拌　与一般馒头面团调制条件类似，搅拌程度以达到面筋充分扩展为宜。尽量使面筋的延伸性加强，以防止成型困难以及冻结状态蒸制时萎缩。

2. 面团发酵

在30～35℃的条件下，发酵40～60分钟，注意面团发起。发酵到酵母的最活跃时期，保证醒发顺利，又增加了柔韧性，使擀片和包馅成型顺利。不允许发酵过度，防止破坏面团组织结构。

3. 成型

成型包括面团分块、擀皮、包馅捏花等步骤。

① 分块应保证重量稳定，尽量减少面团的机械损伤。适当搓团使损伤得到部分恢复。

② 擀制面片的厚度根据产品要求而定，一般在蒸制时不破皮的前提下，面皮薄一些为好。

③ 包馅时注意每个包子的馅量应一致，尽可能使包子皮厚薄均匀。习惯上肉馅、菜馅包等捏成带有皱褶花纹的圆形包子；果酱包、枣泥包等捏成带花边的月牙形或麦穗形包子；豆沙、莲蓉包等捏成接口朝下，表面光滑的鸭蛋圆形包子等。高档面点包子还有许多花样，都可以作为速冻品种。成型后的包子坯摆放于传热性好的

托盘（底板为无孔且传热性能良好的薄钢板）上，或者包子底部垫纸（蛋糕纸）直接上速冻传送带（全自动生产线使用）。注意保持坯的间距，注意盘底绝不能有水，防止包子坯冷冻后粘盘。

4. 醒发

包子坯在35～40℃温度和相对湿度70%～90%的条件下醒发。醒发时间以面坯开始明显膨胀为宜。掌握包子皮适当胀发并变得比较柔软，即停止醒发，不可醒发过度。经验表明，醒发时间一般不超过20分钟。轻度发酵既保证冻结期间酵母损害少，又防止因碰撞挤压而破坏面皮，并且有利于蒸制时进一步的胀发。

5. 冷却与速冻

包子坯适当冷却后急速冷冻。速冻多以超低温热传导为主的方式（推进式速冻机或平板速冻机）进行，把放有醒发好的包子坯的托盘放置于紧靠制冷管道的位置，在－50℃以下的温度接触面上让包子迅速冻结。此方法较强制对流制冷的能量消耗少，并可减少包子坯表面的水分蒸发。速冻包子根据个体大小，速冻时间一般为30～90分钟，使中心馅料温度达到－20℃以下。速冻生坯对速冻温度要求严格（最好达到－80℃以下，至少达到－45℃以下），企业欲制作速冻发酵生坯又不愿使用超低温速冻设备，往往会以失败告终。

6. 冷藏

速冻后包子坯从托盘上取下，放入带托的包装袋包装，放于温度为－23～－20℃的环境中储藏，通常考虑储存期为10～12周。储存12周以后，面皮由于重结晶、低温酶等的作用而变质加快。运输配送过程或者销售阶段，也必须保证低温冷冻储存条件。

7. 食用前加工

由于速冻包子坯是生制品，需要加热熟制。一般是将包子坯在冻结状态下直接排放于蒸锅内的蒸盘上，盖严大火蒸制，小包子圆汽后蒸10～15分钟，大包子15～25分钟，保证面皮和馅料熟透，但不可汽蒸过度而使馅料失去鲜嫩。

对于需要进一步醒发的包子坯（连锁店应用），可以将包子坯放于笼屉内，适当保持湿度（一般包子坯解冻时只要存放于相对密闭的环境内，表皮就不会干燥，因为坯的温度较环境温度低很多），让包子坯完全解冻后，再上锅蒸制。解冻后，面皮变软，酵母开始活跃，蒸制过程胀发明显，从而弥补了冻结前的醒发不足。解冻后的包子坯，蒸制时间需要适当减少。

## 四、速冻馒头生坯

近年来国内外面包速冻面团正流行于连锁店经营方式，冷冻面坯法得到了很大的发展，该方法也是馒头生产的一个发展趋势。由较大的馒头厂（公司）或中心将已经搅拌、发酵、整形后的面团在冷库中快速冻结和冷藏，然后将冷冻面团销往各连锁店（包括超级市场、宾馆饭店、馒头零售店等）的冰箱储存起来。用户需稍加醒发后进行蒸制。连锁店可随时出售新鲜馒头产品，而且各店之间的产品质量容易保持一致。

### （一）速冻馒头生坯生产工艺过程

1. 馒头坯加工工艺

原料预处理→调制面团→发酵→成型→醒发→馒头生坯

2. 速冻工艺

馒头生坯→冷却→急速冷冻→包装→冷藏→配送

3. 食用前处理工艺

冷冻面坯→解冻→醒发→蒸制馒头

### （二）馒头坯制作

1. 配料要求

要求面粉面筋伸展性好，破损淀粉少，酶活性低，吸水强，有利于保持面团的柔性和强度，且减少在冷冻储藏过程的生物化学变化。为了得到适合于速冻的面团性质，可在配料中添加奶粉、植物蛋白、油脂、乳化剂、蔗糖等辅助原料，来改善面团的性状。选用耐冻性好的酵母，如鲜酵母3.5%～5.5%，活性干酵母1.5%～2.0%。加水量较普通馒头稍多，以使面团比较柔软。

2. 面团调制

乳化剂和蔗糖经过处理使其溶解，酵母用温水活化15～30分钟。一次将所有原辅料加入和面机，一直搅拌到面筋完全扩展为止。调节水温，使面团温度在18～24℃较为理想。

3. 面团发酵

发酵温度保持在20～25℃，低温能使面团在冻结前尽可能降低酵母活性，还有利于成型。发酵时间一般30分钟左右。短时间发酵既保证冻结期间酵母损害少，又增加了面团柔韧性。

4. 成型

面团黏性较低时可以用馒头机或刀切馒头机成型，若面团较黏，可将面团揉轧后卷成条后刀切。速冻馒头坯个体小有利于速冻和解冻，一般控制坯重量在80克以下。成型后排放于传热效果好的金属盘上。

5. 醒发

经过成型后，面团变得紧张僵硬，馒头坯组织紧密，可能会使解冻后的醒发困难。因此，在急速冷冻前需要适度醒发，使面团柔软。温度控制在30～35℃，醒15～20分钟，以恢复柔软为度。

## （三）速冻与储存

1. 冷却

为了减少低温速冻时的耗能和水分损失，若有条件的话，可以先将醒发后的馒头坯进行冷却，特别是在冬春季节，室温较低，无须制冷耗能。保持冷却环境相对湿度在90%以上、温度20℃以下，冷却时间以5～10分钟为宜（保湿条件下用鼓风的形式使空气对流效果更好），防止在冷却过程馒头继续醒发而使坯膨胀过度。

2. 急速冷冻

面团机械吹风冻结工艺条件为－50～－40℃，以16.8～19.6立方米/分钟流速让空气对流（隧道速冻机或螺旋速冻机）。对于50～75克面块经30～40分钟机械吹风冻结后，面块中心温度－25～－20℃。

3. 包装

将速冻后的馒头坯整齐地排放于包装袋中，封口包装。对于高档造型细致的馒头，需要将馒头坯排放在塑料托垫上再装入袋中，以防止在装箱、搬运等过程破坏其外形。

4. 储存

冷冻面团储存温度选择－23～－18℃为好。通常考虑储存期最长为6～12周。储存12周以后，面团变质相当快。

### （四）食用前处理

1. 解冻

面团解冻应该排放于蒸盘上，按照以下两种方法解冻。

① 冷冻间取出冷冻面团，在4℃的冷藏间内放置10～15小时，使面团解冻。然后将解冻的面团放在32～38℃、相对湿度65％～75％的醒发室里，醒发时间30～50分钟。

② 从冷冻间直接取出面团，放在25～30℃、相对湿度60％～70％的醒发箱内。在这种条件下，醒发时间90～120分钟。

由于醒发湿度要求不高，在家庭条件下，也比较容易完成。一般醒发完毕即可蒸制。

2. 蒸制

按照普通馒头的蒸制方法进行熟制，但在醒发不足时，可以在蒸制容器内加热醒发后再蒸制。

## 五、速冻蒸制面食成品

馒头、包子加工后再进行急速冷冻，可冷冻储存较长时间，适当加热即可食用。速冻成品生产条件容易控制，储运方便并且食用前处理简单，因此，目前许多馒头厂均生产此类速冻产品，速冻食品加工企业也生产馒头、包子类面点。

### （一）加工过程

1. 馒头、包子生产工艺

原料选择与处理→面团调制→面团发酵→二次和面→揉面→成

型（包馅）→醒发→汽蒸→冷却→速冻→包装→冷冻保藏

2. 食用前处理工艺

速冻馒头→排放→汽蒸或其他方法加热

**（二）加工技术要求**

1. 原料选择

酵母和工艺用水与普通馒头要求相同。需要灰分低、面筋强度中等、新鲜优质的小麦面粉加工速冻馒头成品。为了生产出特色制品并防止复蒸时出现问题，需要添加适量的辅料，比如食用碱、面团改良剂、油脂、蛋白原料等。包子的馅料最好是甜馅（配料见第七章），不能是新鲜的肉品或蔬菜，可以用泡发的干菜、腌菜、熟肉及加工后的肉品（如腊肉、叉烧、卤肉、回锅肉、扣肉、熟香肠等）制作咸馅包子。

2. 生产关键技术

速冻馒头的加工要遵循普通馒头生产的基本原则。由于冷冻储存后复蒸时更易出现萎缩、起泡和变色等问题，需要特别注意面团调制和蒸制工艺技术。

（1）调制面团　生产速冻馒头时，和成的面团必须达到面筋完全扩展，但又未出现弱化的最佳状态。一般要求用剪切力小的和面机有效搅拌 10～20 分钟，视面粉筋力和搅拌设备情况确定具体和面时间。适当加碱，调节面团 pH 值 6.5～7.0，以增加面团的延伸性。

（2）面团发酵　制作速冻馒头最好使用面团发酵（馒头厂常说的二次发酵或二次醒发）工艺，以保证馒头的复蒸品质。面团发酵温度在 25～30℃范围内，相对湿度 70％～90％，醒发 60～90 分钟使面团体积增加 3 倍左右，然后二次和面（工艺条件参见第四章）。

（3）揉面与成型　成型前必须认真揉轧面团，使面团结构细腻致密，面筋进一步扩展，以利于制品的胀发并保证产品组织洁白细密。揉轧面团时避免使用扑粉（干面粉），防止蒸制时表面起泡。做形要求挺立饱满，防止醒发后因变形而失去形状效果。

(4) 醒发与蒸制　成型后进行适度的醒发。醒发不可过度，以充分膨胀并有一定弹性为准。醒发后在蒸柜中通入蒸汽直接蒸制。要求蒸柜密封良好，并且蒸汽适当循环，保持微压状态。所得成品应该熟透，中心不黏，但不能汽蒸过度。

(5) 冷却与速冻　蒸制后，制品冷却至接近室温再进行急速冷冻。冷却时注意保湿，不可有干燥空气对流，防止出现降温过程制品表面失水而发皱。速冻采用机械吹风冻结或超低温热传导冻结均可，冻至中心温度－20℃以下。

(6) 包装与冷藏　馒头速冻后立即装入塑料袋密封包装。在－23～－18℃温度下储存。如果避免温度波动，速冻馒头成品可以存放 3 个月左右而质量无明显变化。

3. 食用前处理

速冻成品食用前处理非常简单，可将冻结的制品直接放于蒸屉上，根据产品个体大小，在较小汽量的条件下，汽蒸 5～15 分钟，使产品中心变软即可食用或销售。速冻馒头也可以用微波加热解冻，一般微波 40～80 秒即可。烤制解冻在 150～180℃烘烤 2～5 分钟也可。

## 第九节　不同馒头生产线介绍

随着蒸制面食商品化需求的不断增加和工业化生产规模的不断扩大，在我国各地的城镇中出现了不同类型的馒头生产线，并应用于批量加工商品馒头。除和面与面团发酵工序不易实现连续化加工外，其他工序经过技术人员的不断改进，形成了单机组合生产设备，连续和面成型设备、智能仿生馒头生产线，自动成型与摆放连续生产线，以及醒发蒸制连续化的醒蒸自动生产线等设备组合形式。

### 一、单机组合式馒头生产线

组合式生产线是模仿作坊生产工艺路线，以各个工序的机械设备代替体力消耗量较大的手工操作，减少工人的劳动强度，也较作坊容易控制生产工艺条件和生产环境，使加工“放心馒头”成为可能。

该类型生产线由各工序的独立设备组合而成，一般包括配水装置、和面机、发面斗车、揉面轧面机、馒头成型机、整形机（搓馍机）、蒸车（托架车）、蒸盘、醒发间或醒发箱、蒸柜或蒸笼等。根据成型主机的类型不同，可以将面团连续加工成为方馒头坯、圆馒头坯、包子坯，甚至能够制作花卷坯。下面将前面没有介绍的一些设备情况进行简要说明。

### （一）自动连续揉轧面机

（1）可反复多遍的自动压面机（揉面轧面机）　用于馒头、花卷、包子、饺子、饼干等食品面团的轧制。本机取代了传统工艺上的不足，可根据需要设定并自动控制循环压面数次，每次压片面团受三次变形，面片的挤压效果好，效率高，面团熟化快，光洁度高，表面白度好，面片的质量达到最佳。压面后使面团层次分明，充分形成层次状面筋，提高面团的吸水率，使淀粉能够均匀地分散在面团中，淀粉糊化度提高，有利于延长成品馒头的保质期。本机还具有智能撒干粉装置，压延比易调节，自动出片，自动折叠，自动清理干面块，可同时出两条面块，生产效率很高等特点（图3-27）。面片折叠分为45°角折叠、顺向折叠和横向折叠几种，不同生产厂家的设备可能有所不同，购买时应该加以注意。可设定压面次数1～99次。自动撒粉系统可设定撒粉量多少及开关。

本机仅需一次人工投面即可自动完成轧面，消除了安全隐患，降低了工人的劳动强度，与本章第四节连续揉面机相比，省去了人工折面、转向等工作，使得原本难以跟上刀切馒头机速度的问题得到了解决。

（2）多对辊连续压片机组合　该设备类似饼干生产线或面条加工生产线上的压片设备。由传送装置将面团输送到喂料机，经第一道辊压成较厚的面片，面片连续进入第二道辊和第三道辊，压成宽

图 3-27　全自动揉面机（压面机）

度和厚度一致的细腻带状面片。考虑到设备成本和占地面积问题，馒头生产线上连续压片的遍数一般不超过十道（大多在刀切馒头机上设 2～3 对辊，以调整面带的宽度和厚度）。经过连续的揉压，面片细腻而又厚薄均匀，有利于后续的连续成型。

目前一些设备生产厂家推出了游星辊轮（由 12 支擀面轮与 1 支大辊轮组合而成），采用渐进拍打模式将面皮擀薄，置于连续压片线上。游星辊压面由于小辊直径很小，与面片接触面积少，加上公转及自转的结合，能够使面片非常紧实且光滑细腻。而且，该游星辊前后各配置一对压面辊，为了防止压延过程由于前后速度差异出现的面带下垂或拉紧现象，游星辊可根据面带下垂情况调整快速碾压或自动暂停，以达到前后协调。

**（二）成型机**

馒头的成型设备非常多，除本章第四节介绍的成型机外，自动连续生产线还可能使用分割搓圆成型机、自动包馅机、包子馒头多功能自动组合机等。

（1）自动包馅机　也称为包子成型机，是由馅料喂料输送装置将馅料呈柱状挤至面片上，然后自动将面带卷起成为中间裹馅的面柱，进入切割拧花装置后，面柱经过花纹刀口的挤切收口以及旋转拧拉，成为带花纹的菊花包子形状。一些设备是不需要制面带，直接通过面斗绞龙进面，将馅料用进馅绞龙直接挤到进面绞龙出口的面中间位置，然后收口挤花，其结构简单（图 3-28），并可进行变频调速，任意控制面、馅量的多少。制成的包子馅量多少、面皮厚薄在一定范围内可以调节。

图 3-28　包子成型机

（2）和面双对辊成型一体设备　该设备又称数控变频直连体馒头机（图 3-29），是以大叶绞龙置于 200 升大面斗的下部，避免了进面斗容易出现的面团搭桥问题，进而保证了馒头坯大小的均匀性，实现了和面与进面同一设备进行，非常适合小型馒头厂或作坊的使用。并且由于进面斗的加大，能够存放较多的面团待成型，保证了自动连续成型的供面。

图 3-29　数控变频直连体馒头机

（3）分割搓圆成型机　该设备是仿生馒头成型线的核心设

备。成型机利用输送带挡板形成的隧道，还有模具异形条、整形隧道等来完成馒头搓圆，各部分功能都是模拟手工揉制成型馒头的过程，突破以往馒头机械螺旋挤压方式，将成型过程分解为整片、卷片、分割、搓圆、气压、搓圆等步骤，形成层状面筋，使面团的面筋结构不易被撕裂破坏，保持面筋网络结构的完整均一，极大地提高了馒头的口感细腻度和风味。而且经过揉搓，使馒头坯更加挺立。

（4）包子馒头多功能组合机　该机在主机不变的情况下，通过更换刀切馒头机的切台为捏花机，或增加捏圆装置，成型包子或捏制圆馒头，实现一机多用（图 3-30）。

图 3-30　馒头包子成型机

### （三）馒头坯自动排放机

又称自动摇摆机（图 3-31）。馒头蒸盘由架上自动运转到输送带上，输送带的前进与摇摆馒头坯输送皮带配合，一次整排排放馒

图 3-31　馒头坯自动排放机

头坯于蒸盘上，产能与馒头成型机相配套，可达到30～180个坯/分钟。该机具有PLC控制系统并内建记忆功能；可设定排列方式（平行或交叉）；电脑可自动判断与计算排列方式与个数；伺服电机定位系统，产品落点精确等特点。自动排放机使馒头坯的排放实现连续化，大大降低了劳动强度，并提高了生产效率。

### （四）自动压面输送分割机

这是针对和面机出来的面团体积较大，不分割就无法进入压面机的情况，设备生产企业研发出来了能吃进大面团，将大面团压成厚面片（3～5厘米）并自动分块（5～20千克条状面块），连续进入压面机或馒头成型机的设备。

组合式生产线具有设备投资少、空间利用率高、能量消耗少、易于实现传统口味馒头和灵活更换馒头花色品种的加工等优点而被广泛采用。与自动生产线相比，仍存在人力消耗多、人为污染概率大等缺陷。因此，一些开发者研制出了一些能够连续加工，而且具有一定自动化程度的设备组合，下面进行进一步介绍。

## 二、智能仿生馒头生产线

河南兴泰科技有限公司研发的DFD型智能仿生馒头生产线见图3-32。该生产线以模拟手工成型馒头为设计思路，通过和面机和面、全自动压面机压面、成型机整面、卷片同时整理、切割、预圆、再整理后定型、搓圆、搓高等机械动作来完成成型过程。

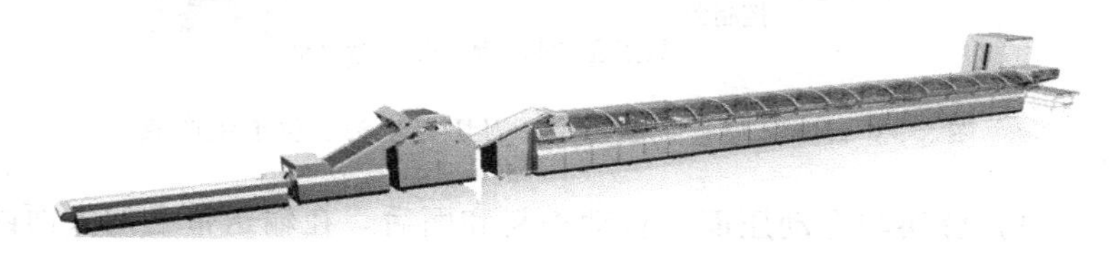

图3-32 DFD型智能仿生馒头生产线

DFD系列智能化仿生馒头生产线应用仿生技术、光控光感技术、电磁感应技术、低温蒸汽技术、微电脑可编程技术、远红外技术等前沿高新技术，实现了和面、连续压片、卷片、挤压、定量切割面团、成型、机械手抓排放等操作的自动化。其核心设备为分割搓圆成型机（上面已做介绍），模拟手工馒头成型的全过程，馒头内部结构均匀、细腻、层次规则，口感咬劲强，表皮光亮，保水复蒸性好，馒头的一次成型率高，品质稳定均一。

该套成型设备存在造价较高、占地面积较大、产品为单一的圆馒头等不足之处。

## 三、自动连续刀切、圆馒头、包子成型线

馒头厂较先进设备是尽可能地实现连续化和自动化。连续刀切成型线（图 3-33 为山东白鸽食品机械有限公司的 HMZ 型馒头成型线）是将多台机器组合形成具有自动功能的连续化生产线，该生产线大大节省了劳动强度，明显地提高了生产效率。而且，成套设备造价较低，占地面积小，不同设备搭配能够灵活地制作不同品种的发酵蒸制面食。

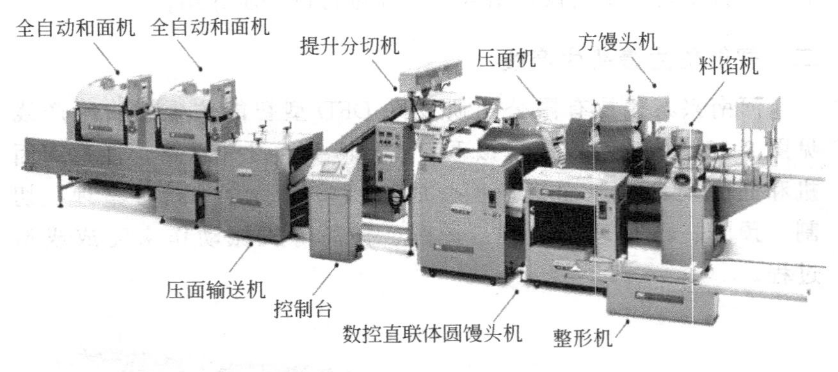


图 3-33　HMZ 型连续圆馒头、刀切方馒头、包子生产线

（1）分块与自动压面　自动进料和面后，在输送带上的大面团直接进入吃面机，压成厚度在 30～50 毫米之间的面片，经过提升输送装置运至面块切刀处。面块分割机自动将面片切成 5～20 千克的条状面块，连续分别进入全自动压面机揉压面团或馒头机进

面斗。

（2）连续压面与面片调整　自动压面机经过多遍揉压后的面片，自动上传送带，进入后续的连续压面设备，将面片调整到合适的宽度和厚度，并且进一步将面片压光滑细腻。

（3）成型主机　设置定型压面对辊，卷轮装置将面皮卷成长条状。该段可以加一个给馅机，在制作包子或花卷时连续地将馅料挤成圆条置于面带上，并且在卷面时卷入条内。

（4）切台　将卷好的面团条切成一定规格的馒头坯，能够连续生产花卷类产品。在生产包子时将切台更换为捏花机，可自动连续进行包子捏花。该捏花机也可以通过更换捏花嘴的刀片，制作圆馒头，所成型的圆馒头表面有可能留有捏花的花纹，精细的设备则花纹消失。挤捏出的馒头内部结构与双对辊成型和分割搓圆成型馒头有显著区别，一般缺少层次。

（5）制作圆馒头的部分　面块自动进入和面进面斗（见上面介绍的直连体馒头机），经过成型和搓馍机（整形机）制作圆馒头。

（6）高速排放机　刀切的馒头坯，输送至排放机传送带，由排放机自动排放馒头于蒸盘上。

## 四、醒蒸连续生产线

馒头醒蒸一体化就是把馒头的醒发工序和汽蒸工序合在一台设备内完成，确保馒头醒发和蒸制过程在封闭的状态下机械化、自动化连续生产。馒头的醒发、汽蒸在设备内完成，自动运转，大大减轻了劳动强度，改善了作业条件，提高了馒头生产效率。

1. 醒蒸连续生产线特点

醒蒸一体化整个过程可以实现无人化控制，避免了二次污染，减少了劳动强度，提高了产品品质和卫生指标。此外，利用醒蒸一体化设备生产出的产品一致性好。使用蒸柜蒸馒头时，由于同一架车中成型好的第一个馒头和最后一个馒头有可能相差大约十几分钟，馒头醒发时间间隔较大，产品一致性差；而采用醒蒸一体化设备蒸制的馒头，馒头醒发时间相隔最长不超过 1 分钟，操作过程易于控制，做出的馒头一致性较好，质量稳定，符合馒头商品化理念。

由于蒸制面食一般要求在蒸制时生坯的一面朝上或朝下，使得生坯向蒸盘上自动排放较难实现，而且，自动排放设备造价很高。目前馒头连续生产线上成型和醒蒸中间的连接仍是手工排放，出现了机械设备的不连续。为此，所谓的自动连续生产线多指揉面成型和醒发蒸制这两个连续的设备组合。

醒蒸自动生产线是应用了醒蒸一体化设备，醒发箱和汽蒸箱设置在同一机架上，甚至是同一传送装置上，在醒发箱和汽蒸箱之间设有隔离设施。优点是馒头的醒发、汽蒸实现了机械化操作；减少了醒发完成后馒头坯暴露的时间；有效地避免了馒头坯在醒发箱内的温冲效应；减轻了劳动强度，改善了作业条件；提高了馒头生产制作效率。但是该生产线设备投资大，耗汽耗电较醒发室和蒸柜的组合大得较多，占地面积也很大，对操作人员要求高。数十米（甚至上百米）的链条传动在高温高湿条件下进行，出现故障可能性非常大，需要小心维护保养，并谨慎操作。

2. 醒蒸自动生产线的应用

醒蒸一体化设备主要有立式、隧道式两种，目前应用最多的是隧道式醒蒸一体化设备。隧道式设备运作平稳、易于维修，但是占地面积较大；立式醒蒸一体化设备节约蒸汽用量、占地面积小、空间利用率高，但尚未进入示范推广阶段，将是今后发展的主流。图3-34为MTX—20型醒蒸一体生产线。醒发与汽蒸连续化进行，无级调速，控制托盘前进速度，调节醒发和汽蒸时间，醒发温度湿度和汽蒸温度的控制，是通过链条传送的馒头蒸盘下面蒸汽喷射管道进气量来实现的，操作方便可靠；连续化生产线适用于各种花色品种，如馒头、包子、花卷等，后部附带有冷却部分，生产的馒头可以直接装袋，有利于连续化冷却和包装；蒸制段的两端由耐高温布帘阻断蒸汽的外泄，并且在馒头坯进口和馒头成品出口的上方分别设置抽气装置，防止蒸汽向车间内的大量扩散。该醒蒸机长32米、宽1.5米，总动力3.0kW，材料以不锈钢为主。单层醒蒸线产量为班产 2.0 吨馒头，双层醒蒸线班产可达 4.0 吨馒头，蒸汽用量分别为 0.4 吨/小时、0.6 吨/小时。

图 3-34　隧道式自动连续醒蒸设备

通过不断完善，醒蒸生产线实现了醒发与蒸制分别传动、分别控制时间。要实现醒发与蒸制两段的前进速度不一样，必须能够使坯的间距有所改变，因此需要馒头坯或包子坯放于蒸制不锈钢网带上直接传送。一些大型的速冻蒸制面食企业已经应用了分别控制的醒和蒸的技术。

随着生产量要求不同，也出现了不同宽度和不同长度的醒蒸设备。自国外进口的醒蒸设备已经能够实现单机班产数十吨的规模。

3. 生产过程中应注意的事项

① 开机前检查进汽压力是否到达要求（气压稳定、气压大小），以及是否有异物进入机内。

② 生产前应进行半小时的设备预热，以达到内部温度、湿度平衡。

③ 生产过程应密切注意醒蒸线上温度计、湿度计以及进汽压力的变化，并适时进行调节。

④ 定期检修机器并添加润滑油。

⑤ 若设备运行过程听到异常的响声，应立即切断电源，查找原因，排除故障后再开机。

应用于蒸制面食的先进设备不断出现，这里远不能全面介绍。比如，一些馒头生产线上还配置了工艺用水自动调节系统、自动定量喂料系统、面糊连续发酵装置、自动连续和面设备、馒头成品自动冷却与杀菌包装设备、机械手抓自动排放等先进设施。这些设施大多目前仍没有得到广泛的推广应用，这里就不再进行介绍。

# 第四章

## 蒸制面食的发酵方法

发酵蒸制面食的加工，从工艺上区别，主要在于面团发酵和面坯成型方法的不同，而整形后的工序大同小异。成型方式已在第三章中较详细地介绍了，而发酵又是发酵面食生产中最关键的环节，对产品质量的好坏有直接的影响。因此，这里着重介绍不同发酵剂和发酵方法的特点、配方及操作要点。制作发酵面食的发酵方法有一次发酵法、二次发酵法、老面发酵法、面糊发酵法等，这些方法一些是适合于工业化应用的，有些则只适合于作坊手工操作而较难用于工业化。

### 第一节　传统发酵剂

#### 一、传统发酵剂与酵母的比较

面团发酵对于发酵面食的多孔内部结构形成、产品风味的形成及面体的营养价值有直接关系。我国发酵面食有数千年的生产历史，在应用纯酵母发酵剂之前，使用的是传统面食发酵剂，包括酵子、老面头和酒酿，长期作为发酵剂商品在农贸市场销售。发酵面食工业化与酵母工业发展关系密切，酵母发酵制作馒头、包子等蒸制面食，工艺方便快捷，产品质量稳定，优良品质的酵母作为发酵剂使馒头的工业化规模生产成为可能。同时，蒸制面食的大量生产对酵母需求量巨大，也促进了酵母产业在我国的快速发展。我国的酵母工业生产始于 1922 年，新中国成立后有一定的发展，但其真正的发展则是在 20 世纪 80 年代改革开放之后，全国各地纷纷建立起现代化的、具有国际水平的酵母生产企业。虽然在馒头工业化生产进程中，大多数传统的面团发酵方法已经被酵母发酵所替代（酵母已经在第二章中作了介绍），但由于传统发酵剂自身具有一些无可比拟的优点，目前仍然被一些馒头作坊和个体家庭应用。为了满足消费者对传统老面老酵口味的追求，传统发酵剂在规模化馒头企业的应用也正在推广。下面对面食酵母与传统发酵剂之间的差异进行粗略地讨论。

1. 微生物的区别

面食发酵用酵母产品一般是单一的酵母菌，为绝对优势菌种，酵母菌含量非常高，而且活力很强。虽然传统面食发酵剂使面食膨松的微生物仍然是酵母菌，但也含有一定数量的不同种类的其他微生物群，成为多菌种混合发酵剂，包括具有糖化发酵作用及产生风味的各类真菌和细菌，酶系复杂。

2. 发酵力的差别

酵母菌的发酵力是面团膨胀制作出膨松食品的保障，所以它是衡量发酵剂的最重要指标。GB/T 20886—2007《食品加工用酵母》规定面包高活性酵母的发酵力（产生二氧化碳量）≥450 毫升/小时。而且采用了真空不透光包装，使产品的发酵力在 2 年内基本稳定。因此，酵母产品很受馒头生产企业的欢迎。

传统发酵剂酵子或老面头都是家庭或作坊制作的，由于加工方法停留在民间流传下来的经验，酵母菌含量较少，一般在 $10^7$ 个/克以下，而且酵母菌活力较低，发酵力相当弱，大多数产品应用于面食时，数小时后才能产生足够的 $CO_2$ 而让测定装置（见图 4-2）排水，也就是说以测定酵母发酵力的方法无法测出发酵力。由于生产条件不严格，产品的差别很大，不同作坊或家庭制作的发酵剂，甚至是同一家不同时间制作的发酵剂的发酵力也有明显的差异。

3. 制作馒头口味的不同

酵母菌发酵面团过程中，在产生二氧化碳的同时也会产生少量的醇、酸、糖和酯类等风味物质，使面团膨胀产生产品柔软的口感和特殊的味道。

传统发酵剂中除酵母菌外的其他微生物也非常活跃，产生的酶系丰富，碳水化合物的糖化、蛋白质的水解，以及风味和营养物质的合成相当剧烈，加上发酵剂发酵力较弱，面团需要较长时间发酵才能膨胀，使得传统发酵剂制作的发酵面食风味十足，营养丰富，而且口感更加柔软筋爽。因此，与传统发酵剂制作的馒头相比，纯酵母馒头风味、营养和口感欠佳，这就是导致百姓认为机制馒头没有手工馒头好吃的主要原因。另外，传统发酵剂制作的馒头老化速度明显慢于酵母馒头。

## 二、酵子的加工与应用

1. 传统酵子的制作方法

传统酵子采用玉米粉、小米粉、小麦麸皮、馒头渣、淀粉、大米粉等作为培养基，接入酵种（也称为渣头或酵头），经发酵和干燥而成。一般不能用小麦粉作为培养基，因为面筋面团干燥后结团牢固，较难复水分散。由于玉米粉和小米粉一般是黄色粉末，制作的酵子加入面团会影响馒头产品的颜色，不适宜作为工业化馒头的发酵剂。使用淀粉或馒头渣相对来讲成本较高，而且产品质量没有保证。因此，目前市场上销售的酵子一般为大米酵子，销售者喜欢称自己的产品为“糯米酵子”。一种典型的大米酵子制作方法（仅供参考）如下。

渣头（即制作酵子的菌种，由大曲、小曲、米酒和干酵粉混合而来）→加水发酵→接入米面和米汤→一次发酵→接米面→二次发酵→接米面和温水→三次发酵→接米面→四次发酵→成型风干。

具体操作：4 克大曲（小麦制成的大曲或面瓜制成的大曲）、15 克小曲（米酒药）、65 克米酒（发酵好的新鲜江米甜酒）、10 克干酵粉混合在一起做成渣头，渣头加入100毫升水在29℃发酵20分钟；一次发酵在渣头内加入100克米面（大米粉碎过60目筛）和75克稀米汤，搅拌均匀成糊状后29℃发酵3小时；二次发酵再加入200克米面，搅拌均匀后29℃发酵3～4小时；三次发酵加入450克米面和80克温水搅拌均匀然后29℃发酵2.5小时，四次发酵加入150克米面搅拌均匀后发酵，待发起后拍成饼状自然风干。制得酵子约1千克。

2. 酵子特点

（1）成本低　酵子采用传统制作工艺，原料多为低价的碎米、麸皮等，设备简单，因此生产成本相对于酵母低很多。作为优秀的传统发酵剂，酵子以商品形式出现在我国北方某些地区市场上已经有较长的历史，目前仍然很受家庭和馒头作坊的欢迎，在一些地方酵子的销售规模依然非常可观。河南省南阳市就有“酵子一条街”的销售市场（图4-1）。酵子价格较低，馒头工业采用低价格的酵子制作馒头，将大大降低馒头生产成本，在激烈的行业竞争中更显优势。

图4-1　酵子销售一条街

（2）制作工艺简单、加工设备要求低　酵子的传统制作工艺简单，容易上手，在我国北方经常吃酵子馒头的某些农村地区几乎有一半的家庭会做酵子。这样的家庭手工作坊式生产，导致传统酵子的生产加工设备十分简陋，主要是盆、桶、锅、案板、棉被等，没有专门的机械自动化生产设备，因此生产容易普及，各道工序均由手工操作。

(3) 酵子馒头风味与口感好 酵子是一种多菌种发酵剂，除了酵母菌外，还含有相当数量的其他微生物群。目前酵子制作时都要接种一定量的酒曲，酒曲中除了主要作为糖化发酵剂的霉菌外，还有其他的微生物产生的多种酶，可以算得上是一种特殊的多酶制剂，具有糖化和酯化等能力。一方面，淀粉分解的单分子糖可直接被酵母菌所利用，辅助酵母的发酵，另一方面，多种微生物协同发酵生成的醇、酯、醛、酚、酸、低分子糖、多肽、氨基酸等多种风味物质，经兑碱中和后，制品更能突出特有的风味，这是与单纯酵母发酵面团所不同的，也是酵子发酵蒸出来的馒头比酵母发酵的馒头更香甜可口的原因。同时，在发酵期间微生物分解出多种酶，如淀粉酶、蛋白酶等，对面团流变性有很好的改善作用，使馒头组织结构更趋于柔软细腻而富有韧性的口感，老化变硬速度减缓。

有人对比研究了酵母馒头与酵子馒头的差异。酵子老面馒头的硬度、胶黏性、咀嚼性大于酵母馒头，黏着性低于酵母馒头，弹性没有明显差异。酵子馒头的比容、色泽、柔软度不如酵母馒头，但是酵子馒头外观较好，表面更加光滑匀称，内部结构更为致密，酵子馒头风味和口感俱佳。

(4) 菌种质量不稳定 需要指出的是，这里“不稳定”的概念是指家庭作坊生产的酵子不能保持相同的质量指标。目前，市场上的酵子是家庭作坊自行接种培养的，用于生产的“母种”本身就含有大量的不稳定菌群。酒曲中除了含有酵母菌外，还含有一些产风味酶的细菌和真菌，同时还含有一些有害的杂菌，如产酸菌及产生霉变气味的霉菌等。另外，加上生产工艺的不稳定，更容易被外来杂菌所污染。

(5) 制作工艺粗放、落后，培养条件不固定 传统酵子的生产是作坊式的，原料和酵种的比例、加水量和培养时间，制作时都是凭借经验；酵子的生产技术只作为一种技艺在民间通过师傅代代相传，传授面小；工艺和配方因人而异，没有科学的加工理论作指导，都是凭借经验和感觉控制产品的质量，没有明确的技术指标、标准和可靠的质量检测手段；个体家庭生产时不同季节的培养温度又不容易控制；接种和培养的环境都未经消毒和灭菌处理，因而会引入不少杂菌；多数作坊的酵子在干燥时都是置于户外，也容易染菌，这些因素都会影响成品酵子的质量。虽然传统酵子的生产工艺包含有一定的科学道理，但是缺乏用现代科技来研究和认识，致使其加工工艺不规范、工艺参数模糊、劳动强度大、产品质量不稳定，难以适应工业化生产的要求。

（6）产品形式和包装不规范，储存过程品质变化明显　传统酵子由于生产工艺、生产条件的落后，以及原料选择的差异，造成产品外观形式和包装不规范。目前，市场上销售的酵子产品形式仍很原始，是手工拍制的球状或饼状，也有制成块状或散粒状的，但大小不一，以散装的形式流通，水分含量较高（15%～22%），没有密封，保质期短，易染菌、吸潮、生虫，而且容易被空气氧化，常温一般只能保质1个月，长时间储存后发酵力明显下降。

因此，酵子馒头虽然好吃，但目前还没有很适合于工业化馒头生产使用的酵子产品。

3. 酵子应用

酵子在产气发酵方面与酵母作用基本相同，在使用方法除添加量外也大同小异，不过相对酵母的使用酵子显得更为灵活。

（1）添加方法　酵子发酵的主要菌体是酵母菌，致使酵子的添加方法与酵母相似，同样受到温度影响，此部分可参考酵母添加方法部分。另外，酵子一般为块状或团状，酵子的这些形态决定酵子不能直接加入面团中，在使用前需要经过处理。方法是将酵子掰成小块，在温水中浸泡至完全散开至无肉眼可见颗粒。有条件的话可以研碎或压碎，然后在清水中浸泡几分钟即可。这样做的目的是一方面使块状酵子变为粉末状溶解在水中，有利于与面团混合均匀；另一方面，放入温水可对酵子中的菌体进行活化，使休眠的菌体苏醒过来，更快进入工作状态。

（2）添加量　由于酵子是多菌体混合发酵，单位质量的酵子与酵母相比，所含酵母菌的数量相差较大，因此，酵子的添加量是酵母的4～6倍，甚至更高。

酵子中主要发酵菌体是酵母菌，这决定了酵子的添加量依然会受到温度、渗透压等的限制，其影响与酵母相同。酵子中除了含有酵母菌外，同时含有大量的霉菌、细菌，这些菌体在发酵的同时可分解淀粉，为酵母菌生长提供能源和养料，因此利用酵子发酵面团可以不额外加入糖作为酵母菌的能源补充。

（3）酵子馒头生产　由于酵子发酵力偏低，短时间发酵不能达到馒头醒发要求，因此，利用酵子制作馒头时常采用面糊发酵法或老面发酵法。馒头制作方法与用酵母发酵法类似，区别在于酵子的添加量可根据实际需要调节，一般取面粉总量的1%～2%。

## 三、老面头介绍

老面头也称为渣头、面肥、老面种、酵面、面引子、面起子等，是传说中最古老的天然发酵剂，无论用没用过其做面点，都不会对它陌生。

### 1. 老面头的制作

老面头，顾名思义，从发酵透的面团上揪下个“头”（一小团面），经过长时间放置即成为老面头。传统的制作方法是在蒸制馒头时，将发酵剂（不包括化学发酵剂）加入面粉和好并发酵一段时间后的面团（撕开面团，内部有浓密的孔洞），取其中约拳头大小一块面团置于面缸里放置，这拳头大小的面团即为老面头。也可以将面头阴干后储存。

由于我国历史悠久，地大物博，老面头的制作也会因地域不同而略有差异，但其本质是相同的。比如现今中原地带有将面肥（发透的面块）与麸皮或玉米粉混合，拌成颗粒状，经过充分发酵制成的渣头，也可称为老面头。为了保持发酵活力，渣头的干燥过程不能曝晒或高温，所含水分也不宜过低，最好在18%以上。

2. 老面头的特点

(1) 耐储存性　根据含水量的不同，保质期差异很大。在25℃以下的温度条件，一般老面头可以存放1个月以上，完全风干的渣头可以存放半年以上。水分含量高（超过20%）常温下很容易产生霉变，变黑、发黏，甚至出现严重的异味；水分含量较低的老面头在较高温度下储存，很有可能因为生虫而不能使用。传说中数千年前存放至今的老面，发酵力特别强是没有科学道理的。

(2) 制作及使用成本低　老面头的原料归根到底主要为面粉和水，其制作可视为馒头生产的副产品。相对于酵母及酵子，老面头投入的原料、人力非常少。用老面头生产馒头，即馒头的所有原料均可视为面粉和水，较另外加入酵母或酵子成本降低了很多。

(3) 馒头风味和口感较好　利用老面头制作出的馒头风味也是很丰富的，因为老面头同酵子一样，不仅含有酵母菌，同时含有乳酸菌等细菌，甚至老面头中的细菌比酵子中的还多。这些微生物与酵子中的微生物作用类似，产生生物化学反应后生成各种风味物质，只是与酵子的风味有明显差异，没有酵子的曲香味。同时，这些微生物也会产生酶而对面团起到改良作用，从而改善馒头口感。

(4) 存在安全隐患　老面头是上次做馒头时留下来的面团，经过多代使用，又多暴露于空气中。因此，环境中的杂菌很容易进入老面头中，一些霉菌、细菌是有害菌，这些霉菌、细菌有可能在面团中产生毒素，但从蒸出的馒头很难用肉眼察觉。

(5) 产酸量不稳定　老面头是先经过长时间发酵的面团，里面不仅含有酵母菌，且含有大量细菌，这些微生物多数都会产酸，因此在发酵后面团会发酸，所以要用碱水来中和。由于老面头的重量大小、老嫩程度、天气冷热等都会影响产酸菌的活力，在作为酵头生产馒头时加碱量难以固定，加碱量过少，会使馒头发酸；加碱量过多，碱与面粉中的异黄酮类色素结合使馒头变黄，都会影响产品质量。

（6）发酵活力低　由于老面头也属于多菌种混合发酵，其含有的酵母菌数量和活力相对较低，因此发酵力低下，馒头面团发酵和醒发的时间都较长，因此需要长时间占用发酵设备，使设备利用率降低，操作难度增加。

3. 老面头的使用方法

老面头发面是传统做法，其所含酵母菌多为自然存在的，不仅含量少，而且活力都相对较低，同时乳酸菌和醋酸菌等多种杂菌的存在也影响了酵母活力，并且这些产酸微生物使面团发酵产酸，需要加碱性化学剂中和。

使用干燥的老面头，需要用温水长时间浸泡，在老面头变软后，充分搅打或手捏使其分散于水中。老面头制作馒头的第一步为制作种子面团或酵糊（发酵面糊），依次为发酵面团、主面团调制、揉面与成型、醒发、蒸制。其过程及配料、操作与过夜老面面团发酵法或面糊发酵法基本相似，详见过夜老面面团发酵法和面糊发酵法。

## 四、发酵剂的发酵力测定方法

发酵剂的最重要作用是酵母菌发酵产生二氧化碳（$CO_2$）使面团膨胀，从而制作出膨松可口的馒头。因此，面团发酵产生二氧化碳的能力，也就是发酵力，是衡量发酵剂质量的最重要的指标。测定发酵剂发酵力的方法很多，包括发酵仪（SJA）法、排水法、面团体积法、面团浮起法、失重法等。气相色谱法可以检测在整个发酵过程的产气量动态变化情况；排水法和失重法可以有效地检测一定时间段的产气情况；面团体积法和面团浮起法能够更直观地反映面团膨胀情况。相比较而言，排水法装置简单且可以自制，方法容易控制，结果稳定可靠。

以下介绍GB/T 20886—2007《食品加工用酵母》描述的面包酵母发酵力测定方法——排水法。

1. 仪器

① 发酵力测定装置（见图 4-2）。

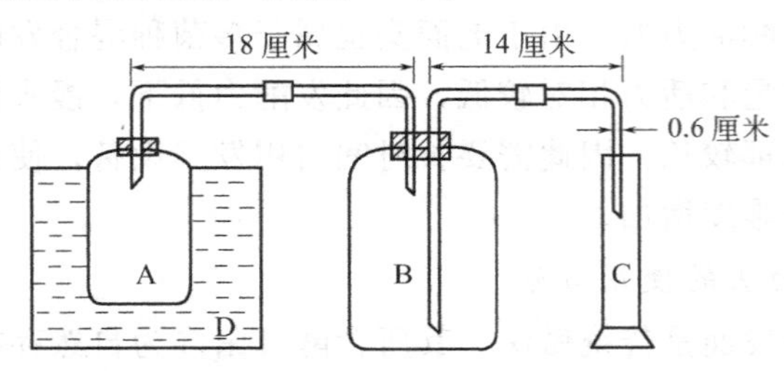


图 4-2 发酵力测定装置

A—1000 毫升广口玻璃瓶；B—2500 毫升小口试剂瓶；
C—1000 毫升玻璃量筒；D—恒温水浴

② 恒温水浴 控温精度±0.2℃。

③ 天平 精度 0.01 克。

④ 恒温和面机 能保证搅拌均匀，数据测定稳定。

⑤ 水银温度计 分度值为 0.1～0.2℃。

⑥ 恒温箱。

2. 试剂和材料

① 氯化钠。

② 硫酸。

③ 排出液 称取 200 克氯化钠，加水溶解，加入 20 毫升硫酸，用水稀释至 2000 毫升。

④ 中筋小麦粉三级（符合 GB 1355） 每包面粉使用前用快速干燥仪测定其水分。测定方法是用称量盆在快速干燥仪上称取 3.00 克面粉，放入恒温干燥箱内，于 110℃下干燥 10 分钟后读数，即为面粉的水分含量（%）。

对于相同产地、质量相对稳定的面粉，发酵力测定时要求计算面粉含水量从而控制总加水量。

3. 发酵力分析步骤

(1) 面团制备（低糖型干酵母） 称取 4.0 克氯化钠，加约

150 毫升水溶解，制成盐水。分别称取 280.0 克中筋小麦粉和 2.8 克干酵母（或 6.0 克低糖型鲜酵母），倒入和面机中，混合搅拌 1 分钟，然后加入盐水，继续混合搅拌 5 分钟，面团温度应为30℃±0.2℃。

（2）测定　测定装置如图 4-2 所示。立即将面团投入 A 瓶，并把 A 瓶放入 30℃±0.5℃恒温水浴中，连接 B 瓶（B 瓶内盛有 2000 毫升排除液）。从和面到放入 A 瓶内的第 8 分钟，开始计时。记录第 1 小时的排水量，即为面团产生的二氧化碳气体量，记为该酵母的发酵力。

（3）发酵力检测注意事项

① 发酵力检测室内温应控制在 17～25℃，即夏季时室温不超过 25℃，冬季时室温不低于 17℃。

② 冬天，盐水温度要求控制在不超过 38℃，如用 38℃以下的盐水检测发酵力时，面团温度不能控制在 30℃±0.2℃时，可将面粉放在 40℃烘箱中烘 10～20 分钟；夏天，室温较高时，盐水可在冰箱适当降温，但盐水温度要求控制在不低于 10℃，如用 10℃以上的盐水检测发酵力时，面团温度不能控制在 30℃±0.2℃时，可将面粉放在 4～10℃冰箱中静置 10～20 分钟。

③ 测量面团温度时，面团与温度计必须紧密、充分接触，看温度时，温度计应竖直，视线与温度计刻度平行，测量时应多测几次温度。

④ 和好后面团温度要求控制在 30℃±0.2℃范围内，如和面后面团温度超出在 30℃±0.2℃范围之外，应将面团扔掉后重做。

⑤ 每次发酵力检测时面团的柔软度要保持一致，和出的面团以柔软、表面光滑、不粘手为原则。

4. 结果的允许差

平行试验，两次测定二氧化碳量之差应小于 20 毫升/小时。

该装置也可以用于测定传统发酵剂酵子或老面等的发酵力，但由于传统发酵剂活力较差，而且启动较慢，往往在第 1 小时内不能排水。可以加大传统发酵剂的添加量（为鲜酵母用量的 2 倍或更多）并延长测定的发酵时间，如记录 4 小时或 6 小时内的面团产生的二氧化碳气体量。

## 第二节　一次发酵法

### 一、一次发酵法的特点

蒸制面食生产中的一次发酵的概念与面包生产的有所不同，生产者认为面坯的醒发是一次发酵，因此，一次发酵法又称无面团发酵法、直接醒发法、快速发酵法。该方法采取一次性将原料及辅助原料投入和面机，搅拌调成面团，直接成型醒发的工艺路线。其是在工业化馒头生产工艺研究中，开发者打破传统技术的束缚，充分利用即发活性干酵母的快速发酵优势，创造出的一种比较适合工业化应用的一种新方法，为规模化生产馒头做出了不小的贡献。

#### （一）一次发酵的优点

1. 生产周期短

馒头坯发起一般需要 50～80 分钟，简略了面团发酵工艺，并且减少了和面和面团周转的次数，使自配料至成品馒头生产较其他方法的生产时间缩短 1～6 小时，由此提高了生产效率、劳动效率和设备利用率，比较有利于大规模工业化生产。

2. 设备和空间利用率高

面团发酵需要盛放容器和发酵室，再者，馒头面团发酵后为了减少面团黏性，并且恢复面筋的网络结构和持气性，一般采用二次和面技术，增加和面次数需要增加和面机。如果将面团放置于和面机面斗内发酵，虽然减少了倒面所用时间和劳动，但需占用多台和面设备而使固定资产投入增加更多。因此，一次发酵法的设备投入资金与二次发酵法相比较，每条生产线可至少节约 1 万～5 万元的设备投资，减少厂房面积 30～50 平方米。

3. 操作简单，劳动强度低

所有原辅料一次倒入和面机，减少了称量的次数和投料次数，避免了不少操作上的麻烦。一次和面由于没有面团发酵，面团无明显产酸，新鲜面粉生产馒头时，不需要加碱或固定加碱量，酸碱度容易控制。

4. 面团比较适合馒头机成型

面团经过一次和面后，处于比较紧张的僵硬状态，黏性小，弹性大，用馒头机成型时不易粘辊，馒头坯光滑挺立，制作的馒头洁白而结构细密，层次感明显。

5. 减少了物料损失及有害物质污染的可能性

由于整个工艺过程不仅发酵时间非常短，而且省略了一些操作环节，所以整个生产周期也大大缩短，设备粘留及面团发酵时的物料损失明显降低。并且有效地减少了人面接触及面团在空气中暴露的机会，也使污染有害微生物的机会降低。

### （二）一次发酵的缺点

1. 酵母用量大

一次发酵法酵母没有经过繁殖增殖，为了保证面坯的醒发在短时间内完成，需要增加酵母添加量（一般为二次发酵法的2～3倍），故该方法的原料成本稍高。醒发时间一般不宜过长，因为长时间在较高的温湿度环境中，面团会发生软化，馒头坯会出现软塌现象，从而使产品不够挺立。因此，一次发酵法需要发酵力非常强的发酵剂，常用的发酵剂是即发活性（高活性）干酵母，而目前的传统发酵剂无法胜任。

2. 口感风味及营养价值不如传统手工产品

一次发酵的面团没有经过充分发酵，面筋未得到充分扩展，延伸性比较差，生产出的馒头口感较硬实，老化快，易腐败。醒发时间的长短是以产品达到的一定膨胀度为标准，不能有足够的时间产生足够的风味物质和营养物质，馒头口味平淡，添加酵母多且醒发时间短，馒头的酵母味比较明显，发酵也没有达到改善面团的流变学性能的要求，缺少传统产品的香甜味和口感。笔者在郑州、北京、西安等九个以馒头为主食的城市进行的馒头市场调查中发现，消费者偏爱老面发酵馒头，证明了一次发酵法的风味和口感明显有欠缺。

3. 和面要求高

由于面团一次和成，没有面团发酵的调整和第二次和面，添加原料的方法，以及搅拌程度必须严格掌握。实践证明，一次发酵如果面团没有搅拌到最佳程度，馒头萎缩的概率要大于其他生产方法。和好的面团的温度也十分重要，它会对醒发有明显的影响，所以必须严格调节加水的温度，所和好的面团温度以30～35℃（冬高夏低）为宜。

4. 产品保质期短且复蒸品质差

没有经过面团发酵，物料之间很难产生充分的化学和物理改性作用，也就是传统上讲的“面团滋润”不充分，面食的柔软适口性较差外，也比较缺乏“抗老化及抗腐败因子”。经过验证一次发酵的馒头老化迅速，腐败也较老面发酵的产品快；另外面食（冷藏或冷冻馒头）复蒸时也容易出现水泡、掉皮、裂口、萎缩等现象。

## 二、一次发酵法的生产技术

### （一）基本配方

小麦粉100千克，水36～42千克，即发干活性酵母300～500克（鲜酵母1～2千克），碱视面粉情况添加或不加。

### （二）工艺流程

原辅料→和面→馒头机成型或轧面刀切成型→醒发→汽蒸→冷却→包装

### （三）操作要点

（1）和面　将所有的原辅料按照第三章第二节的要求处理，加入和面机搅拌成面团，即发活性干酵母活可以不活化，常以干粉形式加入。一般情况下酵母的量越多，面团的发酵能力越强，发酵的时间也越短，酵母用量最好不要超过面粉量的2%，否则发酵力有可能会下降。搅拌时间一般为10～15分钟，面团应达到光滑细腻、延伸性出现为止。用水温调节面团温度，和好的面团温度一般应控制在冬天33～35℃、夏天30～32℃。面团加水量要全面综合衡量，当面团水分含量多时，利于酵母生长，面团也就容易发酵，体积膨胀迅速，可是面团过于松软，面筋网络松散，二氧化碳气体易逸出，会造成面团软塌。

（2）成型　主食圆馒头或方馒头的成型一般由双对辊馒头机或刀切馒头机来完成，花色品种制作由手工完成，根据需要制成各种形状和大小的馒头坯。成品效果如何完全由成型的馒头生坯决定，所以要想成品好看，首先保证馒头生坯要做得表面足够光滑，形状挺立。

（3）醒发　在温度38～40℃、湿度为85%～90%的条件下让面团发酵50～80分钟。没有恒温恒湿条件的，也可以采取其他相应的保温保湿措施，比如放入蒸笼稍加热，保持温度和湿度。

（4）蒸制　面团醒发完成以后，进入蒸柜蒸熟或沸水上笼蒸制至熟透。

## 第三节　二次发酵法

### 一、二次发酵法的特点

二次发酵法又称为快速面团发酵法，是类似于面包生产上的一次发酵法，即采用2次搅拌、面团短时间发酵的方法。面团调制分2次进行。第1次搅拌的面团称为种子面团、中种面团。发酵后的面团称为酵面，实际上二次发酵法短时间发酵后的面团是“嫩酵面”。第2次搅拌的面团称为主面团或酵母面团。第1次面团调制将全部面粉的60%～80%及全部酵母搅拌成面团，发酵后加入剩余的原辅料进行第 2 次和面、成型和后续加工。该方法是针对工业化生产馒头的特点，在传统技术的基础上加以改进而来的，其具有兼容了传统工艺和现代工艺的优点，适合于工厂生产和作坊制作蒸制面食，特别是包子生产。

### （一）二次发酵的优点

#### 1. 面团的性状达到最佳状态

面团的发酵不仅发生一系列的化学和生物化学反应，而且由于面团发酵过程的蠕动似缓慢的搅拌，面筋得到扩展和延伸，从而使面团柔软且延伸性明显增加。并且由于发酵没有过度，面筋没有出现大量溶解和拉断，是最佳的状态，对于后续的成型和醒发非常有利。

#### 2. 生产条件容易控制

工业化生产的环境条件在一定时间范围内是基本固定的，在原料和室内温度不变的情况下，发酵时间可以为一个定值，每批面团的性质也基本保持一致。因此，第 2 次和面的工艺参数（特别是加碱量）以及成型和醒发的操作基本不变，并使产品质量稳定。

#### 3. 生产原料成本较低

面团发酵后酵母得到活化和增殖，酵母处于最活跃的状态，使面坯的醒发速度明显加快，所以在较低的菌种添加量的情况下仍能够使产品膨松，风味口感良好。一般二次发酵酵母用量少，仅为一次发酵的 1/3～1/2，原料成本降低明显。但由于面团发酵时间很短，需要高活力且稳定的发酵剂，传统发酵剂不适用于该方法。

#### 4. 产品质量好

（1）制品柔软不易老化　由于面团经过了发酵，使面团的物理性状达到最佳状态，柔软而延伸性良好，而且短时发酵不会造成严重的面筋溶解和过度拉断，因此，能够制成组织性状良好而体积较大的馒头。一般二次发酵的馒头较一次发酵的馒头柔软细腻，且不易老化，馒头的萎缩概率也较一次发酵和老面发酵的要小。

（2）产品风味好　实践证明，发酵到最合适状态时，面团产生丰富的风味物质，并且不产生不良风味，故该方法生产的馒头风味淡香，酵母味道消失，更能显现麦香味。但由于仍是单纯的酵母菌为主要微生物，风味及营养价值不如传统发酵剂。

(3) 外观良好 面团经过适宜的发酵，达到最佳的虚软微孔状态，pH 值也比较理想，成型时容易搓光，产品表面洁白光滑明亮，外形饱满圆润。

(4) 产品的复蒸品质有所改观 经过面团发酵，凉的或冷冻馒头或包子复蒸时出现问题较少，品质显著改善。

### (二) 二次发酵的缺点

1. 人力消耗大

如果在发酵面斗中发酵，第 1 次和成的面团需要出和面机进发酵容器面斗车或发酵桶（盆），然后将放入发酵室，发酵后需要重新倒面团入和面机内，操作比较麻烦，消耗时间和人力的量较大。即便是在和面机中发酵，也需要将和面机放置在发酵室内，由于室内温湿度高，所以和面操作人员劳动环境变差。另外，发酵过程需要管理，称量物料的次数增加，也会增加劳动力消耗。

2. 生产周期较长

与一次发酵相比，二次发酵多出一次发酵及和面步骤。在一般工业化生产中，若将面团发酵时间定在 50～90 分钟，加上倒面、第 2 次配料和增加的搅拌时间，总体上使生产周期中物料运行的时间增加约 70～120 分钟。因此，该方法使生产效率有所下降。

3. 设备投资增加

与一次发酵方法相比较，需要增加发酵容器和发酵房间，还要增加和面设备。特别是在和面机中发酵时，需要增加和面机的台数更多，投资明显增多，厂房面积增加。

## 二、二次发酵法的基本技术

### (一) 基本配方

一般北方馒头的基本配方为面粉 100 千克、水 35～42 千克、即发活性干酵母0.16～0.2千克（或鲜酵母500克左右）、碱0～150克。面团调制分2次进行，第1次加入全部面粉的60%～80%及全部酵母，加总水量的70%～90%；第2次加入剩余的原辅料和水。

### （二）工艺流程

剩余原料和辅料
↓
部分原辅料预处理→第1次和面→面团发酵→第2次和面→馒头机成型或轧面刀切成型→醒发→汽蒸→冷却→包装

### （三）操作要点

（1）第1次和面　取70%左右的面粉加入所需的酵母，再加入80%左右的水（加水量以总水量计）。面团含水量较最终的主面团高，搅拌要轻，一般搅拌3～4分钟，和成面团。和面过程注意适当反转，让所有干面粉吃水，成为均匀的面团。调节加水温度，和好的面团温度以28～32℃为宜。

（2）面团发酵　和好的面团放入面斗车内，推入发酵室，在温度30～33℃、湿度70%～80%的发酵室内或温暖的自然条件下发酵50～120分钟，至面团充分膨胀，内部呈丝瓜瓤状，孔洞多而均匀。发酵时间也可以根据自己生产的实际情况，通过调整酵母的用量、2次和面时面粉的配比以及发酵温度和湿度来灵活调节。

（3）第2次和面　将剩余面粉全部加到已经发酵好的面团中，再加剩余的水和溶解后的碱，和面8～12分钟。和面过程面团由软变硬，再由硬变软。面团和好后，内部细腻乳白，无大孔洞，弹性适中，有一定的延伸性。通过调节加水的温度，最好使面团温度达到33～35℃，以利于醒发。如果配方中还有其他辅料，建议在二次和面时加入，比如食盐、油脂、白砂糖等。

（4）成型　面团和好后，进行馒头机成型、揉面机轧面并刀切成型、包子机成型，或者手工成型，制成馒头包子坯。

（5）醒发　成型后的面坯排放于蒸盘上，在38～40℃、湿度

80%～90%的醒发室内醒发60分钟左右，至馒头坯膨胀1.5倍以上，面坯充分柔软为宜。

（6）汽蒸 醒发好的面坯，进蒸柜蒸熟，或沸水上笼蒸熟。

## 第四节 过夜老面面团发酵法

### 一、老酵法的特点

所谓的“老面”是发酵十分充分的面团，甚至是过度发酵的面团，与上一节介绍的二次发酵所述的嫩酵面有明显的差异。过夜老面面团法也称老面发酵法、老面团发酵法、老酵法、老肥法等。它为传统的馒头生产技术，由于其具有设备简单、管理粗放、原料成本低和产品风味独特等优势仍被一些馒头生产者使用。该方法是以上次做馒头留下的发酵面团作为主要发酵菌种（酵头），少量补充其他发酵剂（酵母或酵子），加入面粉和成面团，放入大容器中，在自然条件下适当保温保湿过夜发酵，次日在面团中添加面粉和适量碱中和面团的酸性，和面后成型醒发和后续加工。第1次和出的面团称为种子面团、中种面团、醪种面团、小醪或醪子，长时间发酵后的面团称为酵面、老面、老酵面、发面、大醪或大酵面，加入新鲜面粉再搅拌的面团称为主面团或调配面团。

其主要工艺过程如下。

酵头＋部分原辅料→种子面团调制→长时间发酵→主面团调制→成型→醒发→汽蒸→成品。

#### （一）老面发酵法的优点

1. 生产成本低

面团的发酵一般需要增加热量不多，在夏季可以不加热，而且发酵后的面团酵母得到了充分活化，醒发时间也相应缩短，因此耗能减少。酵头作为菌种节省了发酵剂的用量，原料成本下降。补充发酵耐力强的发酵剂可以是活性酵母或酵子等，即发活性（高活性）酵母发酵耐力没有优势，而且价格较贵，最好不要使用。活性酵母补充量为新加面粉量的0.1%左右，酵子的补充量为1%左右。

2. 设备条件容易实现

发酵是在比较大的容器内进行，容器可以是木制材料或不生锈的金属材料面斗，也可以是贴有瓷片的砖混池子等，加工成本可高可低，而且发酵不需要在恒温的房间，故设备要求不十分严格。

3. 发酵管理粗放

面团的发酵时间一般是以生产操作方便为标准安排的，不以面团性状为首要考虑因素。因此，发酵的条件没有严格要求，只要发酵室温度在15～40℃之间都可以，且面团表面不过于干燥而形成过厚的干皮就没有问题。当气温较低时，生产者通常采用在面团上盖保温的棉被来实现保温和保湿条件。发酵过程不需要观察和控制，人力消耗较少。

4. 产品风味独特

长时间的发酵，加上杂菌和其他成分引起的化学和生物化学反应可产生许多风味物质，发酵后添加碱中和所产生的酸也会产生特殊风味，从而使产品具有传统馒头所具有的十足香甜味，也就是人们常说的“馍味”“馒头味”“老面味”或“老酵香味”。

5. 馒头口感良好

发酵使淀粉和蛋白质等主要成分大量水解或变性，加上气体膨胀产生的强度拉伸效果，使面团的物理性状明显改变，延伸性大大提高，弹性显著下降。生产出的产品组织非常柔软，与发酵的风味共同作用于人的感官，形成了良好的口味。老面发酵的馒头老化速度明显减慢，冷馒头复热（馏馍）后口感与新鲜馒头相比改变较少。

6. 耐储存

老面蒸制面食比快速发酵馒头耐储存。老面馒头和快速发酵馒头在相同的储藏条件下，随着储藏时间的延长，快速发酵馒头比老面馒头霉菌量增加速度快，更容易腐败变质（经验表明，25℃以下温度储存，老面发酵的较一次发酵的保质期长20小时以上）。这可能是由于老面馒头内微生物种类繁多，不同微生物代谢的分泌物

（抗菌因子）可能会对霉菌的生长起到一定的抑制作用。

### （二）老面发酵法的缺点

1. 面团的pH值控制较难

长时间发酵过程中，酵母菌产酸，加上面团中杂菌的大量繁殖发酵，面团酸度较高，因此，在主面团调制时必须加碱调节面团的酸碱度。由于发酵条件不固定，发酵后面团的酸度不是一个稳定范围，所以加碱量每批都需要通过实验进行调整，而且要求操作人员有足够的实际经验和较强的责任心才能生产出质量稳定的优质产品。

2. 气温过高时可能产生异味

面团的发酵设施中一般没有降温装置，气温较高时过长时间发酵，特别是容器或环境不够洁净时，面团可能因大量有害杂菌的自然接种发酵而出现怪异的气味，也就是人们常说的“馊味”“斯气味”“腥味”甚至“臭味”等，可能伴随有面团变色。故要求发酵容器和环境保持卫生，而且气温超过35℃时发酵时间要尽量缩短。

3. 生产周期较长

老面发酵法种子面团调制好后需要长时间发酵让酵母在一定的条件下活化和繁殖，以利于后续的醒发和产品的口味，因此生产路线相当长，生产周期增加，操作也较为繁琐，劳动强度有所加大。面团充分发酵体积膨胀量很大，甚至达到原有体积的8倍，长时间占用空间和设备都很多，因此，规模化生产几乎没法应用本方法。

## 二、老面发酵生产技术要点

### （一）老面发酵的配料

生产主食馒头的老面发酵配料主要由面粉、酵头、水、碱等组成。

1. 面粉的分配

第1次和面（种子面团）用面粉30%～50%（1/3～1/2），第2次和面（主面团）加新面粉50%～70%，少量扑粉。面粉用量的分配可根据实际情况而定，发酵容器大，生产规模小，可将发酵面团（酵面）的比例加大；若生产量大，建筑条件限制，则可以减少酵面的比例。另外，温度高应增加新鲜面的比例，而温度低的季节则可以增加酵面。实践证明，当老面的量低于20%时，很难实现老面馒头的风味和口感。

2. 酵头的使用

老面发酵法除了加入面肥外，还需要新补充发酵剂，可以是鲜酵母、活性干酵母或酵子。根据加入的老面肥的量和状态确定补充发酵剂的量。若加入剩余面肥量多、新鲜度好、活性强，可以少加发酵剂，反之则多加。一般接入面肥的量控制在要发的老面总量的5%～15%为好，加入超过20%并不能起到好的作用，甚至容易出现异味或过分瘫软。若使用干燥的老面头需要用温水浸泡，软化后搅匀加入面团，否则干硬的面头很难在面团中软化。

3. 加水量

经过长时间发酵，面团持水性有所降低，但可能因发酵过程水分挥发而需要增加用水。一般以面团柔软、成型顺利为准则，加水量以加入面粉重量的36%～42%为宜。第1次和面面团可以稍软一些，而第2次和面时面团的软硬程度必须根据产品的要求而定。

4. 加碱的掌握

(1) 加碱的目的　加碱中和有机酸，消除酸味，产生有机酸盐而带有香味。同时，面团发酵过程产酸使面筋蛋白质带正电荷增加，不利于它们聚合成微纤结构，减弱了它们的强度，也使面团延伸性下降，从而使馒头容易萎缩。因此，过夜发酵后必须加碱中和面团中的酸。碳酸钠（食用碱）与酸相遇能够产生二氧化碳，也起到了蒸制过程的再起发作用。

(2) 加碱过多过少的后果　加碱适度，馒头柔软洁白，富有发酵的香甜味。加碱不足，馒头发青发暗，组织僵硬，口味发酸，甚至出现萎缩现象。而加碱过量，馒头发黄，容易裂口，碱味重，有可能出现一种苦涩味，同时也造成大量B族维生素破坏。

(3) 加碱量的判断　面团发酵的老嫩差异很大，加碱量在每100千克面粉150～600克之间。如何判断加碱量合适与否是老面发酵法的技术关键。生产第一线的工人师傅在长期的实践中探索出了一套实用的判断技术，常用验碱方法有以下几点。

① 嗅　又称闻碱，将酵面揪下一块，放在鼻前一闻，有酸味即是碱小，有碱味则是碱大了。若闻着有正常的面香气味，就是加碱适当。此方法要求操作人员嗅觉灵敏，并且需要长期训练才能准确掌握。

② 尝　取一小块面放在嘴里嚼一下，有酸味，粘牙，则是碱小；有碱味，则是碱大。没有酸味而有面香味则是适量。或把面用舌舔一下，发甜就是用碱正常；发涩就是碱大；发酸就是碱小。

③ 看　在和面机和面接近终点时，用刀将酵面切开看其蜂窝，其孔洞有如芝麻大小，分布均匀是正常；孔洞大而不均匀则是碱小；孔洞小而长，甚至出现黄色则是碱大。

④ 听　以手掌拍打酵面，出手不觉痛，发出砰砰脆响，即是碱量下得正常；如发出叭叭的声音，且手掌又感觉微痛而声音发实者，即是碱量过重的现象；如以手拍面发出噗噗的空音者，即是碱小。

⑤ 抓　用手抓面团并拽起拉断，手感柔而有筋劲，说明碱量适度；手感僵硬，拽断相当用力，说明加碱过多；手感发黏，面团糟而没筋劲，说明碱未加足。

⑥ 烤　揪酵面一小块，放于炉上烤熟，掰开看内层，色泽洁白，嗅之有面香与中和后的发酵香味为加碱适量；色黄有碱味者即用碱过重；色暗灰有酸味者则又用碱过轻。现今一些企业采用微波炉烤面团，较方便迅速且又容易控制烤的火候。

⑦ 测 pH 值　取一小团面，用大约 10 倍的水搅开，用 pH 试纸或用酸度计（pH 计）测定水溶液的酸碱度。pH 值在 6.4～6.7 之间，表明加碱合适；pH 值低于 6.4 为偏酸，高于 6.7 则为偏碱。

除后两种判断方法外，其他方法误差比较大，除非经验十足。一般采用烤面或测 pH 值的方法判断加碱量。

（4）碱的加入与面团 pH 值调节　碱面直接加入可能难以拌

匀，产品易出现黄色斑点，俗称“碱花”，会影响成品色泽和口味。因此，可将碱面用少许水溶解后再加入，或在碱水中加一点干面粉搓成面絮加入面团再充分搅拌均匀为宜。当加碱过量时可以加入适量白醋中和。

### （二）生产操作要点

1. 种子面团的调制

（1）发酵剂的准备　若使用酵母可按照第二章第二节所述进行处理和添加。而酵子则需要将其用温水浸泡变软后，用手捏散（抓开）备用。

（2）投料　先将面粉倒入和面机，然后加入发酵剂适当搅拌，再加面肥和水。

（3）搅拌　和面以面团中各种物料混合均匀为宜，搅拌程度可通过观察已经形成面团，而且没有干硬的面块存在，物料均匀即可。

（4）面团温度的控制　面团温度对发酵的顺利进行至关重要。冬季面团发酵过程会降温，要增加面团温度，但为了保证面团的性质和酵母的活性，面团温度不能超过 42℃，加水温度不超过 50℃；夏季气温高，发酵过程面团升温，可以将面团温度尽量降低，可以用凉水和面来限制面团的过度发酵。

2. 面团发酵

一般生产企业是将和好的种子面团倒入大发酵池中，上盖棉布再盖上棉被保温保湿。冬季气温较低，可以用双层棉被保温，如果仍不能保证面团发起，则可以在棉被中间放一层电热毯加热升温，要求电热毯不能直接接触面团，以防接触面团处温度过高而烧死酵母。夏季气温较高时，可以在面团上盖上单布，湿度较高时也可以敞开发酵。

发酵设施和用具必须保持干净卫生，每批生产结束，要认真清理发酵池和用具。保温棉被经常晾晒和拆洗。盖布夏季每日清洗，冬季 3 日清洗 1 次。

要把握发酵的时间，发酵时间短，面团会胀发不足，发酵时间过长，酸味则太重，甚至被杂菌污染，影响产品口味和品质。一般发酵时间为6～18小时，但冬季应保证10小时以上，而夏季则控制在14小时以内，防止面团没有充分发起而无效或过度发酵而变质。

3. 主面团调制

由于长时间发酵后，面团自由水变多，自身变软甚至呈糊状，面团的面筋强度减弱，而且可洗出面筋含量下降，无法直接蒸制馒头，所以需要再次进行面团调制。主要过程是取出一定量的酵面放入和面机，定量加入面粉、水和溶解后的碱，以及其他辅助原料，搅拌8～12分钟，至面团均匀细密，延伸性良好为止。每批面团添加酵面的量要基本一致，以保证馒头的醒发速度相近，以利于后续的工艺控制。调制接近终点时要判断加碱量是否合适，并进行适当调节。

一般情况下，依靠固定调节工艺条件如控制温度即可达到控制发酵的目的，但在实际生产中，常因一些特殊情况，如夜间气温过高时造成发酵过度，此时需要再调整酵面比例以期得到较好的发酵效果。另外，酵面比例不宜过大或过小，比例过大，会使发酵酸味过于浓重，使加碱量增大，并且使面团的搅拌耐力和面筋强度受到一定影响，易出现馒头裂口现象；比例过小，又失去了老面发酵的特色。

面团的搅拌程度掌握参考本章第三节二次发酵法。

4. 揉面与成型

和好的主面团，按照前面章节叙述的揉面和成型技术进行。

5. 醒发

面团经过充分发酵比较柔软，酵母菌得到了充分活化和扩增，但过度发酵会使酵母的发酵潜力下降，酸碱中和也会快速产生二氧化碳，故老面发酵法的醒发一般比较快，应掌握醒发程度，勿使面坯醒发过度。一些手工制作的蒸制面食甚至在没有强力揉面的前提下，可以省略了醒发工序直接汽蒸。但相对于快速发酵法，也可能因为老面发酵的酵母菌老化，而使醒发速度稍慢于二次发酵法。结合面团性状，工厂生产馒头时要特别注意面坯醒发程度，避免因醒发过度造成产品软塌、裂口或组织粗糙。

6. 蒸制

蒸制技术与其他发酵方法的基本相同，上笼或进柜蒸熟即可。

## 第五节　面糊深度发酵——三次发酵法

面糊发酵法又称液体发酵法、醪汁发酵法、提渣头法或肥浆发酵，也是馒头的三次发酵法（面糊、面团、馒头坯 3 次发酵）。它是面粉、酵头（或发酵剂）和水调制成面糊，通过长时间发酵，可以连续补料或不进行补料，在适当搅拌条件下，使有机微生物（以酵母菌为主）大量繁殖，最终制成肥力超强的肥浆，再加面粉调制成面团再进行面团发酵、成型、醒发、蒸制来制作馒头。在发酵的过程中可以加入米酒、人体所需的营养功能因子等，以提高馒头的功能性和附加值。面糊发酵法与老面发酵法有许多类同之处，运用面浆发酵技术具有方便快捷、生产成本低、适合批量生产等特点。

### 一、面糊发酵法的特点

1. 生产成本低

面糊的发酵可以在发酵室内进行，也可以在无恒温设施的室内进行，发酵容器要求不高。而且面糊发酵可使酵母充分活化，醒发时间相应缩短，因此耗能减少。面肥或老面头作为菌种节省了酵母的用量，即便是用酵母或酵子作为发酵剂，用量也较一次发酵法少，原料成本下降。在连续添加面粉和水分的发酵条件下，甚至不需补充酵头或发酵剂。本方法特别适合老面头的应用。使用其他发酵方法时，干燥老面头则需要浸泡较长时间。

2. 干净卫生、生产条件容易实现

面浆发酵法设备操作便利，容器和管道可以实现全封闭，干净卫生。发酵容器可以是木制材料、不生锈的金属材料、陶瓷或砖混材料等，加工成本较低，而且发酵可以不在恒温的房间，故设备投资较小；面糊发酵胀发体积较少（充分发酵过程，面糊胀发体积最多为面糊体积的三分之一），无需特别大的容器，占地面积少；面糊具有可流动性，容易实现连续化和自动化，对生产规模没有限制，尤其适合于大规模的、对产品有口感风味要求的蒸制面食生产；能够实现自动连续化发酵工艺。图 4-3 是智能化连续面糊发酵和面系统示意图。

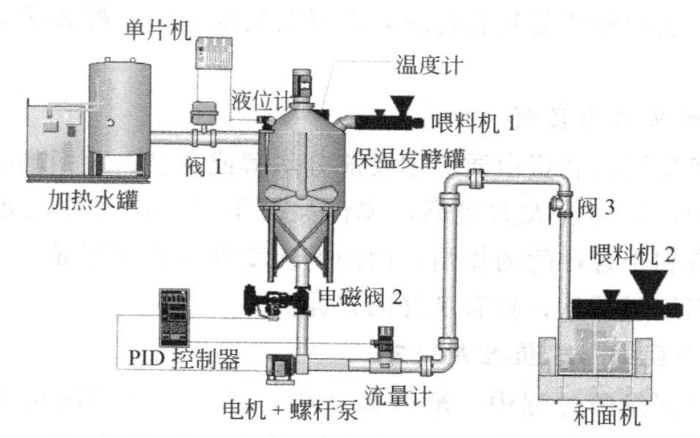


图 4-3　智能化面糊发酵和面系统

3. 发酵管理比较简单

面糊的发酵时间一般也是以生产操作方便为标准设计的，只要酵母菌得到活化和增殖，可以不把面团性状为首要考虑因素。因此，发酵的条件没有严格要求，只要面糊温度在 16～40℃之间都可以，且盖上盖子，使面糊表面不过于干燥而形成干皮就没有问题。发酵过程不需要观察和控制，降低了劳动强度，特别是生产少量包子等花色品种时尤为方便。生产线上使用面糊发酵技术，则可以通过控制温度和时间来达到面糊的发酵程度。需要补充发酵剂的情况下，可以选择活性干酵母、酵子和老面头作为酵头。

面糊发酵基本呈流动态，易于控制发酵参数，只要操作条件控制得好，重复性就非常好，而且适合于添加各种维生素和多肽等营养素，适合于工业化连续生产。另外，由于面糊本身就含有足够产生二氧化碳的酵母菌和产生风味的各种酶类，当其作为发酵剂时，可以适用于多种现有的发酵模式和生产多样的馒头种类。

4. 产品风味独特

长时间的面糊发酵，同样可以使杂菌（比如有益的根霉菌和乳酸菌）也生长繁殖，并促使其他成分发生化学和生物化学反应而产生许多风味物质，发酵后也需要添加碱中和所产生的酸而产生一定的风味，从而使产品具有传统老面馒头的麦香味、酵香味和曲香味等味道。

5. 馒头口感良好

发酵使淀粉和蛋白质等主要成分水解或变性，面团的物理性状明显改变，延伸性大大提高，弹性显著下降。而且在高水分情况下，更有利于各种酶的作用，面团的流变性改变更明显。生产出的产品组织细腻柔软，具有良好的口味。

6. 面团的 pH 值控制较难

长时间发酵过程中，酵母菌产酸，加上面团中的杂菌容易繁殖，面团酸度较高。因此，在主面团调制时必须加碱调节面团的酸碱度。若控制发酵温度和时间等条件，产酸的量比较恒定，加碱量还是比较容易掌握的；但若是在家庭或作坊条件下，发酵条件不固定，发酵后面糊的酸碱不稳定，所以加碱量每批都需要通过实验进行调整，同样要求操作人员有足够的实际经验和较强的责任心才能生产出质量稳定的优质产品。

7. 生产清理要求严格

发酵中使用设备的清理工序很重要，一是面糊容易粘在设备上，特别是一些死角部分难以清洗，若面糊干结后甚至会堵塞管道，二是未清洗干净的面糊容易被一些有害杂菌污染，不仅会影响产品质量，甚至会使整个发酵工艺过程失败。

另外，面糊发酵中只有少量的面粉得到发酵，大量面粉在和面时才加入，所以面糊的有效酵母菌数量和质量要达到一定要求才能满足后续的工艺操作要求，若酵母量不足的话，可以在后续的第1次和面时适量添加酵母菌，否则不但醒发时间会比较长，甚至可能会影响到最终产品的质量。

## 二、三次发酵生产工艺过程

面糊发酵和其他发酵方法不同的重要步骤是发酵面糊的调制，采用发酵剂和面粉加水调制成面糊，然后充分发酵后再加面粉调制成面团，最后经过后续工艺制作成馒头。面糊发酵生产馒头的主要工艺过程如下。

称量部分原辅料→混合成醪→流质酵母培养→醪液计量→第1次和面→面团发酵→第2次和面→成型→醒发→汽蒸→成品。

## 三、生产技术要点

### （一）三次发酵法的配料

1. 面粉的分配

面糊（渣头）用面粉10%～15%，第1次和面（种子面团）用面粉55%～70%，第2次和面（主面团）用20%～35%，少量扑粉。实践证明，当老面糊的用面量低于总面粉量的10%时，很难保证产品风味和口感的效果。由于用面过多时面糊稠度高，发酵后面糊不能由管道输送，即便是用勺向外舀或直接向容器外倒也很困难，所以加入面粉的量不能超过面糊用水量的45%（一般大约为总面粉量的15%）。

2. 加水量的控制

三次发酵，面糊的稠度和面团的软硬程度都非常重要，故面糊及2次和面加水量的控制显然也是很关键的工艺参数。

（1）面糊用水　面糊的加水量可以第1次和面的用水量来定，也就是第1次和面的用水基本上都由面糊提供。例如，第1次和面用面粉50千克，种子面团加水量为45%（以面粉为基准），需水量为50×45%＝22.5千克水。加水量还要考虑到面糊所加面粉的量，但实际上经过彻底发酵，面糊中的面粉应该液化充分，持水性下降很多。因此，加水量还要根据实际情况，通过实践摸索来确定。

（2）第1次和面用水　第1次搅拌的种子面团搅拌较轻，面团没有出现软化，而且发酵的面团应该较最终的面团稍软，以利于面团的发酵。因此，对于中筋小麦粉来说，加水量以面粉量的42%～48%为宜。原则上第1次和面种子面团的水全由面糊提供，但在一些特殊情况下也可以适当少量加水，比如需要溶解补充的发酵剂、面糊提供的水量不足、发酵容器底部面糊存料需要清洗入面团等情况时。

（3）第2次和面加水　面团的发酵是为了活化酵母和调整面性，一般发起即可，也是嫩面发酵。操作和配料与二次发酵法基本一致（参见本章第三节）。加水量以最终面团软硬度为最佳状态为标准，中筋面粉调粉总加水量一般为面粉量37%～40%，当然还要据面粉的含水量和吸水率来调整。

3. 发酵剂的使用

面糊发酵法除了加入面肥外，还需要新补充发酵剂，可以向面糊中加鲜酵母、活性干酵母或酵子。一般接入面肥的量控制在要发的面糊总量的5%～15%为好，加入过多可能使面糊过于黏稠。若使用干燥的老面头，可掰碎直接放入水中适当搅拌后加面粉搅成面糊。酵子加入量最好以水量的2%～4%为宜，也需要在加面粉前先放入水中适当搅拌。

为了提高面团发酵速度，也可以按照二次发酵法的配料在第1次和面时添加酵母。

4. 加碱的掌握

面糊深度发酵会产酸较多，也需要加碱来中和所产生的酸。在第2次和面时加入食用碱面，添加方法和量的掌握参见本章第四节。

### （二）操作要点

（1）拌糊　拌糊又称为混合成醪。在面盆中将酵子用水泡开并下手捏散，或将酵母用水溶化，移入发酵桶或发酵缸，加入温水（冬季40℃左右，夏季20℃左右）搅匀，兑入面粉搅拌成糊状。

（2）面糊发酵　将面糊放入发酵室或四周加保温材料，盖严发酵，该过程最好低速不断搅拌，或间歇搅拌。面糊表面出现大量泡沫，即说明面糊已经发起，若深度发酵则需要使泡沫几乎全部消失。温度最好控制在25～30℃，一般发酵4～6小时即可；若温度更高，则发酵时间可以进一步缩短；温度低，发酵时间适当延长，比如20℃下发酵则需要10小时以上。如若需要面糊量较大，可以继续往里面补料，总的补料量一般为面糊总量的1/5，面粉和水的比例1∶3左右，该过程还可以适当补充发酵剂、营养因子等。发酵容器和用具需要保持清洁，随用随清理，每班结束彻底清洗。

（3）第1次和面　将部分面粉倒入和面机（面粉量参考配料），加入发酵后的面糊，搅拌3～5分钟形成面团即成种子面团。

（4）面团发酵　按照二次发酵法的面团发酵方法进行发酵。

（5）二次和面及后续操作　二次和面及其后续操作与老面发酵法基本一样，请参照本章第四节的老面发酵生产技术中的主面团调制以及后面的操作方法。

在制订蒸制面食生产工艺线路时，选择何种发酵方法，应该根据各自的实际情况来决定。如果要减少繁琐的操作提高生产效率，可以用一次发酵法；如果对于产品的要求比较高，且不愿意增加过多的原料成本时，可选择二次发酵法。酵母发酵生产的馒头具有丰富的营养和独特的风味，其操作工艺有发酵迅速、操作条件容易控制、方便简单等优点，发酵后期无需加碱或加碱量固定，比传统的面糊发酵或老面发酵更有优势。掌握好面团的发酵技术，并且根据实际情况选择适当的酵母发酵工艺，是完全可以生产出质量好、成本低的馒头来的。

随着我国居民消费能力和消费结构的逐步升级，不仅对馒头的数量产生了巨大的消费需求，而且对馒头的色、香、味、形态和组织结构等方面的品质要求也越来越高，这需要我们在应用现代科技的基础上，传承我国几千年来的优秀馒头制作技术的文化遗产，把几千年来手工作坊式的生产方式向现代工业化生产发展，引用传统的发酵剂和发酵方法，使得传统口味的蒸制面食的加工实现机械化、规模化，产品实现方便化和营养化。

第五章

# 蒸制面食常见质量问题及其解决办法

蒸制面食与发酵烘焙面食（面包）相比较，面团同样需要经过发酵，然而，蒸制面食熟制方法是蒸汽加热，产品不仅要求多孔柔软，而且具有色白、味淡、皮薄、水分含量高等特点。蒸制面食表皮薄而柔软，支撑力比较弱，更容易出现起泡、裂口、发皱、萎缩等问题。蒸制面食要求产品表面不能出现皱缩，但稍有皱缩的焙烤食品则为合格品。蒸制面食汽蒸温度较低，不产生褐变反应，表面和内部都为乳白色，由于不能掩盖黄、灰、褐色等颜色，会因原料或工艺等因素而导致产品颜色不好。蒸制面食口味平淡，使制品中的香、酸、甜、苦、咸、馊、涩、腥、异味等的风味很容易显现出来，稍有不良的污染或原料风味以及加工产生的口味，都会明显地影响产品质量。汽蒸使产品水分，特别是表面水分增加，加热温度低于 108℃，灭菌不能够彻底，通常产品销售是在保温或常温条件下进行，故一般保质期非常短，甚至 6 小时之内就有可能发生腐败变质现象。蒸制面食为我国居民日常主食，占摄入食品的比例较大，对营养和卫生要求更高，任何抗营养或有害成分的添加和污染都会对百姓的身心健康造成很大的影响。面包虚软度很高，而且面包大多添加有抗老化作用的改良剂，冷面包一般不易老化可以直接食用。而馒头等蒸制面食虚软程度不能特别高，并且不能添加抗老化的添加剂，因此彻底冷却后会老化变硬。而消费者多喜欢食用柔软的发酵面食，因此冷馒头需要复热使其变柔软，对蒸制面食的复蒸品质要求很高。蒸制面食较烘焙面食更容易出现质量问题，而且，质量劣变的因素复杂，较难控制。

## 第一节　改善风味

蒸制面食，特别是馒头的风味为消费者最为敏感的重要质量指标之一。据馒头消费者偏爱调查结果表明，馒头风味，也就是“馍味”为馒头生产者和消费者最重视的指标。同时，馒头又是消费者最能体会风味的面制食品。相对于西方的烘焙面食来讲，馒头口味清淡，所有不十分明显的风味都能显现出来；与我国的其他面食比较，油条、烧饼、酥饼、月饼等具有浓厚的辅料风味，面条类消费时往往与味道较重汤料同时入口，面条本身的一些风味被掩盖，而馒头与配菜是分别入口的，消费者对极微小的风味都能体验出来。因此，所谓的麦香味、发酵香味这些风味成了优质馒头的最重要指标之一。

蒸制面食应为纯正的发酵麦香味，后味微甜，稍带中性有机盐的味道（碱味），无酸、涩、苦、馊、腥、怪异等不良风味。

现今消费者大多有怀旧情结，对传统的老面味特别青睐，如何用工业化方法制作传统口味的馒头是摆在蒸制面食生产者面前的重要问题。

### 一、影响风味的因素

#### （一）原料质量

1. 面粉质量

（1）小麦质量　如果小麦经过雨淋、发芽、发霉、虫蛀、冻伤等不正常变质后，会使淀粉损伤，脂肪水解或酸败，蛋白质破坏，酶活性增加，制得的面粉风味较差。小麦品质差或者未经过伏仓，特有的麦香味不能显现，都会使生产的馒头风味差。

（2）面粉制作及存放　面粉若存放时受潮、发霉、生虫、结团等劣变后，也会出现不良味道，严重影响蒸制面食风味。制粉工艺技术不过关，可能会导致小麦面粉杂质过高、灰分过大、化学污染和风味污染，甚至出现麸星超量、淀粉破损率过高、细度不够等问题也会对风味有明显影响。因此，加工面粉时，需要充分除去杂质，存放环境保持干燥、洁净和无异味，不添加影响风味的添加剂。小麦面粉的存放条件及周期一定要严格掌握，有关问题参考第二章小麦粉的介绍。

2. 水质

蒸制面食的工艺用水，如和面用水、调馅用水、清洗设备、锅炉产汽用水等，应该洁净无异味，符合饮用水标准。水中微生物污染、化学污染、管道污染、悬浮杂质过多等可能出现怪异气味或滋味；水中残留的杀菌剂、化学沉淀剂以及水软化剂等化学试剂可能影响面团发酵，也会使产品的风味严重变差。

3. 添加剂

（1）已经禁用的添加剂　馒头若采用化学增白，不仅可能产生抗营养性，而且会明显影响馒头风味。吊白块是国家禁止在食品中使用的添加剂，毒性较大，风味不良。添加亚硫酸盐类化学试剂或者熏硫是传统馒头生产常使用的增白方法，残留的亚硫酸使馒头带有硫磺的味道，现今已被禁止在馒头中使用。钛白粉（二氧化钛）能够让馒头白度增加，但安全性值得怀疑，而且对产品的风味影响明显，也是禁止在蒸制面食上使用的。

（2）常用的添加剂　在蒸制面食中可以使用的添加剂有碱面（碳酸钠）、小苏打（碳酸氢钠）、乳化剂、各种酶类等。一些添加剂对蒸制面食是有好作用的，但一般添加会产生特殊的味道。比如，加碱会产生碱香味，加入一些有防腐效果的添加剂可能导致发酵的面香味消失等。

4. 发酵剂

不同发酵剂在产生风味方面差异巨大。酵母发酵迅速，发酵可以产生特殊的酵母香味，但没有传统发酵剂的“老面味”“酵香味”。老面头作为发酵剂，经过老面发酵产酸并中和而出现“老面味”。酵子作为发酵剂可以产生“酵香味”，促使非常丰富的风味物质体系得到体现，一般认为是杂菌和酶系的作用结果。

发酵剂变质或者失效后会产生不良味道，应特别重视。

### （二）发酵工艺

面团发酵不仅产气，改善面团组织性，而且可以产生低分子糖、氨基酸、脂肪酸、醇、醛、酮、酯、醚等风味物质，发酵至最佳状态时，产品出现明显的香味和甜味。发酵剂选择不当，比如产糖、产酸、产酒精过多或过少，发酵后产香差。发酵剂合适但添加量过少，或者发酵条件掌握不当，如温度过低或过高、时间过短或过长都得不到最佳的风味。过度发酵或受到不良微生物污染发酵后有可能产生异味。

对于老面味的蒸制面食来讲，必须经过长时间发酵。一些生产者或研究者有个误区，认为只要使用了传统发酵剂生产的就是老面馒头。笔者认为，无论使用何种发酵剂，只要让面团深度发酵成为老面，也就是让种子面团发酵超过了持气极限，生产的就是老面馒头。老面发酵的具体技术要领可参考第四章的过夜老面面团发酵法和面糊深度发酵法。

### （三）生产过程影响

除发酵工艺之外，其他工艺技术也对蒸制面食面体的风味影响很大。

1. 配料与和面

如上所述，原料的质量对风味起着最重要的作用，配料的恰当与否也显著影响蒸制面食的风味。除馅料的浓郁风味外，面体的风味非常重要。这里着重讨论面体的风味。

（1）加水量的影响　面团的软硬程度不仅影响口感，同样对风味也有影响。因为口感和风味是协同的，当馒头的软硬适当时风味体现良好，馒头过硬会出现发涩、发麻感觉；过软则会出现发黏、发酸等不良感觉。

（2）发酵剂添加方法 加入发酵剂应该按照前面介绍的有关方法处理，特别是传统发酵剂的应用更应该重视。如果老面头或酵子没有溶解充分，不仅影响发酵效果，还可能因为分散不匀而出现老面味出不来，甚至出现不良的味道。特别是干燥后的老面头，化开困难，更应该用温水长时间浸泡，传统的方法是用手捏抓让其散开，在工厂可以把泡软的老面头高速搅拌数分钟，使其散开。

（3）加碱量及方法 馒头过酸，甜香味不能体现，并且有可能出现苦涩难咽的感觉。碱中和了面团中的有机酸，产生有机酸盐，就出现馒头独特的风味。但过碱时馒头发黄，出现明显的碱味。加碱需要强调均匀性，彻底溶解，倒入面团中加强搅拌使其完全分散开，而且在最后一次和面时加入，以免影响发酵并充分发挥作用。

（4）食品助剂添加 添加一些食品助剂可能对风味有所贡献。比如加入油脂最好配合乳化剂，并注意添加方法，不影响面团性状且使风味充分体现；甜味剂要使用符合食品安全要求的天然制品，单一的甜味剂不能体现柔和的甜味，甚至出现不良的感觉。

2. 和面揉面工艺

也就是工人师傅常说的“盘面”，盘面也可以称为面团调制，包括搅拌（和面）、面团发酵和揉面（压面）等工序。面团性状基本取决于盘面。面团性状良好，产品细腻洁白，口感柔韧恰当，风味也会有所改观。充分地搅拌使物料混合均匀，面团延伸性和韧性恰到好处，有利于发酵时的生化反应进行，能够产生并保持风味；揉面合适使产品组织细腻，口感改善，使得风味感觉更好。层次感也使风味体现更明显，花卷通过夹层，不仅使得口感更好，而且也比风味辅料与面体混合一体的味道感觉更突出。

3. 醒发工艺

醒发条件对风味会有影响，醒发温度过高容易产酸，太低则醒发过慢造成软塌。醒发前面坯的温度很重要，若坯温度低，醒发时面坯与醒发室内温差过大，使得醒发不均匀（表皮已经醒过而芯部仍不足），不仅影响馒头口感，同样也影响风味。醒发室如果不卫生，很容易产生带有异味的微生物，在醒发过程会污染面坯，应该特别注意。

### （四）风味的沾染

1. 防粘涂油有异味

很多馒头包子成型时为了避免粘连输送带和切刀，往往用涂油的方法防粘；当不铺蒸垫的蒸制时需要在蒸盘涂油以防止粘盘。如果涂油过多会产生油腻味，若使用酸败油、菜籽油、豆油、小磨香油等味重油脂，会使馒头带有浓郁的油脂风味。

2. 设备不洁净

和面斗内、馒头机进面斗及面辊或刀切机的输送带和切刀、整形机皮带、蒸盘、蒸垫、盖馍棉被、垫馍布、包装袋、存馍筐或箱等设施被有害菌污染或自身有异味也会使馒头风味不良。因馒头外观不好也会使食用者食欲下降，造成味感不佳。

3. 蒸制时的污染

蒸制用汽有异味（比如使用热力公司提供的蒸汽），蒸柜内不洁净或蒸柜设计不合理（蒸汽把底面的脏水吹起），使脏物沾染到产品上，从而使馒头表面难看并有异味。

4. 产品的腐败

腐败往往伴随着异味产生，所以必须设计防止腐败工艺措施。冷却过程保证环境洁净，适当杀菌有利于防止腐败。馅料的味道影响非常大，应该特别注意馅料的新鲜程度。

## 二、保证蒸制面食风味的措施

根据影响风味的因素，采取相应措施，调整原料和工艺，使蒸制面食风味更好。

1. 从用料入手

生产面食的面粉应是优质小麦加工而来，杂质少，无严重的化学和生物污染，不含化学添加剂，不变质，达到特二粉以上标准。工艺用水最好使用纯净的井水，不能进行化学处理，除杂质可通过沉淀、过滤等物理方法完成，杀菌可使用紫外线法完成。选用无味或味淡的植物油刷盘。馅料的味道也必须特别关注，检查肉或蔬菜是否新鲜或味道如何，有不良风味的馅料坚决不用。

2. 慎重使用添加剂，避免化学增白

生产者应该严格按照《小麦粉馒头》国家标准（见第六章）的要求，不添加增白的化学物品。尽量不使用添加有化学试剂或化学方法增白的面粉，制作过程不添加或少添加人工合成化学物质或影响风味的天然物质，应通过改换原料品种和配比，调整工艺条件达到增白的目的。如果不能避免使用含添加剂的面粉，应要求面粉添加剂的残留量不超过国家标准。

3. 掌握发酵条件

最好选用发酵力强、风味突出的优质酵子作为发酵剂，采用面团深度发酵（老面发酵）法发酵，可使产品的风味和口感达到传统产品的状态。也可以采用酒酿发酵法来改善馒头的风味。若使用酵母作为发酵剂，选择产酸产醇适中的馒头专用酵母，采用二次发酵法，即发干酵母添加量掌握在0.15%～0.5%之间。普通干酵母或鲜酵母应用温水化开，水温不超过40℃，所加酵母与面粉应充分搅匀。快速面团发酵温度在30～35℃为好，过高过低对风味都不利，面团发酵程度应掌握在用刀切开呈丝瓜瓤状为好，过老过嫩都得不到最佳风味。

4. 调整面团的酸碱度

依当地口味调整面团的酸碱度。当条件相对稳定时，加碱量可保持不变。水质、面粉及发酵温度变化时应适当改变加碱量，原则是水硬度大、面酸度高、温度高增加用碱量。有剩面头加入时也需增加用碱量，面头多面头老应多加碱。调整面团pH值在6.4～6.7之间。

5. 其他

搞好设施卫生，保证产品外观和口感能使馒头更好吃。防止沾染异味物质，并远离气味浓郁的材料，做好防腐工作，使蒸制面食口味纯正。保持生产环境卫生，特别是发酵、醒发和冷却馒头的环境要及时打扫并定期灭菌。可根据当地的食馍口味，决定是否加入甜味剂，如蛋白糖、甜菊糖、白砂糖、甜酒、饴糖等，添加量不宜过多，以不失馒头主食风味并且也不过多增加成本为宜。最好几种甜味剂协同使用，适当配合发酵技术，甜味会更加显著且柔和。

## 第二节　组织结构及口感

蒸制面食，特别是馒头的组织结构和口感也是决定质量的重要指标之一。优质的馒头内部结构应呈现细腻的多孔结构，能够给消费者一个很舒服的感觉，柔软而有筋力，弹性足够，爽口不发黏。

### 一、馒头内部孔洞不够细腻

#### （一）原因

面粉质量不好，破损淀粉过多，面筋难以形成，面坯内部形不成多孔的微结构；和面不够或过度，面筋未得到充分扩展或弱化严重；成型揉面不足或过度，不足指未能赶走所有气体使面团组织不够细腻，而过度会使面团发黏内部粗糙；加水少或过多，延伸性差，面团太软或太硬；醒发过度，膨胀超出了延伸承受极限，出现大蜂窝状孔洞，组织变得僵硬粗糙。

#### （二）解决方法

选择品质好的面粉；和面时保证搅拌时间和效率，确保物料混合均匀且面筋充分扩展又未出现严重弱化；充分揉面但不过度，赶除所有二氧化碳气体，使面团组织细腻；添加适量的水，使面团柔软而延伸性增加；适当缩短醒发时间，防止因膨胀过度而超过面团可承受的拉伸限度。

### 二、馒头发黏无弹性

#### （一）原因

发黏无弹性也就是常说的“粘牙”，是小麦淀粉颗粒损伤严重、酶活性过高、还原糖过多的原因，一般是因为小麦发芽、虫蛀、发霉、冻伤等劣变或面粉变质引起。馒头蒸制未熟透也会出现该情况。

### （二）解决方法

更换面粉，不能用发芽、虫蚀、发霉、冻伤等劣变小麦生产的面粉，使用的面粉水分含量应不超标，且储藏时间不可超过保质期。馒头蒸制时气压不应低于 0.01 兆帕，根据坯大小调整蒸制时间。

## 三、馒头过硬不虚

### （一）原因

酵母菌活力过低或加发酵剂过少难以产生足够二氧化碳；加水过少面团过硬；醒发时间不足，馒头比容小而过硬；揉面不充分，面团过酸等原因可能导致馒头口感僵硬；萎缩的馒头口感也会变硬；汽蒸时气压过大，时间过长。

### （二）解决办法

多加水和发酵剂，和面至最佳状态并充分揉面，延长醒发时间使馒头内部呈细密多孔结构。调整好面团酸碱度，使产品柔软喧腾。减小汽蒸时气压，缩短汽蒸时间。

## 四、馒头垫牙或牙碜

### （一）原因

汽蒸时气压过大，时间过长；双对辊馒头机成型时，坯剂过大使旋大，扑粉卷入过多而形成旋处干硬，或者有干面疙瘩混入面团会出现垫牙现象。牙碜主要是小麦磨粉时清理不充分，或者石磨碎石太多，面粉存在一定量的泥沙或石粉；生产过程中有不洁净的东西混进面团。在湿度较低的环境中长时间冷却或存放，会导致馒头表面干硬，表皮变厚，这是已经出现干缩现象，也就是严重失水，这种产品不仅表皮变硬，口感变差垫牙，而且颜色也变黄变暗。干缩的馒头与老化的馒头有本质的不同，干缩后复蒸也难以变软。

### （二）解决方法

减小汽蒸时气压，缩短汽蒸时间。坯剂大小应符合馒头机要求，且扑粉不可过多，避免干面渣混入面团中。自己磨面时要保证小麦的充分清理，石磨磨面时，还要注意磨子是否有过多的石头粉末产生。馒头生产过程严防硬物或泥土混入面团。冷却馒头时注意保持湿度，存放过程最好是密闭包装，或者覆盖保湿的棉布，防止失水过多。

## 五、馒头过虚，筋力弹性差

### （一）原因

加水多，醒发时间过长，内部呈不均匀大孔。

### （二）解决方法

减少加水量，缩短醒发时间。若蒸柜不够时无法缩短时间，可降低醒发温度，注意降温时要加大湿度，防止表面干裂。

## 六、馒头层次差或无层次

### （一）原因

优质的北方主食馒头应该是层次分明，咀嚼时具有特殊的口感。导致馒头层次差的原因有面团过软、馒头机扑粉下得不合适、醒发温度过高、醒发时间过长、面团未揉充分。

### （二）解决方法

适当减少加水量；圆馒头机刀口处多下扑粉，用刀切机成型时压面过程也适当加扑粉，使适量的干面进入坯中；降低醒发温度或减少醒发时间。

# 第三节　白度的调整

蒸制面食，特别是主食馒头的感官品质作为消费者购买时的第一印象，其白度成为了人们的首选因素。一些“专家”认为馒头越黑越好，但是作为我国的消费者，绝大多数还是喜爱色白。目前，一些馒头企业将馒头制作的比较黑（黄色或褐色），市场接受度相当差。

白度是心理物理学问题，不仅与物质的颜色有关，也与物质的光吸收、反射、散射及透射等物理性能有关。面食的白度与其内部组织的气泡大小和形状、气壁厚薄、均匀程度都有很大关系。加工工艺条件和配料情况对面食的白度影响明显，而且馒头储存条件也对其白度有所影响。馒头生产的实际经验表明，决定馒头白度的根本因素是原料和加工工艺，添加增白剂不能明显增加馒头白度，而且加入是不允许的，也是没必要的。

## 一、影响馒头白度的因素

### （一）原料

（1）小麦　一般来说，白皮麦磨出的面粉比红皮麦磨出的面粉白，粉质麦磨出的面粉比角质麦磨出的面粉白，陈年小麦比新小麦磨出的面粉白。当霉变、生虫或发芽的小麦加工成面粉用来做馒头时，其白度自然会降低。

（2）磨粉工艺　小麦面粉的麸皮含量少，糊粉层去除彻底，灰分含量低，对面粉的白度和馒头的白度都有利。制粉前路粉比后路粉白，心磨粉比渣磨粉白，渣磨粉比皮磨粉白。

（3）面粉原始白度　毋庸置疑，面粉的原始白度是决定馒头白度的最重要因素。从某种程度上来讲，面粉的原始白度越高，说明面粉加工越精细，色素含量低。一般来说，面粉粒度越粗，麸星大而多，面粉色泽越差；面粉粒度越细，麸星小而少，面粉越白且有亮度。面粉中矿物质对白度的贡献明显，一些带颜色的灰分使面粉和馒头发灰；而促进光散射的矿物质或有附着力、吸收力和遮盖力的物质使产品亮而白，因此，一些加工精度比较低，而过白的面粉应该怀疑是否添加了一些光亮增效矿物质。过去允许添加到面粉的滑石粉、石膏粉等，现今是不允许添加的。

### （二）增白添加剂

维生素 C 及其盐、食盐、乳化剂、一些酶制剂等在馒头制作过程添加能够有效增白。

面粉增白剂（过氧化苯甲酰）、过氧化钙等能够增加面粉白度的添加剂在新版《食品添加剂使用标准》中没有被允许添加入面粉或馒头中，并且已经在其他文件中被明文规定不允许添加入面粉和馒头中。偶氮甲酰胺可以增筋增白，但其安全性受到质疑，建议不要添加。

还原剂（如亚硫酸盐）及光亮增效剂（如钛白粉）等在馒头制作过程添加，能够有效地增加产品的白度，但出于安全方面的考虑，是绝对不允许添加的。

### （三）工艺

相同的配料而制作工艺不同，馒头的白度可能有明显差异（图 5-1），说明生产技术也是馒头白度的决定性因素。一般情况下，馒头虚软、内部结构细腻、孔洞小而多、有层次时馒头白度好。

图 5-1　同一面粉不同工艺加工的馒头白度对比
（小的揉面和醒发不充分）

（1）加水量　当加水量在合适的范围时，馒头的白度值比较高。这是由于面团加水量过低时，面团会出现干硬而制作的馒头气孔难以达到细腻均匀，特别是硬面团醒发过度时，孔洞结构塌陷导致暗斑出现；而加水量过高时，光反射减弱，使产品白度下降。

（2）和面时间　和面时间过长会破坏面团的面筋网络结构，面团内有水渗出，甚至出现馒头不起个或皱缩等现象，从而使白度下降。和面时间不足物料难以混合均匀，或者面筋没有达到扩展状态，不能出现较高的白度，也容易出现萎缩现象。

（3）醒发时间　馒头内部呈均匀细小孔洞白度最好。醒发不够，孔洞太少或太小，甚至没有孔洞，呈死面状态，不会喧白；醒发过度，孔洞大而不均匀，也产生不了良好的白度。

（4）压面（揉面）次数　压面使面团的气泡消失，出现紧密的层次结构，有利于后续醒发产生均匀的小气孔。揉面不足，面团中的空气不能彻底排除，孔洞不细腻；过度轧面，面团出现渗水发黏，内部组织呈不均匀状，也降低了产品白度。当面团轧至最佳状态时，产品内部组织细腻，孔洞均匀，孔洞呈扁平状态，出现层次。

（5）面团 pH 值　有实验证明，面团 pH 值在 6.5 时馒头的白度值最高。当面团 pH 值低于 6.5 时，随着加碱量的增加 pH 值逐渐增大，白度也随着升高；但随着加碱量的继续增大，面团逐渐呈碱性（超过 pH 值 6.5），碱性环境影响面团中酵母的发酵作用，馒头色泽开始变暗，过量的碱甚至与面粉中异黄酮类色素结合使馒头变黄色或褐红色，馒头白度逐渐下降。

（6）加入奶油、乳化剂等　在制作馒头的配料中加入奶油（起酥油、人造奶油、黄油等固体脂肪）、乳化剂等主要是南方广式馒头采用。加入固体脂肪、乳化剂等不但使馒头表皮光亮、结构细腻、口感松软微甜、体积较大，而且使馒头的白度也有所增加。其增白的原理是，乳化剂促进了面团中的油脂与其他成分结合，形成细微的脂肪粒而分散均匀。人造奶油、蛋糕油等也属于乳化后的脂肪，在此起到很重要的作用。膏状的固体油脂增白效果最好，但也可以加入一些色浅的植物油，并且配合使用合适的乳化剂，效果也不错。

(7) 汽蒸工艺　蒸制不能熟透，或者蒸制过度的馒头都达不到最佳白度。蒸制进汽压力过高可能导致馒头表面出现烫斑，从而使馒头白度降低；进汽压力过低，馒头顶不起来，可能会出现死面馒头或萎缩馒头，也影响馒头白度。

## 二、调整馒头白度的措施

根据影响馒头白度的因素，采取相应的措施，调整原料和工艺，从而使馒头的白度达到理想值。

1. 从原料入手

用于生产馒头的面粉，应采用优质小麦，无霉变、虫蚀、杂质，同时尽量避免新麦磨的粉来加工馒头，要等小麦后熟（伏仓）后再磨粉，面粉等级尽量高一些，尽量不要使用添加化学增白剂的面粉来加工馒头，即便使用，添加量也要控制在允许添加的范围内。

2. 工艺条件

根据不同的面粉品质以及产品质量要求，严格控制和面时间、加水量、轧面次数、醒发时间，同时控制好面团的 pH 值和加碱量。一般面团加水量在 35%～42%之间时，馒头的白度值比较高。二次和面时间控制在 8～15 分钟，如果是一次和面工艺，和面时间要在 10～15 分钟。刀切成型或者手工成型时，轧面次数在 20～25 次白度较好。根据发酵剂的活性，控制醒发时间在 40～80 分钟，使馒头坯的体积增加 2～3 倍再汽蒸。面团过酸时，适当加碱调节 pH 值（加碱量控制请参考第四章所述方法）。汽蒸要充分，且蒸汽压力不能过大，蒸制时间不能过长。

# 第四节　外表光滑度

优质的蒸制面食应为表面光滑，无裂口、无裂纹、无气泡、无明显凹陷和凸疤。表面光滑与否对于商品馒头的销售影响很大。

## 一、裂口

### （一）裂口原因

蒸制时馒头裂口如图 5-2 所示。面团硬、过酸或过碱、和面搅拌不充分或搅拌过度、发酵过度戗面不当、成型时扑粉过多表面有裂口、醒发湿度低且时间短，这都是蒸制时馒头裂口的主要原因。面团较硬，加水偏少时，刀切的长馒头的底面最容易沿纵向出现裂口。

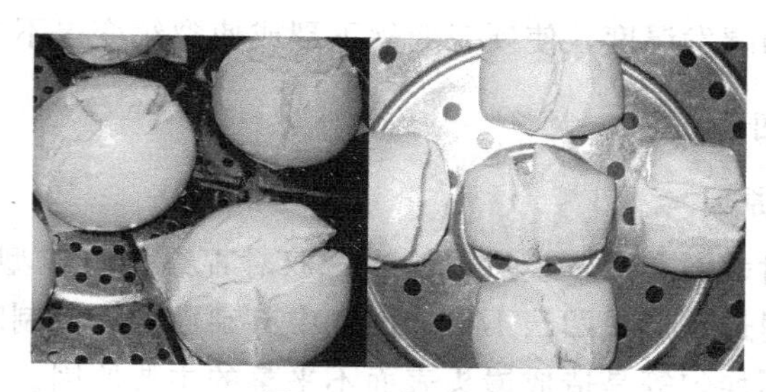

图 5-2　裂口馒头

### （二）解决方法

面团适当多加水，控制碱量，成型时控制扑粉量适宜，表面有裂口时返回。老面不要过度发酵，老面与新面的比例要恰当，和面时搅拌不要过度。增加醒发湿度，待面坯彻底柔软后再蒸。

## 二、裂纹

### （一）原因

裂纹是蒸制之前产生的，和裂口有本质的不同（图 5-3）。成型时形成裂纹；在成型室排放时形成硬壳或者已经形成裂纹；醒发湿度低，醒发时间长，出现裂纹。

### （二）解决方法

成型时调整好馒头机，对好刀口，减少后段扑粉，使坯表面光滑；缩短排放时间，或者坯上架后适当保湿；整形前将坯的旋翻至

图 5-3 蒸制前后裂纹馒头（左为蒸前，右为蒸后）

下面；增加醒发湿度，使硬壳变软不裂或使裂纹变得不明显。

## 三、表面凹凸

### （一）原因

成型时表面有疤，整形不恰当；双对辊馒头机成型时旋朝上、排放时手捏过重形成凹凸不平；面坯中有硬面块，蒸制时局部不起发或起发不均匀等是造成馒头表面不平整的主要原因。

### （二）解决方法

调整馒头机防止坯表面有疤，确保整形机的整形效果，检查有疤的坯返回成型。将旋翻至下面，翻旋和排放时用力要小，且要多个手指同时用力。调制面团保证没有硬面块存在。

## 四、起泡

### （一）原因

蒸制面食表面起泡本质上有两方面的因素。首先是面团有问题，也就是萎缩的前奏，也就是出现了局部皱缩，内部醒发不起而表面胀起，或者整体已经胀起后，芯部出现萎缩表层没有一起缩；其次是面粉质量差，面坯不能很好持气，蒸制时表皮有一定的持气能力，但瓤不能持气而一同胀起，出现表面气泡；再次是有水滴到表面引起水泡。具体原因：面团加碱少，面团过软；揉面机揉轧时，有干面加入；面粉中破损淀粉含量过高，如不过关的石磨面粉；醒发温度过高，湿度过大，且醒发时间过长；醒发时坯表面滴水。刀切方馒头较机制圆馒头更容易出现起泡现象，这可能是馒头受力不同，相对平整的表面更易出现起泡的原因（图 5-4）。馒头的起泡与皱缩或局部塌陷一起发生。

图 5-4 起泡馒头

蒸时气压过高，有冷凝水滴落馒头表面，蒸制后会出现明显大泡。蒸后马上推车导致托盘底部水珠滴下，也出现白泡。

### （二）解决方法

选择合格的高质量面粉，增加用碱量，减少和面加水，增加和面时间，不要醒发过度，湿度不可过大。揉面时尽量少撒扑粉。汽蒸压力不超过 0.04 兆帕。若出现因馒头表面滴水引起的白泡，适当晾干后会自然消失。

## 五、表面粗糙暗斑

### （一）原因

面团过硬而醒发过度会出现暗斑；当用蒸汽通入蒸柜蒸制馒头时，入柜气压超过 0.06 兆帕时，或者蒸汽管道中有较多冷凝水时，高温水滴会散落于馒头坯表面，形成烫死的面斑。

### （二）解决方法

含水量少的硬面团注意醒发不能过度，加工虚软度高的馒头应多加水，并且搅拌恰到好处。蒸汽通入蒸柜前不允许出现 U 形管路，若无法避免则加装分汽包，蒸制前将蒸汽管道的水排出。汽蒸过程中入柜气压不超过 0.04 兆帕。蒸柜下面的冷凝水排出要畅通，防止存水被吹到面食表面。

## 六、皱纹

进入超市的优质馒头，表皮有皱纹是不合格产品。馒头萎缩会产生皱纹；冷却过程降温太快，而且表面失水过多过快也会出现皱纹；当馒头还比较柔软时受到挤压，同样会产生皱纹等。因此，要防止皱纹的出现，首先要防止馒头萎缩，其次冷却过程不能用干燥的冷风直吹馒头，再者馒头入筐堆放前需要让馒头表面达到一定硬度。

# 第五节　萎缩出现的原因及防治

## 一、发酵面食萎缩的定义及分类

萎缩是馒头加工中常见的问题。蒸制面食萎缩为面坯发酵膨胀后，在熟制过程或熟制后出现体积明显缩小，且表皮出现皱褶的现象，与蒸制未发酵的死面面食有本质区别。一般来说，与正常馒头比较，萎缩的馒头表皮粗糙，体积变小，颜色变黑，内部孔洞变小或没有孔洞，口感变硬，风味变差。烤制的面包也会出现萎缩现象，但由于烤出硬壳的作用，使得面包萎缩的概率要比馒头小得多。

根据实际生产中馒头萎缩程度的不同，可以将发酵面食（馒头）萎缩分为以下四类。

1. 严重萎缩

馒头体积是同等重量正常馒头体积的1/3或是更小，比容小于1.0毫升/克，表皮很粗糙，皱皱巴巴，内部结构黑实无孔，硬度大，风味尽失，根本无法食用。这种现象一般出现在蒸制过程后期或揭锅一瞬间发生。图5-5所示为较正常馒头与严重萎缩馒头对比。

严重萎缩多表现为馒头在充分膨胀的情况下，突然出现收缩的现象。这类萎缩的本质是面团的膨松内部结构，在一定因素的诱导

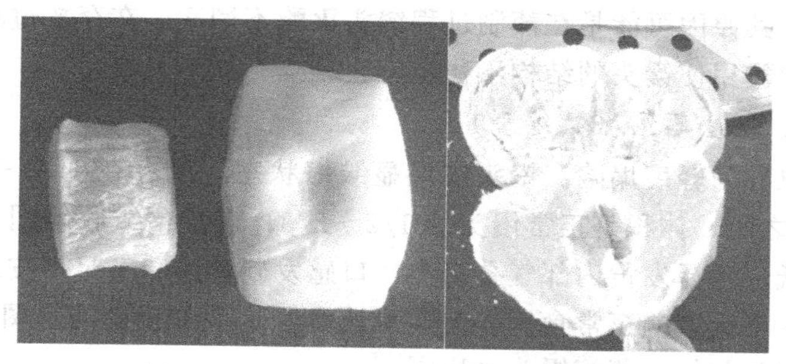

图 5-5　较正常馒头与严重萎缩馒头对比

下迅速塌陷所造成的体积收缩。它与面粉品质、面团搅拌不均匀或搅拌过度、面团发酵产酸过多、醒发膨胀过度、蒸制气压过高或过低等原因有关。

2. 中度萎缩

也称为局部萎缩。馒头的比容在 1.0～1.5 毫升/克之间，体积是正常馒头的 1/3～1/2，表皮褶皱，白度降低，内部气孔变小，硬度变大，弹性和恢复性变小，口感发硬，风味很淡，表皮处黑实，不能正常食用。这种现象一般也出现在蒸制后期与揭锅前期，图 5-6 为正常馒头与中度萎缩馒头对比图。

图 5-6　正常馒头与中度萎缩馒头对比

中度萎缩是严重萎缩馒头的部分体现，萎缩一般多出现在靠近表皮的外层。这是因为馒头在醒发和汽蒸过程，外层膨胀较充分，孔洞较大，更容易出现塌陷。形成中度萎缩的因素与严重萎缩基本相同，但程度较低而已。一些中度萎缩也可能在馒头储存后复热时出现，其原因可能是在蒸制过程馒头灭酶不彻底，在存放过程中由于酶的作用使馒头的结构不稳定。

3. 轻度萎缩（皱缩型）

也称为轻度塌陷。馒头皮层显皱缩状态，比容在1.3～1.7毫升/克之间，体积是正常馒头的1/2～2/3，表皮褶皱收缩明显，白度降低，色泽发黄内部气孔变小，口感发硬，风味不足，皮瓤有些分离，不太影响正常食用，但作为消费者是难以接受的。图5-7是正常馒头与轻度萎缩馒头对比图。

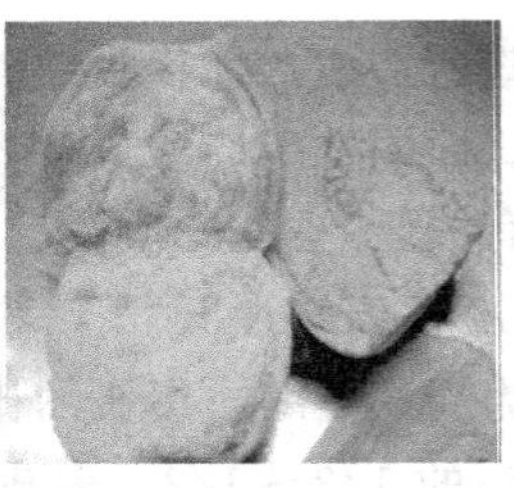

图5-7　正常馒头与轻度萎缩馒头对比

轻度萎缩一般表皮皱褶明显，而内部仍有一定膨松度，多在出锅20秒后出现，是一种内部整体缩小，而表皮与瓤分离不能随瓤一同收缩的现象，这类萎缩可能伴随有馒头起泡现象。形成这类萎缩的主要原因是面团的收缩性过强而延伸性未达到要求，醒发程度不够，内部面团未能形成柔软的膨松结构。和面搅拌不足、馒头坯醒发不足或面团酸碱度不合适等原因都有可能出现这类萎缩。

4. 局部塌陷

也称为局部皱缩。馒头由局部塌陷引起褶皱，比容大于1.7毫升/克，体积为正常馒头的2/3以上，局部表皮萎缩，色泽暗黄，发硬，白度降低，其他部位与正常馒头无明显区别。这种现象出现在揭锅30秒内。图5-8是正常馒头与局部塌陷馒头对比图。

局部皱缩一般在表皮上出现，在刚出锅的馒头表面多伴随有气泡产生。其是较轻微的轻度萎缩，表皮与瓤分离明显，也可以说是萎缩的初级阶段。除轻度萎缩的原因会造成表皮皱缩外，揉面时加

图 5-8 正常馒头与局部塌陷馒头对比

入干扑粉防止粘辊或粘手时，可能使馒头坯表层与瓤结合不够紧密，也会导致起泡皱缩。

馒头的萎缩形式非常多，这里仅是将最典型的状态进行讨论和定义。

## 二、馒头萎缩产生的原因

馒头经常出现萎缩，好像也没有规律，很难从理论上解释清楚其本质原因，百姓将萎缩馒头现象称为“鬼捏馍”。导致馒头萎缩的因素非常多，若要防止馒头萎缩必须从原料质量、原料配比、各工序工艺参数控制、设备配备、馒头储存条件等各方面综合考虑。

### （一）小麦及面粉的质量

1. 蛋白质的质量

小麦子粒中蛋白质的含量和品质不仅决定小麦的营养价值，而且小麦蛋白质还是构成面筋的主要成分，因此它与面筋的蒸制持气性能有着极为密切的关系。蛋白质的质量一般以粉质指标和拉伸指标来衡量。面团形成时间长、稳定时间长、拉伸比大的高筋粉制作馒头，表现为面团不易发酵，成品体积小，表皮不光，操作性差，容易收缩。

面粉中的蛋白质根据溶解性质不同可分为麦胶蛋白（醇溶蛋白)、麦谷蛋白、麦球蛋白、麦清蛋白和酸溶蛋白等五类。醇溶蛋白含量偏高时，馒头扁平、体积大，柔软度高。麦谷蛋白含量高时，馒头的挺立度、弹性较好，但过高时会造成表面不光滑、易皱缩。蛋白质含量较高的强筋粉，制作馒头时表面易出现皱缩、孔隙开裂、烫斑、气泡等现象；蛋白质含量较低的低筋粉，制作的馒头咬劲差。一般蛋白质含量在10%～13%的小麦粉（湿面筋含量24%～32%之间的中筋粉）适宜制作馒头。南方馒头要求湿面筋含量在24%～28%之间；北方馒头则要求湿面筋含量在28%～32%之间。面筋含量太高且质量好，馒头更容易萎缩。

2. 淀粉的质量

小麦淀粉的含量、组成、破损程度及黏度特性等也直接影响到馒头品质。淀粉含量与馒头质量呈负相关，淀粉含量越大，馒头质量越差。面粉中损伤淀粉含量过高，面团要吸收过多的水，这样超出正常水分值的馒头内部组织变软，支撑力下降，就会出现塌架、收缩等质量问题。

3. 酶活力

小麦粉中淀粉酶活力相当高，其他蛋白酶、脂肪酶、脂肪氧化酶等也存在。当小麦破损、虫蛀、发芽、受潮等情况发生时，酶活力会发生显著变化，一般是活力增加。一些酶作用于面粉有利于面团性能的改善，而过分的酶解也可能导致面团持气能力变差，或者馒头容易萎缩。通常氧化酶能够增加筋力和白度，但会使面团筋力过强，也是导致馒头萎缩的一个重要因素。

### （二）工艺

1. 面团搅拌未达到最佳

和面不足原料未充分混匀，面筋未形成牢固的网络或未得到充分扩展，延伸性较差；搅拌过度，面筋受到过度的拉伸和剪切，或者面筋弱化严重而网络破坏都有可能导致产品萎缩。和面机搅拌速度过快或者搅拌轴不光滑，会在搅拌时破坏面筋，搅拌时间过长、摩擦和拉伸使面筋破坏。

2. 加碱不足

面团有酸性时面筋弹性大，柔软性和延伸性差，强酸性时会出现蛋白质等电点而萎缩。二价以上的金属离子也易使面筋老化而失去弹性，加碱既可中和酸性，又可使金属离子变成碳酸盐沉淀而失活。

3. 和面水温过高

50℃以上高温会烫死部分酵母，60℃以上甚至烫死面筋。受到热烫的面延伸性变差，不能持气，容易塌陷。

4. 成型时回料过多

双对辊馒头机的强力螺旋推料和辊间摩擦会大量产热，螺旋绞龙强力剪切使面筋严重破坏，酵母活性降低。当成型坯回料三遍以上时，馒头难以发起，很有可能出现死面馒头或者萎缩。或者用刀切馒头机或包子机成型时压面次数过多，或者回料再轧次数多，使面团失去支撑能力而萎缩。

5. 醒发掌握不好

当醒发时温度超过 50℃时，有可能使坯表面层内酵母失活而难醒发，而且面坯表面一层呈烫面状态，会在蒸制过程阻止蒸汽自面团中的排出，从而导致萎缩；醒发时间过短，酵母未开始启动产气，面团没有超越张力高峰区，收缩力太强，汽蒸时不膨胀而使面团坏死或容易萎缩。醒发过度，破坏面团的持气能力，膨胀超过了面筋的抗拉伸极限，蒸制出的馒头体积小，也容易出现皱缩或塌陷等萎缩现象。

6. 蒸柜内温度不均衡

柜内温度不均衡，局部过热或局部热量不足，一些馒头蒸过头，一些未熟透，蒸出的馒头复蒸时很易萎缩。蒸制容器完全密封，空气无法排出，容器内压力大，新鲜热蒸汽不能进入容器；或者容器的排气口过大，造成蒸汽直出，都有可能造成蒸汽不能很好地在蒸柜内循环，使蒸柜热量不均衡。

## 三、解决方法

1. 把好面粉质量关

选择筋力适中、加工精度高、破损淀粉较少、酶活性较低的新鲜优质面粉。

2. 和好面团

选择强力、慢速、搅拌剪切力小、翻动效果好的和面机。采用二次发酵时，第1次和面，有效搅拌3～5分钟，保证物料混合均匀；第2次和面，有效搅拌6～12分钟，达到面筋的最佳状态，也就是面团开始变软的状态。一次发酵法和面10～15分钟，使面筋充分扩展。

3. 保证加碱量

调节面团pH值不低于6.4。二次发酵法每75千克面粉加碱一般不少于50克。

4. 控制和面水温

为了使面团温度达到发酵温度，应调节和面用水温度。但加水温度不得超过50℃，溶化酵母水应低于40℃，和好的面团温度在30～35℃为好，不应超过35℃。

5. 防止多遍回料

调节好馒头机，防止次品增加。面坯回料应与新鲜面团配合一同加入馒头机或压面机。

6. 控制醒发程度

醒发温度不超过45℃，馒头坯醒发完全启动柔软后才能进蒸柜，并且不可醒发过度，醒发后坯仍有一定的弹性。

7. 保证蒸柜内微压蒸馍

蒸柜密封良好，上下排气应畅通，但排气口不宜过大，以保持蒸汽的扩散和循环，使柜内热量均衡。一般在蒸制过程，自排气口排出的蒸汽应该呈直线喷出，要观察排出蒸汽状况并调节排气口大小。热蒸汽会向上升，为了使蒸柜内不留死角，必须在蒸柜下边留排气孔，并保证下口有蒸汽排出。

## 第六节　冷馒头复蒸品质变化

在我国较大城市中，以馒头为代表的蒸制面食已经进入所有食品超市和便利店。在超市中的蒸制面食是冷却后的产品或者冷冻产品，大多数便利店也销售凉馒头。蒸制面食冷却彻底后会老化变硬，口感变差。消费者多喜欢食用柔软的热馒头，一方面是要追求舒服的口感，另一方面也是担心凉馒头存放过久而不卫生。销售的袋装馒头一般为400～500克/袋，多数消费者不能1天内消费完，而且很多上班族也没有时间天天购买馒头，所以多存放于冰箱内冷藏或冷冻，食用时必须复蒸。因此，蒸制面食复蒸已经成为不可避免的现实。

蒸制面食的复蒸与生产过程的蒸制有很大的不同，很容易出现问题。比如，复蒸后颜色变暗、表面起泡、裂口、口感变僵硬、萎缩、出现红褐色斑等品质劣变。实践证明，一次发酵或快速面团发酵生产的馒头复蒸品质与老面发酵的馒头相比较要差很多。萎缩已经在上一节较详细分析，红褐色斑在下一节专门讨论。

## 一、表皮色泽变差的现象

冷却后色泽变化一般难以避免，但在一些情况下复蒸后变色太明显，会影响产品的销售和消费者心理。造成色泽变化的因素比较多，下面介绍几点笔者认为导致复蒸变色的最主要原因。

### 1. 表皮失水

面食在冷却或存放过程表面失水，形成较硬的厚皮，颜色会明显变暗。这种馒头在复蒸后，颜色很难恢复到原来刚蒸出新鲜馒头的状态。

### 2. 微生物污染

在沾染一些微生物时，也会出现变色，腐败导致液化、长毛、变黄、变绿、变黑等颜色变化，甚至出现复蒸时严重变色，通常微生物腐败引起馒头变色后就已经不能食用了。销售散装热馒头的卫生条件一般较差，复蒸变色的可能性也是很大。

### 3. 沾染色素

在冷却、存放、包装和复蒸等环节与带有颜色的物质接触，馒头会被沾染颜色，特别是遇到碱性物质，复蒸时肯定要变色。在工厂化条件下，生产过程管理一般都比较严格，这种情况的出现比较少见。

## 二、表皮变厚僵硬

蒸制面食表皮失水的干缩在复蒸后是不能恢复的。蒸制面食表皮干缩的原因有吹干风冷却，或者在干燥环境中长时间存放冷却；一些冷产品来不及包装，或者包装密封不严；消费者或者经销商拆包装后存放等情况。馒头的干缩往往导致颜色变暗，但不太容易出现腐败。

## 三、复蒸起泡

一些蒸制面食复蒸时出现表皮起水泡，优质的产品复蒸时起泡较少。图 5-9 为复蒸品质对比，光滑的馒头来自河南的一家老面酵子馒头厂，未见起泡；带花纹的是另一厂家生产的一次发酵馒头，起泡严重。产生的原因还有待于深入研究，但多数生产者总结原因有以下两点。

图 5-9 不同产品的复蒸效果比较

### 1. 产品表皮状态不好

没有经过面团发酵的馒头表皮不够细腻致密，是比较粗糙松散的结构，在复蒸时很容易吸收大量的水分而造成起泡现象。一些产品冷却不彻底，包装袋内会出现冷凝水，使产品表面露水，严重时已经出现水泡，不严重时虽在袋内没有出现水泡，但复蒸时就会出现水泡。

2. 复蒸时蒸汽过饱和或蒸制时间过长

复蒸时蒸汽中水分过多，或者蒸柜内存水，复蒸时有水滴落在产品表面一定会出现水泡。与馒头蒸制不同，复蒸时间过长，会使馒头表面起泡或者底部出现水泡现象；复蒸后在锅内或柜内不及时拿出也会导致起泡，特别是底部的四周更容易出现，这可能是降温过程冷凝水在蒸盘（蒸笲）上聚集浸泡馒头的结果。

## 四、复蒸后裂口

在密闭包装的条件下，经过了较长时间（一般是超过 15 天）的冷藏存放，蒸制面食虽然没有腐败，但复蒸时很多会出现裂口现象（图 5-10）。生产者存放后复蒸出现这样的产品就无法销售了，从而造成经济损失；对于消费者来讲，复蒸出现这种情况会对产品失去信心，而影响购买该品牌产品的欲望。

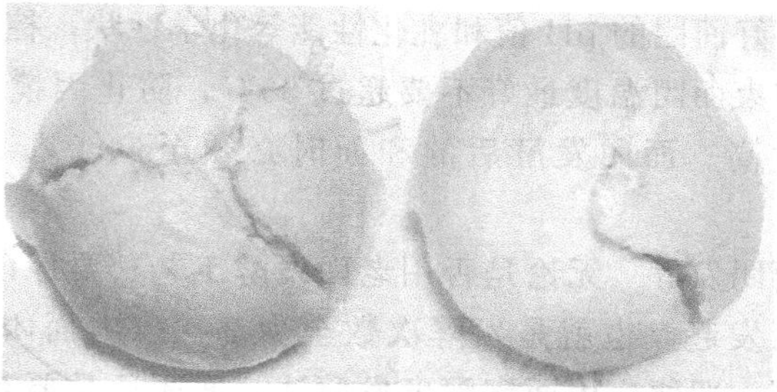

图 5-10　馒头复蒸后裂口

复蒸时是否裂口能很好反映出馒头的内在品质。面粉品质差、搅拌不够或过度、揉面不充分、面团没有经过发酵、醒发速度过快（添加泡打粉发酵）等情况下，产品存放后复蒸很容易出现裂口。这种状况的化学和物理因素还缺乏研究，没有可靠理论解释。

## 五、防止复蒸后品质变差的措施

为了生产出复蒸品质好的产品，应该把好原料、和面、揉面、发酵、冷却、包装等各个工艺环节，也就是整体上提高产品的质量。

1. 选好原料

面粉质量是决定馒头品质的最关键因素之一，对复蒸品质也是一样。如前所述，面粉的各项指标要达到较好的状态，最好经过10天左右的熟化（熟化过程的存放温度不要超过30℃）。

适当使用传统发酵剂，即便用即发高活性干酵母作为发酵剂，也最好配合使用一些老面头或酵子，在面团发酵过程中充分发挥作用。

2. 调好面团

前面已经介绍过有关“盘面”的内容。面团的性状与盘面关系十分密切，在同样配料的情况下，面团调制到最佳状态不仅让新鲜馒头品质更好，而且也保证了复蒸品质。

(1) 和面　要保证复蒸品质，应该采用二次发酵或三次发酵法，面团进行二次和面。第1次搅拌（和面）保证各种原辅料混合均匀，第2次搅拌（和面）让面团达到充分延伸，但不要出现严重水化。调节好面团的pH值和乳化性能等化学性状，控制好面团温度，搅拌结束面团温度最好不要超过35℃，防止因搅拌产热而使面团温度过高。面团发酵后的和面时必须至少戗入20%以上的面粉。

(2) 面团发酵　无论是否用老面发酵工艺，要保证复蒸品质，必须将面团发起，也就是发酵次数至少2次（大面团必须发酵1次）或更多。即便应用面糊深度发酵法，面团还是要有1次发酵。面团的发酵需要达到充分发起程度，内部呈丝瓜瓤状，体积膨胀3倍以上，最好达到4～6倍。这样面团的性状得到较好的调整，发生了一系列生物化学反应，特别是酶促反应，很多淀粉被分解为糊精，加上碳水化合物、蛋白质、脂肪等之间的分解和相互作用，形成了复杂的生物化学体系，它们能够在蒸制过程经过加热形成良好的表皮和内部结构，从而改善馒头的品质，特别是复蒸品质。

(3) 揉面　在制作刀切馒头、花卷和包子时，面团必须经过适当地揉轧，注意压面次数，达到面团表面光滑后就可以，不要过度揉轧。压面过度会使面团组织变软，内部反而呈粗糙状态，不利于产品的细腻组织结构。使用双对辊馒头机的馒头可以不揉轧面团，但对和面的要求更高。

3. 冷却与包装

(1) 冷却　馒头的冷却过程失水不要过度，环境卫生也非常重要。在洁净的环境中，相对湿度在80%以上、温度不要超过25℃的条件下冷却。冷却时间不要超过2小时就及时进行包装。如果没有包装的馒头放置时间超过2小时，或者冷却环境湿度较低时，建议将冷却馒头的架子用棉布罩着，防止水分过度散失。

(2) 包装　冷馒头必须密闭包装。在包装过程不能沾染有害物质，材料有一定强度，密封性能好。包装后的产品应该进行检查，确保密封严密。

4. 复蒸技术掌握

无论是消费者复蒸或者生产厂家复蒸，复蒸方法是影响面食复蒸品质的非常重要因素。对于消费者来讲，生产企业应该给出复蒸的方法的建议。对于企业需要产品复热，更应该重视复蒸的工艺条件。

(1) 复蒸蒸汽压力　复热蒸制面食最好使用“小火蒸制”，也就是汽压不宜过大。一般柜内蒸汽最好在0.02兆帕以下，这样能够避免面食表面过多吸收水分而出现起泡现象。

(2) 复蒸时间　冷面食的复蒸过程有四个阶段。第一阶段是表面露水，此时面食表面因为温度低，遇到大量水蒸气而出现露水，非常黏手，师傅们讲是“出汗”了，此阶段热量没有渗入面体；第二阶段是吸水阶段，由于热传导，面食表面升温（烫手），内部开始吸收热量和水分；第三阶段为蒸透阶段，面食已经充分吸收热量，表面不再有露水，而且大量水分蒸发，手摸不粘手，此时面食芯部也开始柔软（软透），即可以停止加热（断汽）；若继续蒸制就进入了第四个阶段，水泡阶段，此时面食表面和底部开始有露水并有水泡出现，此时老师傅们会说是“脓了”“脓叽叽”“烂哄哄”了，而鲜馒头蒸制过程不会出现此问题。复蒸时间不足面食芯部仍是硬的，对于馒头或包子，蒸制到芯部柔软即要“停火”，也就是断汽。一般100克的馒头或包子复蒸10分钟左右即可达到完全柔软，需要立刻关汽。

(3) 出锅　复蒸后面食应该马上出锅，否则非常容易出现“沏底”现象，也就是底部水泡泛白。在蒸笼内复蒸，最好在熄火后10分钟内就从蒸屉中取出面食。

## 第七节　复蒸馒头色斑的出现及防治

小麦粉馒头应为纯亮白色。然而近年来，一些生产企业和消费者反映，馒头表皮出现各种色斑或斑点，有褐色、有红色。一般出现的情形为馒头蒸出后为正常馒头，表皮未出现任何异色，储存一定时间后，甚至是5℃左右冷藏一段时间后也正常，复蒸后馒头表皮出现色斑或斑点（图5-11），色斑或斑点并未覆盖整个馒头表皮，且未暴露于空气表皮均未出现色斑或斑点，变色部位为非均匀性，形状无规律。这种复蒸变色与一般的腐败变色有显著的不同。

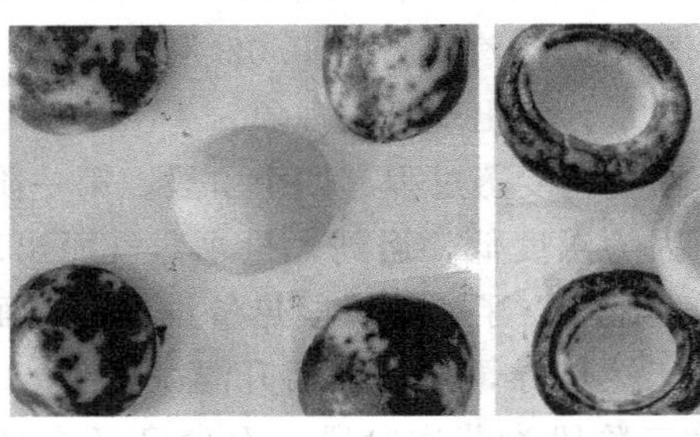
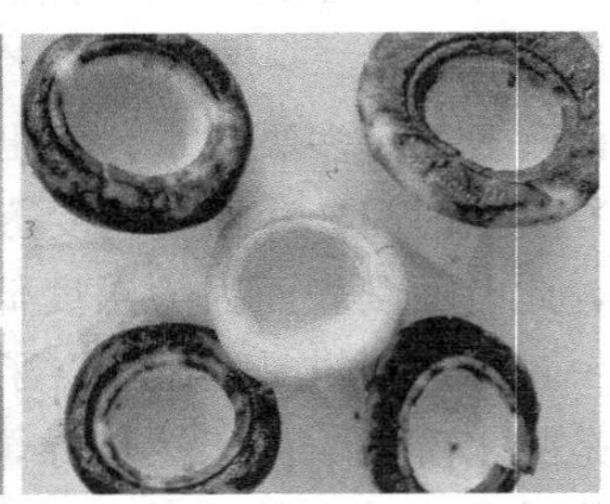

图5-11　出现色斑的馒头

（左图为馒头正面，右图为反面，中间的一个为没有复热的同批馒头）

这种现象实际上也是一个复蒸问题，但比较典型且复杂，列出单独讨论。

### 一、色斑出现的原因

食品化学变化中，食品加工过程产生颜色变化的原因大致有酶促褐变、美拉德反应（非酶褐变）、焦糖化反应等。焦糖化反应出现颜色需要温度超过120℃以上，而蒸制及复蒸馒头时所达到的温度均在110℃以下，故焦糖化的作用使馒头变色不成立。变色部位为非均匀性，形状无规律，且未暴露于空气表皮均未出现色斑或斑点，由此可推测不可能为添加剂过量所致。出现色斑是馒头储存了一定时间，通常包装的或盖棉被的馒头更容易产生色斑，说明产生色斑需要一定的水分，这与微生物发酵条件相吻合。经试验研究发现，色斑或斑点处有大量球状细菌存在，因此其产生原因可以确定为馒头表面被微生物所感染繁殖，细菌分泌的酶促进了在高温下的一些化学反应，从而导致出现色斑。

然而，微生物是从何处污染而来？如果是馒头加工过程污染所致，馒头的内外都应该产生色斑，而且蒸制过程的高温也能够使微生物死亡。所以，污染应该是在冷却过程、包装过程或储存过程中。出现色斑的馒头一般是在卫生条件比较差的环境里冷却或储存的馒头，而且空气湿度较大，甚至有冷凝水滴下。一般加工厂反映，冬天出现的概率大于夏天，这是冬天温度较低，馒头冷却间的相对湿度大于夏天（冬季汽雾较多）的原因。

目前，对复热时产生色斑的化学反应以及涉及的化学成分仍有待于深入研究，还无法确定与面粉中的何种物质或添加剂有关。

## 二、防治方法

### 1. 保持冷却包装环境卫生

将冷却间和包装间经常性消毒，特别是空气的消毒。建议每班结束，用点燃的硫磺熏蒸冷却间和包装间。如果发现顶棚上出现长毛或黑斑现象，要进行擦洗或更换。房间墙壁要定期打扫或用漂白粉水冲刷，防止菌落滋生。

### 2. 降低冷却间和包装间的湿度

冷却间安装换气扇，及时将室内蒸汽排出，而且尽量减少车间内产生的蒸汽，蒸柜（或蒸锅）的剩余蒸汽尽量导向室外。适当提高房内温度，顶棚用保温材料，或顶棚上面保持温度，防止蒸汽在顶棚上冷凝，从而避免滴到馒头表面。

3. 避免出锅后直吹馒头

馒头蒸熟后用风扇强制对流冷却，易将不洁净水滴吹散并分散于馒头表面，增大了馒头在放置过程中被污染的概率。

4. 包装操作和包装材料卫生

包装的用具应经常消毒，包装人员保持个人卫生，进入车间必须换上洁净的工作服，操作前戴上消过毒的橡胶或塑料手套。包装袋清洁，没有受到细菌污染。不能用棉被或棉布接触馒头。

5. 冷冻保藏馒头

能够出现色斑的馒头经过一定时间（20 天以上）－20℃以下温度的冷冻，复热时就不会出现色斑了，说明产生色斑的微生物在低温下可被杀死。无冷冻条件下，尽量不要长期储存馒头。

## 第八节　蒸制面食的腐败与预防

由于蒸制发酵面食经过发酵过程，营养物质丰富，尤其是小作坊仍采用的传统发酵工艺，生产环境较差，馒头所携带菌群复杂，因而，馒头极易产生腐败现象，保存期的延长是不太容易做到的。由于蒸制面食馅料非常复杂，其腐败变质也常见，本节仅针对面体的腐败变质进行讨论。

### 一、蒸制面食易腐败变质的原因

1. 蒸制面食是微生物生长的良好培养基

蒸制面食含水量在35％～42％之间，蒸制过程表面水分增高，在塑料袋包装条件下，表皮的水分大于内部水分。面体中含有微生物生长的各种营养物质（碳水化合物、蛋白质、脂肪、矿物质、维生素等丰富），是细菌、酵母菌、霉菌、放线菌等微生物生长的良好环境。

2. 熟制过程不能彻底杀菌

蒸制面食的生产条件通常比较粗放，腐败微生物污染难以避免，即便是最现代化的工厂中，也无法实现全生产线的密闭无菌环境。蒸汽加热温度一般在100～108℃，面坯中心温度一般不超过100℃，各种菌类基本死亡，但细菌芽孢未能彻底杀灭，甚至少数菌体仍有存活。因此，制品自身内部微生物在存放过程中繁殖生长完全有可能。检测发现，刚出锅的馒头菌落总数仍有数十个到数百个每克不等。

3. 制品存放时微生物污染

在冷却、包装和储存运输等过程中，蒸制面食很容易沾染各种微生物。在冷却和包装过程不允许使用化学的方法杀菌，环境的无菌几乎无法实现。特别是散装接触的储存容器、保温材料和环境不洁净，就会污染更多的微生物。

4. 保温条件有利于发酵

许多地方消费者愿意购买热的鲜馒头，要求存放和销售环节保温。温度过高可能导致在塑料袋中的馒头结露水，表面泛白，因此要么将制品散装于保温容器中，盖棉被保温；要么适当降温后包装入塑料袋中。当温度保持在30～45℃时，微生物生长繁殖非常快，在较短的时间内馒头就会腐败。在夏季，外界温度达到30℃以上，袋装馒头在6小时以内就有可能发馊。

5. 销售过程温度较高

如果在大型超市，销售环境相对恒定，不会有很高的温度。蒸制面食生产的销售量一般相当大，只在大型超市销售不能保证销售量，需要推向低档次的销售途径。在便利店，甚至在菜市场的摊位，销售的环境温度变化幅度很大，夏季可能达到35℃以上，这样高温下，包装馒头非常容易腐败。

## 二、馒头腐败的特征

1. 微生物指标

馒头腐败后的菌落总数超过$10^6$个/克。馊味明显的是产酸菌为主，变色或长毛的是以霉菌为主。腐败后大多数馒头的大肠菌群可能超过50个/100克。

2. 风味变化

微生物发酵过程会产生许多呈味物质，如酸、醛、酮、氨、硫化氢等。腐败的馒头首先出现馊味，随着腐败的继续，可能出现腥味、涩味、苦味和臭味等怪异风味。乳酸菌在较高温度下发酵迅速，而对制品外观影响不大，故高温（35～45℃）储存馒头，在外观仍未发生变化时就有可能变馊。较低温度（18～25℃）储存馒头，霉菌发酵占主导地位，在出现霉斑或丝线的同时产生腥味和霉味。一般腐败是多种菌共同发酵的结果，出现的风味往往比较复杂，使馒头难闻难食。值得提醒的是，馒头在低温下（0～5℃）仍会腐败，出现长毛现象，也就是霉变。冰箱冷藏霉变是在10～15天后发生，霉变后也带有轻微的异味。

3. 外观变化

一些微生物生长繁殖会产生菌斑、绒毛、丝线、黏液等而影响食品外观。同时，发酵引起的组织性和湿度变化也使制品的外观有所变化。霉菌产生白色、褐色、红色或黑色霉斑，产生绒毛和丝线，还会液化固体，严重地影响外观。细菌发酵会产生绿色、黄色、灰色和白色菌斑，也可以液化食品。酵母菌、放线菌等也可能影响产品外观。

4. 组织性变化

在塑料袋中密封包装的产品，大多腐败伴随固体的液化，导致制品变软发黏。而在干燥的环境中未包装的产品，微生物生长繁殖的同时，可能使其变得更加僵硬。

## 三、延长保质期的措施

腐败后蒸制面食的风味、外观、组织性等都发生严重的变化，而且可能产生有害于身体健康的毒性成分，因此而失去食用价值。即便没有产生很多有害成分，消费者也会拒绝食用外观变化的腐败食品。所有腐败变质的蒸制面食不仅消费者难以接受，也是媒体炒作的一个热点话题，事关企业的形象和市场发展前景。

蒸制面食的防腐可从以下几个方面入手。

1. 讲究生产环境卫生

生产过程减少微生物污染，与原料、半成品、成品接触的用品、设备、人员、空气等应保持洁净。特别是和面和发酵等与面团接触时间较长的装置更应该注意卫生。养成上岗前洗手消毒的习惯，工作服保持洁净。每班结束认真清洗生产设施，对于墙壁、房顶、水池等固定环境要定期清洗，如果出现霉变情况需要用漂白粉水或者 84 消毒液洗刷。

2. 减少冷却包装和产品储存时的污染

蒸制后的冷却过程相当容易污染微生物，并且冷却间的湿度较大，是非常适宜微生物生长的环境。因此，保持冷却间的清洁卫生尤为重要。建议在生产的间歇对冷却间进行消毒处理，比如点燃硫磺、喷洒甲酸、高锰酸钾加甲醛产气等方法杀灭空气中的微生物。熏蒸或喷雾方法可以有效地杀灭空气中的微生物，但是残留可能对产品的风味有所影响，大多也是馒头不允许沾染的，故需要在生产间歇时进行，且杀菌之后开启排风扇通风除去残留杀菌剂。冷却设施进行严格消毒，墙壁、房顶和晾架经常清洗消毒。如果使用棉布罩保持湿度，要经常清洗和消毒，建议 3 天内清洗 1 次，最长不能超过 1 周。

目前蒸制面食的包装一般采用人工操作和包装机自动包装，人为和用具污染的概率较大，故需要特别注意防止污染。散装馒头的垫布和被罩应经常清洗，被套最好每日晾晒，连续使用冬季不超过 1 周，夏季不超过 2 天。袋装馒头的塑料袋应为无毒无异味的塑料制品，并保持洁净，不能再回收使用。包装机要保持清洁，每班要进行认真擦洗，接触馒头的传送带应该是不锈钢材料，可以定期用双氧水擦洗消毒。

3. 掌握储存条件

（1）冷却袋装　装前必须保证馒头冷透，与室温相差不超过 10℃。如果馒头未凉透，会使袋内出现露水，馒头表面泛白、粘袋，还会使保质期明显缩短。在冬季为了防止在销售阶段因袋内外温差过大而出现露水，包装后的馒头应在保温条件下销售。袋装冷馒头在30℃以上气温下储存不应超过12小时，20℃以上温度不超过24小时；包装且保温馒头存放应不超过6小时，否则可能产生异味。

（2）散装馒头　馒头趁热放入包装箱或筐箩内，盖上能够透气、保温并吸湿的棉被。保温存放馒头不可超过12小时，最好不超过8小时。

（3）车间存放　馒头在车间存放应以不干、不裂、不破、不变形、不变色为好。大多数存放期在16小时以内。最理想的存放方法是在蒸车的托盘上推入储藏室，保持室内湿度大于80%，密闭房间就能达到。若温度低于20℃，馒头蒸后未经人员接触，再挂紫外灯灭菌，在储藏室内放置24小时以内，馒头重蒸后与新蒸馒头几乎相同。堆放时应先冷却再堆积，防止相互粘破。堆不可过高，防止馒头压扁，上盖布或棉被防止干裂、变色。堆放馒头夏季不超过6小时，冬季不超过24小时，防止变味变色。65℃以上的温度下，湿度超过85%的环境中存放馒头不会腐败，而且也不会干缩，但实现有一定的困难。

4. 添加防腐剂

防腐剂的加入会造成许多问题而难以使用。

① 效力比较强的常用防腐剂，如苯甲酸钠、山梨酸钾等，不仅可能使酵母菌活性受到影响而醒发困难，并且在馒头的中性条件下，防腐效果也不好，也是发酵面食不允许使用的。

② 有选择性的防腐剂，如丙酸钙对酵母菌影响小，但加入量小防腐效果不明显，过多则产生异味，一般只能加入面粉的0.1%以下，很难明显地起到防腐效果。因此，馒头的防腐必须是复合添加剂才能够效果显著。允许添加的为双乙酸钠，可与丙酸钙、葡萄糖酸-δ内酯等配合使用，使馒头保质期延长至48小时。实际上食盐、食用碱面、香辛调味料等都是有效的防腐原料，恰当地使用可以起到一定的防腐效果。

5. 馒头的表面处理

蒸制后刚出锅的馒头可以进行适当的表面处理杀灭微生物来延

长保质期。比较可靠的方法是用紫外线杀菌，也有人研究了喷雾双氧水于馒头表面杀菌，使馒头保质延长48小时。这些处理方法都存在一定食品安全风险，且实现较为困难。

6. 冷冻保藏

馒头在冷冻（－18℃以下温度）条件下可以有很长的保质期，一般可以冻藏3个月，甚至可以冻藏半年以上不出现品质变化。当然馒头品质要符合冷冻保藏要求，也就是复蒸品质要好。在冷冻保藏过程不允许有较大的温度波动，更不允许产品解冻，防止重结晶导致品质下降。

欲提高防腐的效果，应综合考虑各种因素。能够在相对无菌环境中生产，不沾染微生物，适当地添加防腐原料，储存条件合适，蒸制面食还是可以存放48小时以上，甚至更长时间不变质的。

随着蒸制面食产业化的进一步推进，新的技术会层出不穷，新问题也不断摆在面前，面食开发及研究任重而道远。

第六章

# 蒸制面食的质量鉴定与分析

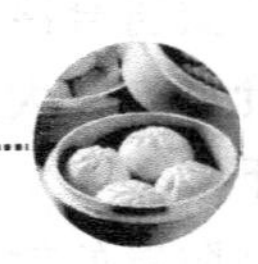

## 第一节　馒头质量标准

国家标准《小麦粉馒头》（GB/T 21118—2007）已经于2007年10月16日发布，并于2008年1月1日开始实施。该标准对商品化的小麦粉馒头产品质量指标和卫生指标进行了规定，也对其生产的原料和技术等提出了要求，以规范企业生产，保障食品安全。这一标准是发酵蒸制面食可以依托的唯一权威性产品质量标准。

参照国家标准（GB/T 21118—2007），馒头质量的要求如下。

### 一、感官质量要求

（1）外观　形态完整，色泽正常，表面无皱缩、塌陷，无黄斑、灰斑、黑斑、白毛和黏斑等缺陷，无异物。

（2）内部　质构特征均一，有弹性，呈海绵状，无粗糙大孔洞、局部硬块、干面粉痕迹及黄色碱斑等明显缺陷，无异物。

（3）口感　无生感，不粘牙，不牙碜。

（4）滋味和气味　具有小麦粉经发酵、蒸制后特有的滋味和气味，无异味。

这些指标的评价标准都是原则性的，没有具体的数据和合格参照标准物。评判时需要依赖评价人员的经验和心态，主观性比较强。企业可以根据自己产品的特点，制定出更加具体严格的感官评价标准，尽可能量化各项指标。

## 二、理化指标

馒头产品理化指标要求见表 6-1（来自 GB/T 21118—2007）。

**表 6-1　馒头产品理化指标**

| 项　　目 | | 指　　标 |
|---|---|---|
| 比容/(毫升/克) | ≥ | 1.7 |
| 水分/% | ≤ | 45.0 |
| pH 值 | | 5.6～7.2 |

国标中规定的只是最基本的指标，三项指标的数值是必须达到的水平范围。对于规范的面食加工企业来讲是远远不够的。对于有保健功能特点的产品就更应该有更多的指标规定。

## 三、卫生指标

作为主食产品，食品的安全非常重要，因此馒头的卫生指标是该标准的核心内容。馒头产品卫生指标要求见表 6-2。

**表 6-2　馒头产品卫生指标**

| 项　　目 | | 指　　标 | |
|---|---|---|---|
| | | 直接食用馒头[①] | 复热食用馒头[①] |
| 菌落总数[①]/(个/克) | ≤ | 2000 | 50000 |
| 大肠菌群/(个/100 克) | ≤ | 30 | 30 |
| 霉菌计数/个/克 | ≤ | 200 | 200 |
| 致病菌(沙门菌、志贺菌、金黄色葡萄球菌等) | | 不得检出 | |
| 总砷(以 As 计)/(毫克/千克) | ≤ | 0.5 | |
| 铅(以 Pb 计)/(毫克/千克) | ≤ | 0.5 | |
| 锡[①](以 Sn 计)/(毫克/千克) | ≤ | 200 | |
| 亚硫酸盐[①](以 $SO_2$ 计)/(毫克/千克) | ≤ | 30 | |

续表

| 项　　目 | | 指　　标 | |
|---|---|---|---|
| | | 直接食用馒头① | 复热食用馒头① |
| 黄曲霉毒素① $B_1$/(微克/千克) | ≤ | 5 | |
| 铝①(以质量计)/(毫克/千克) | ≤ | 100 | |

注：标注①的项目在 GB/T 21118-2007《小麦粉馒头》中被列出。标准中没有规定直接食用馒头和复热食用馒头的微生物指标区别，且对菌落总数、锡、亚硫酸盐、黄曲霉毒素及铝含量也均未作明确规定，为了向有关单位和部门提供参考，笔者参照其他类似食品的标准，给出了推荐值。

作为立足长远发展并为消费者利益考虑，其他卫生指标应参照较相近食品的安全标准，生产企业应该制定更为严格的标准。

为了保证产品质量安全，原料如食品添加剂（GB 2760）、营养强化剂（GB 14880）、小麦粉（GB 1355）和水（GB 5749）等应符合国家质量和卫生标准的规定。

## 四、生产加工过程的技术要求

① 生产过程的卫生规范应符合 GB 14881 食品企业通用卫生规范的规定。

② 食品添加剂和营养强化剂应符合 GB 2760 和 GB 14880 的规定。生产过程中不得添加过氧化苯甲酰、过氧化钙。不得使用添加吊白块、二氧化钛、硫磺熏蒸等非法方式增白。

## 五、馒头产品质量判定规则

① 不超过两项指标不符合规定时，可在同批产品中双倍抽样复检，复检结果全部符合标准规定时，判定该批产品为合格；复检结果中如仍有一项指标不合格时，判定该批产品为不合格。

② 卫生指标有一项不符合本标准规定时，判定该批产品为不合格，不得供人食用。

③ 在“感官质量要求”检验中，如发现有异味、污染、霉变、外来物质时，判该批产品为不合格，不得供人食用。

《小麦粉馒头》国家标准还规定了检验规则、检验方法、标签以及包装、运输和储存等要求。

## 第二节　蒸制面食成分特点及分析

### 一、蒸制面食成分特点

以馒头为代表的蒸制面食，作为一类较为特殊的食品，由于其熟制方式的原因，其成分特点也与其他面食有所不同，其中最主要的特点如下。

#### （一）水分含量相对较高

蒸制面食面体水分含量相对较高，一般超过35%，很少能高于45%。面团调制时，加水量一般占面粉总量的35%～45%，调制出的面团一般含水量在36%～43%之间，制作过程可能会有少量水分挥发，最终入蒸柜时的馒头坯含水量一般也不低于35%。蒸制面食一般是在低压蒸汽的环境下进行熟制，蒸制容器内的相对湿度超过了100%，馒头在汽蒸的过程中水分不但不会丧失，反而有所增加。成品出锅后，在冷却过程中，馒头的温度明显高于环境温度，大量水分蒸发，使产品的水分快速降低。通常情况下，冷却10分钟后，馒头的重量与蒸制前基本相同。由于产品冷却后要进行一定的包装，所以包装之后水分丧失较慢。馒头具有水分含量高这种特征，一方面能为细菌、霉菌等提供良好的生存环境，易腐败变质；另一方面水分易在蛋白质和淀粉之间发生迁移，淀粉容易老化变硬。所以，馒头一般是当天生产，当天消费，否则，需要冷藏，食用前一般需要复蒸才能比较适口。

#### （二）营养成分比较丰富

馒头含蛋白质、脂肪、膳食纤维、B族维生素和钙、磷、锌、铁、铜、碘、锰等必需营养成分。

馒头的熟制温度一般稳定在100℃左右，不超过108℃，这样原料内的很多营养成分就不会像烤制食品那样遭受严重破坏。比如说，在馒头中赖氨酸的含量比相同原料的面包高出50%，并且100℃相对较低的温度不至于使产品产生丙烯酰胺（神经毒素致癌物）等有害物质，损害健康。再就是蒸制面食种类繁多，可以加入小麦胚芽、鲜仙人掌汁或砂仁汁等做成营养保健馒头，特别是包子类食品，馅料多种多样，这就使得其营养分配更加均衡，更有利于人的身体健康。

1. 碳水化合物

蒸制面食是以谷物面粉经过发酵蒸制的食品。由于一般谷物面粉含淀粉在70%以上，因此，蒸制面食的面体中，以淀粉为主的碳水化合物在固形物中占绝对的优势。在制品未添加大量其他原料的情况下，一般小麦粉馒头中含碳水化合物50%～60%（占固形物的75%～85%）。淀粉和糊精在碳水化合物中占90%左右，其余主要为低分子糖和纤维素等。在我国以馒头为主食的北方，馒头产品是主要的人体热量来源之一。

2. 蛋白质

根据面粉品质的不同，馒头中含蛋白质在5%～10%之间。其中水溶性蛋白质占3%～4%，其他主要为变性面筋蛋白和少量球蛋白。

蛋白质中的主要氨基酸为谷氨酸（占蛋白质的35%左右），其次为脯氨酸（12%左右），还含有亮氨酸、胱氨酸、缬氨酸、丝氨酸、苯丙氨酸、精氨酸、异亮氨酸、丙氨酸、天冬氨酸、苏氨酸、甘氨酸、组氨酸和蛋氨酸等，赖氨酸含量相当低，为限制性氨基酸。由于熟制加热温度较低，发生的羰氨缩合少，氨基酸的有效性比较高。

发酵与蒸制过程中，面粉中的蛋白质会水解一部分，水溶性蛋白质有所提高，不仅对产品的风味有一定的贡献，也使得蛋白质更易消化吸收。

3. 脂肪

小麦面粉中含有1.5%～3%的脂质，另外，由于配方中可能添加油脂，再加上防粘可能刷油，都使馒头的含油量增加。一般情况下，馒头的含油量在5%以下，因此，馒头中一般缺少脂肪。而特殊品种，如奶油馒头、油酥馒头、油卷、包子等，脂肪含量有可能超过5%。馒头中所含的脂类中不饱和脂肪酸，特别是亚油酸含量较高，对预防动脉硬化有效。

4. *矿物质*

面体中的矿物质主要来源于面粉、水和添加剂。粗加工面粉不仅纤维含量高，而且糊粉层保留较多而使制品中矿物质增加。一般馒头中矿物质含量在0.5%～1.5%之间，是补充人体需要的矿物质（如钙、磷、镁、铁等）的一个重要途径。

5. *维生素*

面粉中维生素含量非常少，在小麦中大多维生素主要集中在糊粉层和胚芽部分，类胡萝卜素（维生素A原）主要存在于麸皮中。因此，出粉率高、精度低的面粉维生素含量高于出粉率低、精度高的面粉。次等粉、麸皮和胚芽的维生素含量相当高。

蒸制面食是发酵食品，B族维生素含量丰富。酵母是馒头维生素的一个重要来源。

另外，花色蒸制面食中可能添加蔬菜、果品、肉品等会增加维生素含量。

在蒸制过程中，一些不耐高温的维生素可能被破坏而失去生理价值，因此，馒头相对来讲，维生素是比较缺乏的。

### （三）自身有害成分少

从加工技术上来讲，面粉经过发酵和蒸制一般不产生有害物质。面包等烘烤面食在烤制的过程中180℃以上的高温会使面团发生美拉德反应、焦糖化反应及其他复杂的化学反应，赋予了其特有的色泽和风味，但同时也产生了许多对人体有害的有机物，这些物质的剂量虽然不致对人体构成危害，但长期食用，会对人的消化功能产生负面影响。而馒头一般则不发生上述化学反应，因而有害成分产生的概率要小得多，是一种更安全的食品。

但是，由于馒头生产者往往追求外观的白度，一些不法商贩可能添加增白剂使馒头中残留过氧化物或其他有害物质；馒头易腐败使生产销售受到很大的限制，因此，许多生产厂家不得不采取防腐措施，可能加入防腐添加剂。在我国《食品安全国家标准——食品添加剂使用标准》中规定，蒸制发酵面食不允许添加可能有潜在危害的任何食品添加剂，包括氧化型或还原型增白剂和其他一些防腐剂。

蒸制面食在加工、储存、运输和销售过程很容易受到重金属、黄曲霉毒素以及有害塑料等的污染，所有有害成分在馒头中的含量必须严格遵守国家有关规定的要求。

## 二、蒸制面食的成分分析

淀粉含量：按照 GB/T 5009.9 的规定测定。

蛋白质含量：按照 GB/T 5009.5 的规定测定。

脂肪含量：按照 GB/T 5009.6 的规定测定。

矿物质（灰分）：按照 GB/T 5009.4 的规定测定。

维生素测定：

维生素 A 和维生素 E——按照 GB/T 5009.82 的规定测定。

胡萝卜素——按照 GB/T 5009.83 的规定测定。

硫胺素（维生素 $B_1$）——按照 GB/T 5009.84 的规定测定。

核黄素——按照 GB/T 5009.85 的规定测定。

# 第三节　蒸制面食的质量评定

## 一、馒头理化指标的测定

以下理化指标的测定除质构指标外均参照《小麦粉馒头》国标中的方法进行测定。

### （一）馒头比容测定（参照 GB/T 21118—2007 附录 A）

1. 仪器

天平（感量 0.01 克）；面包体积测量仪。

2. 测定步骤

(1) 称量　蒸制好的馒头冷却1小时后，取1个馒头称量，精确到0.1克。

(2) 体积测量　用面包体积测量仪（菜籽置换法）测量馒头体积，精确到5毫升。

3. 结果计算

馒头比容按下式进行计算。

$$\lambda=\frac{V}{m}$$

式中　$\lambda$——馒头比容，毫升/克；

$V$——馒头体积，毫升；

$m$——馒头质量，克。

计算结果保留小数点后1位。

4. 精密度

在重复性条件下获得的2次独立测定结果的绝对差值不应超过0.1毫升/克。

**（二）小麦粉馒头pH值的测定（参照GB/T 21118—2007附录B）**

1. 仪器

pH计；天平（感量0.01克）；高速组织捣碎机。

2. 测定步骤

(1) 试样制备　将待测馒头样品切碎，置于高速组织捣碎机的捣碎杯中，粉碎3分钟，置于磨口瓶中备用。称取上述粉碎后的试样50.0克置于高速组织捣碎机的捣碎杯中，加入150毫升经煮沸后冷却的蒸馏水，再捣碎至均匀的糊状。

(2) pH计的校正　以下提到的试剂均为分析纯试剂。

称取3.402克磷酸二氢钾和3.549克磷酸氢二钠，用煮沸后冷却的蒸馏水溶解后定容至1000毫升。此溶液的pH值为6.92(20℃)。

称取10.12克烘干后的邻苯二甲酸氢钾，用煮沸后冷却的蒸馏水溶解后定容至1000毫升。此溶液的pH值为4.00（20℃）。

采用两点标定法校正pH计。如果pH计无温度校正系统，缓冲溶液的温度应保持在20℃以下。

(3) 试样的测定　将pH复合电极插入足够浸没电极的上述(1)制备的试样中，并将pH计的温度校正器调节到20℃。待读数稳定后，读取pH值。同一个制备试样至少要进行2次测定。

3. 结果计算

取2次测定结果的算术平均值作为测定结果，精确到0.01。

4. 精密度

在重复性条件下获得的2次独立测定结果的绝对差值不应超过平均值的2%。

**(三) 小麦粉馒头水分测定（参照GB/T 21118—2007附录C）**

1. 仪器

高速组织捣碎机；干燥箱；天平（感量0.01克）；扁形铝制或玻璃制称量瓶（内径60～70毫米，高35毫米以上）。

2. 试样制备

将待测馒头样品切碎，置于高速组织捣碎机的捣碎杯中，粉碎3分钟，置于磨口瓶中备用。

3. 测定方法

准确称取2.00～5.00克试样置于称量瓶中，放入60～80℃的干燥箱中干燥2小时，再按GB/T 5009.3—2003的第一法“直接干燥法”的规定进行测定。

4. 结果计算

样品水分含量按下式进行计算。

$$X=\frac{m_1-m_2}{m_1-m_3}\times 100$$

式中　$X$——样品中的水分含量，%；

$m_1$——称量瓶和样品的质量，克；

$m_2$——称量瓶和样品经过2次干燥后的质量，克；

$m_3$——称量瓶的质量，克。

计算结果保留小数点后 1 位。

### （四）馒头质构测定

1. 仪器

质构仪。

2. 测定步骤

同批蒸制的两个馒头或蒸制面食的面体，用切片机将馒头竖直方向切成厚度为 1.5 厘米的均匀薄片，取中心 2 片，由物性仪分别测这 4 片馒头的硬度，取其平均值为面体硬度。

测定前，首先按检验要求，选用合适的探头，一般测定馒头使用圆柱形平底探头。参数如下。

模式：TPA

实验前速度：3.00 毫米/秒

实验速度：1.00 毫米/秒

实验后速度：5.00 毫米/秒

压缩深度：5.0 毫米

间隔时间：10 秒

压缩次数：2

调节好横梁与操作台之间的间距，当操作及待测物运动以后，启动计算机程序进行数据采集。

3. 标准的质构（TA）参数

图 6-1 为质构仪测定馒头质地特性曲线图。

① 硬度，第 1 次压缩时所需的最大力，即第一个峰的最大峰值。

② 黏聚性，相对于第 1 次压缩下的变形，样品第 2 次压缩下的变形程度，它的测量值为第 2 次压缩曲线的面积与第 1 次压缩曲线的面积之比。

③ 弹性，第 1 次压缩样品回弹情况，可以通过第 2 次压缩探头下降的距离来测量，图 6-1 中 4 到 5 的距离与 1 到 2 的距离之比

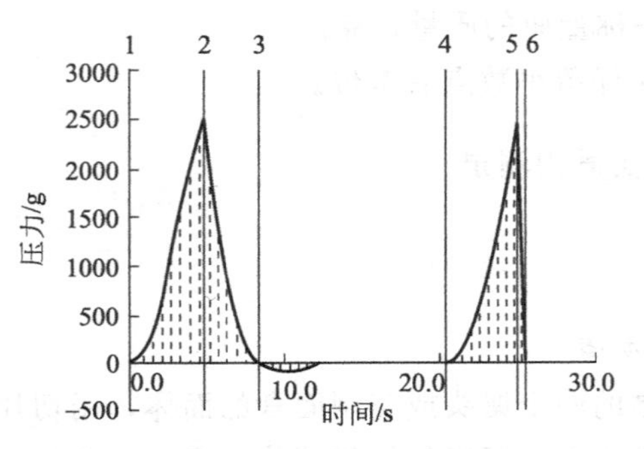


图 6-1 质构仪测定馒头质地特性曲线

计算弹性。

④ 黏附性，第 2 次压缩前负力所形成的面积（3 到 4 之间）与第 1 次正力所形成的面积（1 到 3 之间）之比，也表示面食的粘牙程度。

⑤ 咀嚼性，是一个综合指标，它由硬度、黏聚性和弹性三者的乘积得来的。

## 二、蒸制面食卫生指标的测定

菌落总数测定：按照 GB 4789.2 规定方法测定。

大肠菌群计数：按照 GB 4789.3 规定方法测定。

沙门菌检验：按照 GB 4789.4 规定方法测定。

志贺菌检验：按照 GB 4789.5 规定方法测定。

金黄色葡萄球菌检验：按照 GB 4789.10 规定方法测定。

霉菌计数：按照 GB 4789.15 规定方法测定。

总砷及无机砷的测定：按照 GB/T 5009.11 规定方法测定。

铅的测定：按照 GB/T5009.12 规定方法测定。

锡的测定：按照 GB/T5009.16 规定方法测定。

黄曲霉毒素 $B_1$、黄曲霉毒素 $B_2$、黄曲霉毒素 $G_1$、黄曲霉毒素 $G_2$测定：按照 GB/T 5009.23 规定方法测定。

亚硫酸盐的测定：按照 GB/T 5009.34 规定方法测定。

铝的测定：按照 GB/T 5009.182 规定方法测定。

## 三、蒸制面食的感官评价

蒸制面食的感官评价是对产品质量的一个基本界定，因而对生产是极其重要的标准。然而，由于蒸制面食品种的多种多样，以及各地百姓口味的不同，不可能像面包的评价那样对其给出一个统一的标准，但是对于北方主食馒头来说，还是有一定的标准可循。以下是摘录GB/T 17320—2013《专用小麦品种品质分类》附录A馒头实验室制作及评价方法中的A4感官评价与品尝方法。

### （一）主食馒头的评分

1. 外观评价

馒头用面包刀切开，观察馒头表面色泽、表面结构、形状、内部气孔结构细密均匀程度，底部有否死烫斑，并逐项打分。

2. 品尝评价

取半个馒头置沸水锅中蒸6～8分钟，取出晾3～5分钟，用食指按压，评价弹柔性，掰一小块，观察是否易掉渣，放入口中，细嚼5～7秒，感觉有否咬劲，是否粘牙、干硬，咀嚼一会儿能否完全化开以及气味如何，按照表6-3逐项打分。

3. 评分方法

(1) 评分方法（表6-3）。

(2) 结果表示　各项品评得分合计后保留至整数位。

(3) 判定规则　小于70分判定为差；70～79分为一般；80～89分为良好，大于等于90分为优。

由以上评价方法可知，馒头评价采用百分制，总分100分，外部和内部各占50分。品尝小组由4～5人经训练并有经验的人员组成，按表6-3内容逐项品尝打分。

需要特别注意的是必须趁热进行馒头品尝评分，馒头冷凉后硬度增大，试样间弹柔性差异明显变小，不易评分。

由于蒸制面食品种以及面团发酵方法多样，这个评价标准也不是一成不变的，需要随着面食制作工艺的不同而相应修改。例如，若在制作过程中加碱的话，则需要在评价标准中加入关于产品碱味

**表 6-3　馒头评分项目及分数分配**

| 项目 | | 分数 | 得分标准 |
|---|---|---|---|
| 外部 | 比容①/(克/毫升) | 15 | 比容大于或等于 2.8 得满分 15 分；<br>比容小于或等于 1.5 得最低分 2 分；<br>比容在 2.8～1.5 之间，每下降 0.1 扣 1 分 |
| | 高①/厘米 | 5 | 高大于或等于 7.0 厘米得满分 5 分；<br>高小于或等于 5.0 厘米得最低分 1 分；<br>高在 7.0～5.0 厘米之间，每下降 0.5 厘米扣 1 分 |
| | 表面色泽 | 10 | 白、乳白 8～10 分；<br>浅黄、黄 6～8 分；<br>灰暗 2～6 分 |
| | 表面结构 | 10 | 光滑 8～10 分；<br>皱缩、塌陷、有气泡、有凹点或大块烫斑 3～8 分 |
| | 外观形状① | 10 | 对称、挺、有球形感 7～10 分；<br>扁平或不对称 4～7 分 |
| 内部 | 结构 | 15 | 气孔细小均匀 12～15 分；<br>气孔过于细密但均匀 8～12 分；<br>有大气孔、结构粗糙 5～11 分；<br>边缘与表皮有分离现象 8～12 分 |
| | 弹性 | 10 | 回弹快、能复原、可压缩 1/2 以上 7～10 分；<br>手指按压回弹弱或不回弹 3～7 分；<br>手指按压困难，感觉较硬 2～6 分 |
| | 韧性 | 10 | 咬劲强 7～10 分；<br>咬劲弱且掉渣或咀嚼干硬，无弹性或不回弹 4～7 分 |
| | 黏性 | 10 | 爽口不粘牙 8～10 分；<br>稍黏或黏 3～7 分 |
| | 气味 | 5 | 具有麦香，无异味 4～5 分；<br>味道平淡 3～4 分；<br>有异味 1～3 分 |
| 总　分 | | 100 | |

① 比容测定方法见馒头理化指标的测定。馒头高度评分是按照100克面粉制得的圆馒头（140 克馒头）为标准物的，如果馒头重量低于或大于 140 克则应把高度数值进行适当更改。外观形状是评价圆馒头的标准，其他形状需另定得分标准。

大小的评价指标；并且本评价方法在评价时偏重于视觉和口感的评价，而风味的评价权重较低，对于多数蒸制面食生产者不一定适合。若需要馒头某些方面特定指标的评定，可以参照有关感官分析方法的资料，使用感官评估法或综合评估法进行评价。

以上方法局限性很大，工艺研究者或生产技术人员可以根据自己产品的特点，以及市场要求，制定符合自己研究或开发产品的感官评价标准和方法。各种感觉的评价参阅下面包子馅料评价的简单介绍。

### （二）包子的评价

带馅的蒸制面食感官评定要将皮和馅分别评价，因为馅料风味和口感有很多不同特色，难以用一个标准来衡量。

1. 面体（包子皮）的评价

（1）外观　大多数包子要进行捏花，外形较主食馒头复杂。包子皮的外观不仅需要有主食馒头的基本要求，还要根据不同品种的外形特点进行评价。高或高径比一般不需要进行评定。

（2）组织结构　面皮的组织结构原则上可以按照馒头的评价标准来评定。但是一般包子皮的柔软程度要较主食馒头高，内部组织要求更虚，允许有较大的孔洞。

（3）口感　因为强调的是柔软度，包子皮可能会出现粘牙现象，弹性会差一些，故建议把韧性这一项可以取消掉。

（4）风味　面体的风味往往不太重要，当然也同样不允许有不良气味或滋味。

2. 馅料（包子馅）的评价

包子馅品种非常多，品质要求千差万别，无法用统一标准来衡量其优劣。

（1）视觉评价　掰开包子，观察馅料的颜色、形态和组织结构，判断优劣。每一种包子都有自己的最佳馅料形态，比如是团状还是散粒状，带汤汁还是干爽……馅的形态和组织是包子的首要指标。

（2）气味体会（嗅觉评价） 包子馅都应该有自己独特的浓郁香味。气味是吸引消费者的最重要的因素，要根据产品特点，制定气味评价标准。嗅觉的评价是将产品靠近鼻子，仔细闻并体会气味。

（3）品尝滋味 酸、甜、苦、咸为基本味觉，是人体舌部味蕾的感觉。辣、麻、涩、鲜、冷热等感觉是口腔内皮肤的感觉。包子产品的地方特色明显，差异主要体现在味道上。评价时将产品放入口中，慢慢咀嚼并细细体会味道。

（4）口感评价 食品在口腔内是要经过咀嚼的，在牙齿挤压和切割的过程得到的感觉为食品的口感。口感体会的是质地性状，包括有软硬度、弹性、黏附性、黏聚性、韧性、抗剪切力、脆性、酥性等。口感往往与风味同时感觉到，相互影响显著。作为包子馅，大多是黏性物料，要求油而不腻，汁多而爽口……

### （三）感官评价标准的制定

蒸制面食的花色品种繁多，无法制定统一的感官评价标准。但是无论是生产许可认证，还是产品的质量管理，都需要有章可循，制定评价准则和评分标准都十分重要。然而，大多数企业对制定标准比较陌生，故在这里进行简单介绍，望对企业有所帮助。

评分高低的划分无非是两个方面的内容：权重系数的划分和分值高低的判定。

1. 权重系数划分

权重系数即为综合评分体系中单项分值占总分数的比例。一般感官评分中包括有外观、内部结构、风味、口感等几部分组成。每一部分又分为若干个小项，比如外观包括形状、颜色、表面结构等，风味包括气味、滋味、酸碱味等，口感包括软硬度、弹性、粘牙、脆性等……

各项分值占总分值的比例应该多少以何依据制定？一般由以下几个途径获得。

① 从参考资料中获取，也就是从各种参考文件中（标准、论

文、书籍等）查阅，根据别人制定的标准，经过适当修改作为自己的评价标准，这种方法存在被诱导至偏离实际的可能。

② 老板或技术人员决定，也就是所谓的“专家组拍脑门”。这种方法方便快捷，但存在不客观的风险。

③ 通过消费者调查分析而来。产品投入市场或者免费送达消费者，进行问卷调查。相比较前两种方法，调查消费者是最可靠的措施。可以通过问卷（表 6-4）调查，让消费者将关注程度排序，将所有填写后的问卷收集，然后进行数据处理，从而得到各项指标消费者重视程度的权重分值。问卷至少要有 100 份以上，选择问询对象要有代表性，不同年龄、职业、性别等都要照顾到。问卷设计需要随机排序，不能只按照一个顺序，以免造成暗示和诱导作用。

**表 6-4　消费者对馒头指标重视程度调查表示例**

| 请按您对下列各项的重视程度排列顺序： |
| --- |
| 1. 形状及颜色(对称规整、挺立饱满、光滑程度、颜色)<br>2. 虚软及口感(酥松、粘牙、绵散、软硬、筋力、弹性)<br>3. 气味和味道(香、馊、酸、腥、刺激性气味和酸、甜、苦、咸、辣、涩入口味道)<br>4. 内部结构(掰开后,孔隙大小是否细密、均匀,颜色是否正常) |
| 您的排序为：________________ |

2. 分值高低的判定准则

产品的每项指标在确定了权重系数后，就要面对分值高低判定的问题。产品啥样给高分或满分，哪种情况扣分，达到啥程度不给分。如何确定分值高低判定准则，也要进行认真研究。同样可由上面权重系数划分时采用的三种途径获取得分高低的定义。当然调查消费者喜欢与否是最可靠的途径。可以将某项指标所有可能的状态提供给问询对象，让他选择最喜欢的状态，收集所有填写后的问卷，进行数据处理，消费者选择最多的为最优的品质，其次是要扣分的，选择最少或者没有人选择的状态应该大量扣分或者不给分。问询表设计要简单（表 6-5），一目了然（如比容在表中以体积大小来显示），回答也应简单化（打钩、画圈、打叉等简单形式），避免耗费问询对象过多精力而引起反感。各种状态的排序也要随机化。问询对象数要求和前面一样，但不能选择亲友作为问询对象，防止因照顾面子故意将您的产品状态作为最优，从而失去客观性。

**表 6-5　消费者对馒头状态喜爱程度调查表示例**

| 您喜欢什么样的馒头(请在□内画钩，每条只选一项)： | | | |
|---|---|---|---|
| 1. □较硬实 | □较软 | □适中 | |
| 2. □体积大 | □体积小 | □适中 | |
| 3. □弹性强 | □弹性弱 | □弹性一般 | |
| 4. □洁白 | □乳白 | □稍黄 | □灰暗 |
| 5. □偏甜 | □淡香 | □稍咸 | |
| 6. □老面味 | □酵母味 | □麦香味 | □碱香味 |

3. 感官否定

除了如何评分之外，笔者建议设定感官否定指标。也就是某一些状况只要出现一种时，虽然评价总分能够超过合格分数，产品仍判定为不合格。也可以设定一个表格（表 6-6）让消费者选择，其问询方法与分值判定基本相同。如果有 50%以上被调查对象认为不能接受，则可以作为感官否定指标。

**表 6-6　消费者对馒头状态接受程度调查表示例**

| 什么样的馒头您不会食用(请在□内画钩，可选多项) | | | | | | |
|---|---|---|---|---|---|---|
| □有黄斑 | □有灰斑 | □有黑斑 | □表面发黏 | □表皮发硬 | □有裂口 | □有酸味 |
| □有馊味 | □有涩味 | □有苦味 | □有腥味 | □内部呈粗糙大孔洞(蜂窝状) | | |

蒸制面食的质量是生产企业的生命，产品好看好吃是商品食品吸引消费者的关键外在质量；安全放心且营养价值高是食品的内在品质。生产者应该具有战略眼光，把产品质量放在首位，建立完善的评价和控制体系，保证所加工的产品质量上乘且质量稳定。

# 第七章

## 蒸制面食花色品种制作方法

本章介绍馒头类、花卷类、蒸糕类及包子的典型花色制作方法。除主食或营养保健类的产品外，花色品种多具有地方特色。下面这些蒸制面食花色品种制作方法是笔者根据资料介绍、工人师傅传授，以及个人实践总结等途径收集的，大多比较适合于批量加工。也有数种作坊或饭店师傅提供的很小量的配料和操作。建议面食加工的研发者，应该根据当地口味以及生产条件的实际情况，参考本章的工艺配方，进行小试后再试生产，然后再批量投产。

### 第一节　实心馒头类

#### 一、主食白面馒头

##### （一）刀切硬面雪花馒头

1. 原料配方

高筋小麦面粉 50 千克，即发干酵母 80～100 克，碱 40～90 克，水 17～20 千克。

2. 制作方法

（1）和面　将 80％的面粉、全部酵母放入和面机中拌匀，加入所有温水，搅拌至面团均匀。

(2) 发酵　在温度30～35℃、相对湿度70%～90%的发酵室内，发酵70～100分钟，至面团完全发起，内部呈大孔丝瓜瓤状。

(3) 戗面　发好面团再入和面机，加入剩余面粉，用少许水将碱化开也倒入和面机。搅拌8～12分钟，至面团无黄斑，无大气孔。

(4) 揉面　将和好的面团分割成10千克左右的面块，在揉面机上揉轧20遍左右，使面团细腻光滑。

(5) 刀切成型　轧好的面片放于案板上，卷成长条，刀切分割为一定大小的刀切方馒头形状。或用刀切馒头机连续刀切。圆边紧靠成排放于托盘上，上蒸车。

(6) 醒发　推蒸车入醒发室，醒发30～50分钟，至馒头开始胀发。

(7) 汽蒸　整车馒头推入蒸柜，0.03～0.04兆帕汽蒸24～28分钟（100～140g馒头）。

(8) 冷却包装　销售热馒头时，蒸好的馒头放于无风的环境中冷却10～15分钟，装入塑料袋中，再装入保温箱中；销售冷馒头时，将馒头冷却1～1.5小时，包装入袋。

3. 产品特点

外观挺立，洁白光滑，结实有弹性，内部洁白细腻，咀嚼筋力十足有爽口的层次感，发酵香味突出。

**(二) 杠子馒头（长馍）**

1. 原料配方

中筋小麦面粉25千克，即发干酵母50克，碱20～50克，水9～11千克。

2. 制作工艺

(1) 和面　将全部面粉、酵母倒入和面机中，搅拌混匀，加入水和面5～8分钟，至物料分散均匀，面团形成。调节水温，使和好的面团达到33℃左右。

（2）发酵　在温度30～35℃、相对湿度70%～90%的发酵室内，发酵50～90分钟，至面团内部呈大孔丝瓜瓤状。

（3）揉面　发好面团再入和面机，用少许水将碱化开也倒入和面机。搅拌8～10分钟，至面团均匀，无黄斑，无大气孔。将和好的面团分割成5～10千克左右的面块，在揉面机上揉轧10～15遍左右，使面团细腻光滑。

（4）成型　轧好的面片放于案板上卷成长条，或在刀切馒头机上分割为80～140克的面剂，将剂子揉成长圆形，排放于托盘上。

（5）醒发　排放馒头后的托盘上蒸车，推入醒发室，醒发50～70分钟，至馒头坯胀发柔软。

（6）汽蒸　整车馒头推入蒸柜，0.01～0.03兆帕汽蒸22～28分钟。

（7）冷却包装　销售热馒头时，蒸好的馒头放于无风的环境中冷却10～15分钟，装入塑料袋中，再装入保温箱中；销售冷馒头时，将馒头冷却1～1.5小时，包装入袋。

3. 产品特点

呈椭圆形，光滑细腻，馒头柔软有弹性，软筋适度，内部有一定层次，咀嚼暄软香甜。

### （三）高桩馒头

高桩馒头为山东临沂费县的特产。现今，许多馒头厂生产类似产品，也命名为高桩馒头。

1. 原料配方

高筋面粉50千克，即发高活性干酵母70克，水19千克左右。

2. 制作方法

将面粉、酵母倒入和面机，拌匀。加适量温水和成较硬的面团，用揉面机揉轧20～30遍左右，再在案板上手揉成直径3.3厘米左右的粗长条、揪成70～100克一个的小剂，再把每个小面剂搓成高约10厘米的生坯，手搓要用力，坯表面光滑，揉时要撒一些干面粉成馍时才能产生层次。或者用搓馍机（馒头整形机）搓成细高馒头坯。放入垫有棉布的木箱中，放入醒发室醒发30分钟左右，醒发过程要经常转动方向，或者进行揉搓，避免圆柱变成半圆。将醒好的坯轻轻整圆，叉在叉座上，上架车稍醒后推入蒸柜，0.01～0.03兆帕汽蒸22～25分钟。

3. 产品特点

挺立细高，色白而光洁，组织紧密，层次分明，韧性和弹性足，质地筋道，味道香甜。

## (四) 水酵馒头

1. 原料配方

低筋小麦粉25千克，糯米3千克，绵白糖100克，米酒药37.5克，小苏打50克。

2. 制作方法

(1) 制米酒　把糯米（750克）用水淘净，放容器内用水浸涨（夏季浸泡约6小时，冬季浸泡约12小时），捞出用清水冲洗干净，上蒸笼蒸熟再将蒸饭过水（夏季饭要凉透，冬季饭要微温）。取小缸一只洗净，反扣蒸锅上蒸5个小时取下（夏季待缸冷透，冬季缸要微热），缸内不能沾水。将蒸饭放入缸内（冬季在放饭前，缸底缸壁要撒一点酒药末），把酒药末撒在饭上拌匀，按平，中间开窝，用干净布擦净缸边，加盖，待其发酵（夏季2～3天，冬季要在缸的周围堆满糠，保温发酵5～7天），见缸内浆汁漫出饭中间的小窝，酒即酿成，将酒酿用手上下翻动，待用。

(2) 发酵米饭　取糯米（2.25千克）用水淘洗干净放入锅内，加清水2.25千克置火上烧开，并立即将炉火封实，微温焖熟，不能有锅巴，饭蒸好后盛起（夏季要等饭凉透，冬季保持微温），即可投入酒酿缸中，加入面粉（100克）搅匀（不见米粒），盖上缸盖，用所酿之酒催使发酵（夏季6小时，冬季12小时，缸的周围仍围糠保温），制成酵饭。

(3) 取酵汁　夏季取25℃左右的冷水（冬季用40℃左右的温水）10千克，倒入水酵饭缸内，用棒拌匀，加盖发酵12小时左右

（冬季 24 小时左右，缸的外边用糠保温），靠缸边听到缸内有螃蟹吐沫似的声音，用手捞起饭，一捏即成团时，即可用淘箩过滤取出酵汁。在酵汁内放白糖（100 克），用舌头尝试一下酵水，仍有酸味，可根据酸度大小酌情放入小苏打（25～50 克）。

（4）制作馒头　取面粉（23.5 千克）倒入面缸内，中间扒窝，掺入酵水（冬季要加热至 30℃）拌和发酵。在案板上撒些扑粉，将发酵好的面团分成 8～10 块，反复揉轧至光滑细腻。面团光滑后搓成圆条，摘成 70 克左右的剂子，再做成一般圆形馒头，放入蒸笼内（冬天要将蒸笼加温，手背按在笼底下不烫手为宜）由其在笼内自行胀发起一倍半左右，揭开笼盖让其冷透，吹干水蒸气。再上旺火蒸约 20～22 分钟，按至有弹性，不粘手即熟。如发现馒头自行泄气凹陷，要随即用细竹签对泄气的馒头戳孔，用手掌拍打即能恢复原状。

3. 产品特点

馒头膨松多孔，口感绵软，皮薄如绢，白亮有光，食之有微微醇香和甜味，适合冬夏两季食用。

此品种有无馅与有馅两种，有馅的夏季以干菜、葱花、五仁做馅。冬季以萝卜丝、咸菜、豆沙做馅，甜咸均可。

### （五）陕西罐罐馍

1. 原料配方

高筋面粉 50 千克，即发干酵母 70 克，水 19 千克左右，碱适量。

2. 制作方法

① 将面粉、酵母倒入和面机，拌匀，加适量温水和成较硬的面团，入发酵室发酵 50～70 分钟，至面团完全胀发。

② 发面加适量碱水搅拌均匀，用揉面机揉轧 20～30 遍左右，再在案板上用手揉成直径 3.3 厘米左右的粗长条、揪成 100～140 克一个的面剂，再把每个小面剂搓成高约 10 厘米的生坯，手搓要用力，坯表面光滑。揉时要撒一些干面粉，成馍时才能产生层次。

最后整形为罐罐形状。

③ 放入垫有棉布的木箱中，放入醒发室醒发 20～30 分钟。将醒好的坯上蒸盘，上架车推入蒸柜，0.01～0.03 兆帕汽蒸 27～30 分钟。

3. 产品特点

皮薄层多，硬而有韧，凉食酥而不黏，后味香甜，耐于久储。

## 二、杂粮馒头

### （一）杂粮窝头

1. 窝头的特点

窝头一般是纯杂粮制品。由于杂粮面粉中不含面筋蛋白质，大多数不能保持气体，所以，窝头组织为致密坚实结构，无发酵的孔洞或孔洞很小。大多窝头生产过程，面团不发酵，有时为了增加产品的风味或改善口感，偶尔也进行面团发酵。窝头具有杂粮的特殊口感和风味，加上杂粮的保健作用，是发达地区人们非常欢迎的美食。

2. 红薯面窝头

（1）配料　薯面 25 千克，鲜红薯 2.5 千克，白砂糖 2 千克，水 6～8 千克左右。

（2）制作工艺

① 将鲜红薯洗净，最好去皮，再视红薯个体大小，蒸锅中蒸制 15～25 分钟，使其完全熟软。放入高速搅拌机，放入砂糖，将其打成薯泥备用。在鲜红薯难以购买的季节，也可以不加。

② 将薯粉、薯泥一并入和面机，加水搅拌 5 分钟左右，使物料均匀、成团。

③ 取 60～100 克面团，手捏成上尖的圆锥形，为了使成品看上去体积较大，并且蒸制时容易熟透，自圆锥的底部用大拇指捣捏一个孔洞。排放于蒸盘上，上架车。

④ 推入蒸柜，0.03 兆帕汽蒸 20～25 分钟。出柜冷却包装。

（3）产品特点　灰褐色呈半透明状，组织致密，口感筋实，红薯特有甜香味突出。

3. 高粱面窝头

(1) 配料　高粱面 25 千克，酵母 30 克，碱 20～50 克，水6～9 千克。

(2) 制作工艺

① 将高粱面与酵母在和面机中混合均匀，加水搅拌 3～5 分钟至物料均匀、成团。

② 将面团入面斗，在发酵室内发酵 2～3 小时，至稍显酸味。

③ 加碱搅拌中和酸味后，取 60～100 克面团，手捏成上尖的圆锥形，为了使成品看上去体积较大，并且蒸制时容易熟透，自圆锥的底部用大拇指捣捏一个孔洞。排放于蒸盘上，上架车。

④ 推入蒸柜，0.03 兆帕汽蒸 20～25 分钟。出柜冷却包装。

(3) 产品特点　红棕色，口感粗糙爽口，带有高粱的特殊香味。

4. 玉米、小米蒸饼

(1) 配料　玉米面或小米粉 25 千克，酵母 30 克，碱 30～60 克，水 6～8 千克。

(2) 制作工艺

① 将玉米面或小米粉与酵母在和面机中混合均匀，加水搅拌 3～5 分钟至物料均匀、成团。

② 将面团入面斗，在发酵室内发酵 3～4 小时，至稍显酸味。

③ 加碱搅拌中和酸味后，取 400～500 克面团，手拍成饼，排放于蒸盘上，上架车。

④ 推入蒸柜，0.03 兆帕汽蒸 35～40 分钟。出柜冷却，切成 100 克左右的方形或三角形块，包装。

(3) 产品特点　颜色金黄，组织易散，口感松散，粗糙爽口，带有玉米或小米的特殊香味。

**(二) 混合面馒头**

1. 高粱面馒头

(1) 配料　小麦粉 17 千克，高粱面 8 千克，酵母 50 克，砂糖

500克，碱20克，水10千克左右。

（2）制作工艺　黑白面粉、酵母倒入和面机混匀，将砂糖、碱分别用水溶解后加入，加水搅拌6～10分钟。揉轧10遍左右，刀切成型。排放于托盘上蒸车。在醒发室内醒发50分钟左右，入柜0.03兆帕汽蒸23～27分钟（50～100克馒头）。冷却包装。

（3）产品特点　带有高粱红棕色斑点，虚软而稍散，口感粗糙爽口，微甜而带有高粱的特殊香味。

2. 玉米面、小米面馒头

（1）配料　小麦粉17千克，玉米面或小米面8千克，酵母50克，砂糖700克，碱25克，水10千克左右。

（2）制作工艺　面粉、酵母倒入和面机混匀，将砂糖、碱分别用水溶解后加入，加水搅拌6～10分钟。揉轧10遍左右，刀切成型。排放于托盘上蒸车。在醒发室内醒发50分钟左右，入柜0.03兆帕汽蒸23～27分钟（50～100克馒头）。冷却包装。

（3）产品特点　颜色金黄，虚软而稍散，口感稍显粗爽，微甜而带有玉米或小米的特殊香味。

3. 荞麦馒头

（1）配料　小麦粉17.5千克，荞麦粉7.5千克，酵母70克，水10千克左右。

（2）制作工艺　面粉、酵母倒入和面机混匀，加水搅拌6～10分钟。揉轧5遍左右，刀切成型。排放于托盘上蒸车。在醒发室内醒发50分钟左右，入柜0.03兆帕汽蒸23～27分钟（50～100克左右馒头）。冷却包装。

（3）产品特点　黄褐色稍显透明，口感稍发黏，带有荞麦的特殊风味。该产品为保健疗效食品。现在经科学验证，认为荞麦是含有磷、钙、铁及氨基酸、脂肪酸、亚油酸、多种维生素的营养食品，对心脏病、高血压病、糖尿病患者有食疗的作用，是这些患者的首选食品之一。

4. 血糯馒头

（1）配料　小麦粉21.5千克，黑香米3.5千克，酵母75克，砂糖250克，蛋白糖15克，水11千克。

（2）制作工艺　黑香米粉碎过60目筛，与面粉、酵母一同倒入和面机混匀，将砂糖用水溶解后加入，加水搅拌8～12分钟。揉轧15遍左右，刀切成型，或不经揉轧直接用馒头机成型。排放于托盘上蒸车。在醒发室内醒发40～60分钟，入柜0.03兆帕汽蒸20～23分钟（50克左右馒头）。冷却包装。

（3）产品特点　带有黑米的红褐色斑点，虚软膨松，口感细腻爽口，微甜且香米的香味突出。

## 三、点心馒头

### （一）开花馒头

1. 原料配方

低筋小麦粉5千克，绵白糖1千克，碱10克，鲜酵母2块。

2. 制作方法

（1）辅料处理　将鲜酵母放在盆中加水搅打成泥浆状；以碱和水为1∶2的比例溶化成碱水。

（2）和面　先将小麦粉3千克倒入盆中，将鲜酵母泥浆稀释成溶液（一般面粉和水的比例为2∶1），倒入面粉揉成面团；在30～32℃的温度中发酵2～3小时。随后，再加入其余面粉、绵白糖和碱水，揉透揉匀后，再发酵2～3小时，使面团发足。

（3）成型　将发好的酵面放入台板上，揉搓成长条，按要求摘成小面坯搓成圆馒头形，并在顶部划个十字口，盖上一块半干半湿的清洁白布，使其发酵15分钟。

（4）蒸制　将成型的馒头放入已煮沸水锅的笼屉中，用大火蒸15～20分钟，待馒头开花，手按即会自行弹起，馒头即已熟。

3. 产品特点

色泽洁白如玉，顶部如同花瓣四面炸开，大小均匀，无爆裂破碎状。内部组织松软，富有弹性，嚼劲十足，入口清香味甜。

### （二）奶白馒头

1. 原料配方

特精面粉（雪花粉）25千克，干酵母100克，食盐50克，白糖2.5千克，甜香泡打粉250克，人造奶油750克，单甘酯25克，鲜奶精75克，水12千克。

2. 制作方法

（1）原料处理　食盐、白糖一同用温水溶解。单甘酯制成凝胶液。

（2）调粉　将酵母、泡打粉、鲜奶精和面粉在和面机内混合均匀，加水及溶解盐糖的溶液，搅拌2分钟成面絮时加入人造奶油和单甘酯凝胶液，再搅拌6～10分钟，至面团细腻。

（3）成型　将面团分割成5千克左右的大块，在揉面机上揉轧20～30遍，至表面光滑细腻。用刀切馒头机切成20克左右的小馒头，排放于蒸盘上。

（4）醒发　蒸盘上架车后推入醒发室，醒发60～80分钟，至坯胀发2倍左右。

（5）汽蒸　推入蒸柜，0.02～0.03兆帕蒸制15分钟左右。

（6）冷却包装　在湿度较大的室内冷却20分钟左右，使馒头与室温接近。整齐排列包装入塑料袋中，每袋10个。

3. 产品特点

外观奶白明亮，表皮光滑饱满，内部气孔细密，组织暄软细绵，甜味柔和，奶香明显。该产品在室温下储存，一般不会变硬老化，因此冷热皆宜食用。也可以用馒头机制成60～75克的圆馒头出售。

### （三）水果馒头

1. 原料配方

面粉10千克，牛奶2千克，鸡蛋20只，白糖、什锦蜜饯各500克，鲜酵母1块。

2. 制作方法

① 取清洁盛具，放入鲜酵母，用牛奶将鲜酵母调开，加入白糖200克和水2.5千克调匀，放在温暖的地方，经0.5～1小时发酵，待用。

② 将面粉倒入和面机，再将鸡蛋敲开，放入盆中，将鸡蛋液调入鲜酵母、白糖及牛奶，与面粉搅拌至均匀、和透，然后放在面斗中，入发酵室使面团发起。

③ 将什锦蜜饯切碎，把碎蜜饯和白糖300克揉入发起的面团中，把面团分成50～80克面剂。

④ 面剂放于蒸盘上入醒发室稍醒即可上笼蒸，大火蒸20～25分钟，见馒头蒸熟，离火、出笼。

3. 产品特点

香、甜、松，口感好，蛋白质含量高，营养丰富。

### (四) 枣花馒头

1. 原料配方

特一粉25千克，酵母100克，大枣1000个，水11千克，碱适量。

2. 制作方法

① 将80%面粉与全部酵母混合均匀，加水在和面机中搅拌4～6分钟，入面斗车进发酵室，发酵60分钟左右。碱用少许水溶解备用。

② 发好的面团再入和面机，加入剩余面粉和碱水搅拌6～10分钟，至面团细腻光滑。

③ 将和好的面团用揉面机揉轧10遍左右，在案板上卷成长条，搓细至直径2厘米左右长条，用粗不锈钢丝顺面条压两条印，截成约20厘米长的面条，将面条折成M形，每个折点夹一颗大枣，再用筷子在两边夹一下。排放于托盘上，上架车。

④ 推架车入醒发室，醒发40～60分钟，至馒头胀发充分。

⑤ 推车入蒸柜，0.01～0.03 兆帕汽蒸 25～28 分钟。

3. 产品特点

形如花朵，筋软可口，枣味香甜。

## 四、营养强化馒头

### （一）骨粉强化钙馒头

1. 原料配方

中筋力面粉 25 千克，精制骨粉 1 千克，即发干酵母 75 克，碱 30 克，水 11.5 千克左右。

2. 制作工艺

① 将面粉、酵母混合均匀，加水在和面机中搅拌 4～6 分钟，入面斗车进发酵室，发酵 60 分钟左右。碱用少许水溶解备用。

② 发好的面团再入和面机，加入骨粉和碱水，搅拌 8～12 分钟，至面团细腻光滑。上馒头机成型，并经整形机整形后排放于托盘上，上架车。

③ 推架车入醒发室，醒发 50～70 分钟，至馒头胀发充分。

④ 推车入蒸柜，0.01～0.03 兆帕汽蒸 24～27 分钟（100 克左右馒头）。

3. 产品特点

细白稍硬，钙、磷含量较普通馒头高 10 倍以上。

### （二）植物蛋白馒头

1. 原料配方

馒头专用面粉 50 千克，即发干酵母 150 克，花生或大豆蛋白粉（低温提油后，粉碎过 100 目筛）5 千克，水 21 千克。

2. 制作工艺

（1）和面　面粉与酵母和花生蛋白粉（或大豆蛋白粉）在和面机中混合均匀，搅拌 10～15 分钟，至面团延伸。

（2）成型　馒头机成型为 75 克左右馒头坯，经整形机整形后，排于托盘上，上架车。

(3) 醒发　推架车入醒发室，醒发40～60分钟，至馒头胀发充分。

(4) 汽蒸　推车入蒸柜，0.01～0.03兆帕汽蒸23～25分钟。

3. 产品特点

细白柔软，香味浓郁，蛋白质含量较普通馒头高1倍以上。

### (三) 胡萝卜强化维生素A馒头

1. 原料配方

特一粉50千克，胡萝卜10千克，即发干酵母120克，水15千克。

2. 制作工艺

① 将胡萝卜洗净，置于蒸锅中蒸制15分钟，用打浆机制成胡萝卜糊。

② 面粉与酵母混合均匀，加入水和胡萝卜糊，搅拌至面团均匀细腻。

③ 馒头机成型为65～80克馒头坯，经整形机整形后，排于托盘上，上架车。

④ 推架车入醒发室，醒发50～70分钟，至馒头胀发充分。

⑤ 推车入蒸柜，0.03～0.05兆帕汽蒸22～25分钟。

3. 产品特点

橙红色或黄色，柔软细腻，带有胡萝卜甜味，维生素含量丰富。

### (四) 南瓜馒头

1. 原料配方

特一粉25千克，生南瓜20千克，蛋白糖25克，即发干酵母120克，泡打粉110克，水5千克。

2. 制作工艺

① 将南瓜切开，去瓤去皮洗净，置于蒸锅中蒸制15分钟，加

入蛋白糖拌匀成糊。

② 面粉与酵母和泡打粉混合均匀，加入水和南瓜糊，搅拌至面团均匀细腻。

③ 馒头机成型为65～80克馒头坯，经整形机整形后，排于托盘上，上架车。

④ 推架车入醒发室，醒发50～70分钟，至馒头胀发充分。

⑤ 推车入蒸柜，0.03～0.05兆帕汽蒸22～25分钟。

3. 产品特点

馒头呈橘黄色，柔软细腻，香甜可口，含有南瓜的保健因子，是糖尿病患者的疗效食品。

### （五）一风吹馒头

所谓一风吹馒头，又称全麦粉馒头，是用粗加工面粉生产的富含纤维素和矿物质的馒头。

1. 原料配方

标准粉50千克，粉碎至80～100目的小麦麸皮（或刷麸粉）2千克，即发干酵母150克，碱50克，水21千克左右。

2. 制作工艺

① 将面粉、酵母混合均匀，加水在和面机中搅拌4～6分钟，入面斗车进发酵室，发酵60分钟左右。碱用少许水溶解备用。

② 发好的面团再入和面机，加入碱水、麸皮粉，搅拌8～12分钟，至面团细腻光滑。上馒头机成型，并经整形机整形后排放于托盘上，上架车。

③ 推架车入醒发室，醒发50～70分钟，至馒头胀发充分。

④ 推车入蒸柜，0.03～0.05兆帕汽蒸24～27分钟（100克左右馒头）。

3. 产品特点

外观褐黄，麸星可见，口感粗爽，麦香纯正，可促进肠胃蠕动，治疗便秘。

## 第二节　花　卷　类

### 一、油卷类（咸味花卷）

#### （一）马鞍卷

1. 原料配方

面粉 50 千克，干酵母 150 克，碱、小磨香油、精盐各适量。

2. 制作方法

① 将面粉与酵母掺在一起，加温水用和面机和好和匀。把面团发起，兑适量碱水，搅拌至面筋延伸。

② 揉轧面团 10 遍左右，轧成光滑细腻厚约 0.3 厘米的长方形薄片。案板上撒少许面粉，将面片放上，均匀地抹少许油，撒少许盐。用双手托起面片，由外向里叠 3～4 层，卷成直径约 5 厘米的圆柱（注意卷紧且粗细均匀），切成宽 4 厘米的段，用手拉长再卷起来，用筷子在中间压一凹槽，呈马鞍形，做成马鞍卷生坯。

③ 将马鞍卷生坯装入托盘，置于醒发室醒发 60～80 分钟，入柜用 0.03 兆帕蒸汽蒸 27～29 分钟，待蒸熟取出即可。

3. 产品特点

两边翘起，花纹美观，洁白松软，筋香爽口。

#### （二）芝麻盐马蹄卷

1. 原料配方

面粉 25 千克，酵母 80 克，花生油 1 千克，碱、芝麻、精盐各适量。

2. 制作方法

① 把芝麻炒熟，擀碎与盐拌在一起备用。

② 把 20 千克面粉倒入和面机，与酵母拌匀。加入温水 10 千克，和成面团，揉匀，发酵 50 分钟。

③ 发好的面团加入剩余面粉和碱水，和成延伸性良好的筋力

面团。用揉面机揉压10遍左右，轧成光滑细腻厚约0.3厘米的长方形薄片。放在案板上，刷一层油，抹上芝麻盐与扑粉，从上、下向中间对卷，呈双筒状。靠拢后，用刀把条分开，用水将边粘住。用横刀切成25克重的面剂，用双手大拇指和食指横夹住中间部分，使两侧刀切处连在一起。再用双手拿住两头，稍抻，长约10厘米，向中间揪成马蹄状即可。

④ 将生坯装入托盘，置于醒发室醒发40～60分钟，入柜用0.03兆帕蒸汽蒸15～18分钟，待蒸熟取出即可。

3. 产品特点

形似马蹄，暄软咸香。

**(三) 荷叶卷**

1. 原料配方

面粉5千克，面肥500克，水2.5千克，碱、食油、精盐适量。

2. 制作方法

① 将面肥用水弄开，加面粉和成面团，静置发酵。待酵面发起，兑碱揉匀，稍醒。

② 将面团搓成长条，按每个25克揪成面剂，擀成直径约8厘米、薄厚均匀的圆饼，刷油、撒盐、对折，再刷油、撒盐、对折（即成扇形）用竹尺在尖头处划上花纹（或用木梳压上花纹），再划上放射形的直纹，然后围绕扇形的弧，用尺向上挤上2～3个凹口，使四周边沿立起，呈荷叶卷状。或用刀切两刀，挤成花卷或饼状也可。

③ 醒发30分钟左右，把生坯摆入屉内，用大火蒸熟即可。

3. 产品特点

暄软，形如荷叶。此产品为饭店夹肉的配料。

**(四) 麻花卷**

1. 原料配方

面粉25千克，酵母100克，花生油或豆油2千克，椒盐面

500 克，碱适量。

2. 制作方法

① 面粉 22 千克放入和面机，与酵母混匀，加温水 11 千克，搅拌均匀。入发酵室发酵 50 分钟。

② 把发好的面团加入剩余面粉和碱水，和成延伸性良好的筋力面团。分成 400 克左右的面块，揉轧 10 遍左右，再切成四块，每块轧成厚 3 毫米厚的长条，刷一层油，撒上椒盐面，由外向里卷起，再搓成长条，下成 50 克面的小剂。或将面片叠成 5～10 折，下成小剂。将小剂逐个拿起，用双手拇指和中指上下对齐，用力一捏，再一扭，拧成麻花形状，摆于托盘上。

③ 将生坯入醒发室醒发 30～50 分钟，入柜用 0.03 兆帕汽蒸 20～22 分钟。

3. 产品特点

外形美观，喧腾咸香。

**（五）葱油折叠卷**

1. 原料配方

面粉 20 千克，发面 60 千克，葱花 12.5 千克，豆油 5 千克，姜末、碱适量，盐 300 克。

2. 制作方法

① 面粉入和面机，加入发面、10 千克温水和适量碱水，和成发酵面团。揉匀，稍醒。

② 将面团分成面块，揉轧 15 遍，轧成长方片，刷上豆油，并均匀地撒上葱花、姜末、精盐和薄面。再从上、下各向中间对卷，呈双筒状。靠拢后，用刀分开，再切成 100 克一个的面剂，用双手大拇指在生坯中间按一下，稍抻，并叠起来，稍按。让两边的花向上翻起即成。

③ 排放于蒸盘上，上架车，入醒发室醒发 60～70 分钟。推入蒸柜，用 0.03～0.04 兆帕蒸汽蒸制 23～26 分钟即熟。

3. 产品特点

组织暄软洁白，有葱花味，咸香可口。

### （六）辣椒卷

1. 原料配方

馒头专用面粉25千克，即发干酵母75克，精盐400克，辣椒油2千克（或辣椒粉3千克），碱适量，水12千克。

2. 制作方法

① 面粉和酵母倒入和面机，搅匀。精盐、碱分别溶解于水，加入面粉中，搅拌12分钟左右，至面团的筋力形成，并得到延伸。倒面团入面斗车，推入发酵室发酵50～70分钟，至面团完全发起为止。

② 将发好的面团在揉面机上揉轧10遍左右，轧成3毫米厚薄片，摊于案板上，刷上辣椒油，撒上薄面（或撒上辣椒粉不用撒薄面）。自一边卷起，搓成直径2.5厘米的长条。用刀切成3厘米的段，两段叠压一起，用筷子在中间压条深印，双手拉着两边抻长10厘米左右，拧转并在一只手上盘一圈，将两头捏牢。接口朝下放于托盘上，上架车。

③ 推车进醒发室，醒发40～60分钟，入蒸柜0.03～0.04兆帕汽蒸25～28分钟。

3. 产品特点

辣椒红颜色分明，暄腾筋软，咸辣香口。

### （七）千层饼

1. 原料配方

面粉25千克，酵母200克，水12千克，香油2.5千克，碱100克，花椒粉（或五香粉）50克，精盐250克。

2. 制作方法

① 将面粉与酵母一起放入和面机，搅匀后加水，和成面团。入发酵室发酵20分钟左右。兑入碱水搅拌均匀。

② 将面团分成2千克左右的块，揉轧光滑，搓成长条下500克剂。将面剂压成一头宽一头窄的长片，抹上油，撒上盐和花椒粉，从窄的一头卷起，用宽的一头将两边包起，再擀成半圆形生坯。

③ 生坯入醒发室醒发40～50分钟。进蒸柜0.03～0.04兆帕蒸制35分钟左右。

3. 产品特点

层次分明，筋软松绵，麻香适口。

#### （八）蔬菜花卷

1. 原料配方

面粉10千克，酵母50克，青菜（菠菜、韭菜、白菜等均可）2千克，香油、食盐、味精适量。

2. 制作方法

① 面粉与酵母混匀，加水4.5千克，和成筋力面团，适当醒面。

② 青菜切碎，加入香油、食盐、味精拌匀备用。

③ 醒好的面团揉轧至细腻，轧成5毫米厚的面片。将面片置于案板上，刷一层油，撒上拌好的碎菜，卷成直径4厘米的长条，切成5厘米左右的面段，接口刷少许水以黏结封口。

④ 醒发40～60分钟，上屉大火蒸制22～25分钟。

3. 产品特点

暄软可口，蔬菜味浓，营养口味俱佳。

### 二、杂粮花卷

#### （一）玉米（高粱、薯面）夹心花卷

1. 原料配方

玉米面或高粱面或红薯面10千克，小麦粉20千克，酵母100克，白糖1.3千克，水适量。

2. 制作方法

① 15 千克小麦粉倒入和面机，加入 45 克酵母拌匀，水 6.5 千克溶解 700 克白糖加入和面机，搅拌 7～8 分钟，和成白面团。

② 5 千克小麦粉、所有玉米面（或高粱面或红薯面）、55 克酵母入和面机拌匀，水 6.3 千克溶解 600 克白糖，加入搅拌 5～6 分钟，至物料混合成均匀的黄面团。

③ 把白、黄面团分别分成 2 千克左右的面块，用揉面机揉轧 10 遍左右，轧成 5 毫米厚片。黄面片放在白面片上，一起再轧一遍成 5 毫米厚，在案板上把面片从外往里卷成圆筒，搓成直径约 4 厘米的长条，用刀切成 5 厘米的段，排放于托盘上，上架车。

④ 将架车推入醒发室醒发 50～70 分钟，推入蒸柜 0.03 兆帕汽蒸 26 分钟左右即可。

3. 产品特点

黄、白对比鲜明，玉米（或薯面、高粱）味香甜。

### （二）葱花金银卷

1. 原料配方

玉米面 300 克，白面 200 克，酵面 100 克，香油 50 克，精盐 10 克，葱花 100 克，碱适量。

2. 制作方法

① 将酵面用温水弄开，倒在两个盆内，把玉米面和白面分别揉成面团，注意黄面团要软一些。入发酵室待发酵胀起。

② 将发酵好的玉米面团和白面团兑入适量的碱揉匀，稍醒一会。

③ 把白面团放案板上，用擀面杖擀成大片，在面片上淋些香油，抹匀，撒上盐和葱花，然后把玉米面团擀成片铺在上面，铺平后，淋些香油，撒上精盐和葱花，把面片从外往里卷成圆筒，用刀切成数段。

④ 将制好的金银卷码入屉内，醒发 30～40 分钟，置大火沸水

锅中蒸 30 分钟即可出锅。

3. 产品特点

黄、白相衬，玉米葱花味明显，咸香可口。

### (三) 黑米花卷

1. 原料配方

黑香米 2.5 千克，小麦粉 25 千克，酵母 120 克，白糖 2 千克。

2. 制作方法

① 选择香味明显、色红棕的黑香米，粉碎过 80 目筛，和 10 千克小麦粉、65 克酵母入和面机拌匀，加入 5.5 千克水溶解白糖的糖水，搅拌 6～7 分钟，至物料混合成均匀的红面团。

② 15 千克小麦粉倒入和面机，加入 55 克酵母拌匀，水 6.5 千克加入和面机，搅拌 7～8 分钟，和成白面团。

③ 把白面团分成 2 千克左右的面块，用揉面机揉轧 10 遍左右，轧成 5 毫米厚片。将红面团也分成 1.8 千克左右的面块，揉轧 10 遍左右，轧成 4 毫米厚的面片。红面片放在白面片上轧成 5 毫米厚，在案板上把面片从中间切断，两片叠起再轧一遍，在案板上从外往里将面片卷成圆筒，搓成直径约 2.5 厘米的长条，用刀切成 3 厘米的段，排放于托盘上，上架车。

④ 将架车推入醒发室醒发 50～70 分钟，推入蒸柜 0.03 兆帕汽蒸 22 分钟即可。

3. 产品特点

红、白层次分明，香米味突出，香甜爽口。

### (四) 荞麦花卷

1. 原料配方

荞麦面 5 千克，小麦粉 25 千克，酵母 100 克。

2. 制作方法

① 15 千克小麦粉倒入和面机，加入 50 克酵母拌匀，水 6.5 千克加入和面机，搅拌 7～8 分钟，和成白面团。

② 10 千克小麦粉、所有荞麦面、50 克酵母入和面机拌匀，加入 6.3 千克水，搅拌 6～7 分钟，至物料成混合均匀的褐面团。

③ 把白面团分成 2 千克左右的面块，用揉面机揉轧 10 遍左右，轧成 5 毫米厚片。将褐面团也分成 2 千克左右的面块，揉轧 8 遍左右，轧成 5 毫米厚的面片。褐面片放在白面片上再轧成 5 毫米厚，在案板上把面片从外往里卷成圆筒，搓成直径约 3 厘米的长条，用刀切成 4 厘米的段，排放于托盘上，上架车。

④ 将架车推入醒发室醒发 50～70 分钟，推入蒸柜 0.03 兆帕汽蒸 25 分钟即可。

3. 产品特点

白面层洁白，黄色纹理可见，有保健作用。

## 三、甜味花卷

### (一) 果酱卷

1. 原料配方

特一粉 800 克，面肥 300 克，白糖 200 克，苹果酱 200 克，食用红色素少许，碱面适量。

2. 制作方法

① 白糖 100 克加入适量的水熬至起泡，放入果酱，烧至稀稠合适盛入碗中，略加食用红色素调成淡红色待用。

② 面粉中加入面肥和水揉成面团，让其发酵合适，加碱中和酸味，再加入 100 克白糖揉匀揉透，用擀面杖擀成约 5 毫米厚的长方形面皮，上面均匀地抹上一层果酱，卷成圆筒形，即为果酱生坯(成熟后成品的直径约 70 毫米)。

③ 将果酱卷生坯放入抹过油的笼屉上，醒发 40 分钟左右，大火蒸 28 分钟取下冷却后，切成 13 毫米厚的圆片装盘。

3. 产品特点

红白分明，口味香甜松软。

### （二）鸳鸯卷

1. 原料配方

面粉5千克，面肥500克，水2.5千克，豆沙馅750克，番茄酱750克，白糖500克，熟面粉250克，香油、青红丝、碱各适量。

2. 制作方法

① 将面肥用水弄开，加面粉和成面团，静置发酵，发起后兑碱揉匀，稍醒。

② 番茄酱倒入锅内，加香油、白糖，用小火炒成稠状盛出，加熟面粉搅拌成馅。

③ 将面团擀成宽度适当的长方形薄片，两边分别抹上薄厚均匀的豆沙馅和番茄酱，然后分别向中间卷起，翻个，稍加整理，压上花纹，撒上青红丝即成生坯。

④ 把生坯摆入屉内，醒发20分钟，用大火蒸约30～35分钟，取出按量切段即可。

3. 产品特点

造型美观，香甜可口。

### （三）玫瑰花卷

1. 原料配方

特一粉450克，老酵面50克，白糖125克，饴糖25克，苏打25克，熟猪油50克，蜜玫瑰25克，水200克，食用红色素适量。

2. 制作方法

（1）发面　将面粉、水、老酵面调制成面团，发酵。

（2）放碱　将发好的面团加入苏打、白糖、饴糖反复揉匀，用湿纱布盖好，醒约15分钟。

（3）成型　蜜玫瑰用刀稍剁，与熟猪油、白糖、食用红色素调成糊状待用。把醒好的面团揉匀，用擀面杖擀成7毫米厚的长方形面皮，抹上玫瑰糊，由外向内卷成圆筒，再搓成直径约2.7厘米的圆条，用刀均匀地切成40个剂子，然后用剪刀在切口处剪约2.4

厘米深的十字形，使成四瓣。

(4) 蒸制　入笼，醒发 20 分钟，用大火沸水蒸约 12 分钟即成。

3. 产品特点

红白相间，质软味甜，有玫瑰芳香。

**(四) 豆沙如意卷**

1. 原料配方

面粉 1 千克，面肥 200 克，碱水 2 克，花生油 50 克，豆沙馅 500 克。

2. 制作方法

① 面粉加面肥用水和好发酵，发开后使好碱揉匀，以除去酸味。

② 把发面团切成两块，搓成 1.7 厘米粗的长条，按扁，擀成长条薄片，刷上一层花生油，抹上豆沙馅，要抹匀抹平，使厚薄均匀。横着从两头同时向里卷，直到中间，使厚薄相对称，呈如意状。

③ 用同样方法，将另一块面团制成如意状，若花卷过长，可用刀从中间切开。上屉时，将如意卷翻转个身，醒发 20 分钟，用大火蒸 28～30 分钟出屉。用刀切成 50 克 1 个的小块，即为“豆沙如意卷”。

3. 产品特点

美观好看，香甜适口，适宜于老人、儿童食用。

**(五) 糯米卷**

1. 原料配方

面粉、糯米各 1 千克，水 1 千克，白糖 170 克，肥腊肉、虾米各 150 克，猪油 100 克，炸花生米 200 克，生抽、精盐、葱花、味精、泡打粉、酵母各适量。

2. 制作方法

① 糯米洗净，用饭盆盛着，下水 1 千克蒸熟成糯米饭；把肥

腊肉蒸熟切粒；虾米稍切碎，用适量生抽下锅爆过。

② 将糯米饭、肥腊肉粒、糖 20 克、虾米、生抽、精盐、葱花、味精、猪油、花生米拌匀，放入浅方盘内压平，在冰箱里冻一下备用。

③ 面粉和酵母混匀，水、白糖、泡打粉倒入面粉内和匀揉透，发酵。

④ 将发面片擀成长方形薄皮，把切成 3 厘米见方的糯米卷馅放在面皮上，将发面卷起把糯米馅包成长方形，把边口粘实。

⑤ 醒发约 30 分钟，上蒸笼蒸熟即可，吃时用刀切成菱形块。

3. 产品特点

有米有面，风味十足，甜香可口。

## 四、特色点心花卷

### (一) 菜莽卷

1. 原料配方

面粉 5 千克，酵母 30 克，蔬菜（青菜或野菜）10 千克，食盐、香油、味精适量。

2. 制作方法

① 蔬菜切碎，加入香油、食盐、味精拌匀备用。

② 面粉与酵母拌匀，加水 2 千克搅拌成筋力面团。揉轧 10 遍左右，至光滑细腻。再轧（或擀）成 1～2 毫米厚、20 厘米宽的薄片。

③ 将面片置于案板上，摊上 1 厘米厚拌好的蔬菜，卷起成直径 5 厘米左右的粗卷，再将卷自两端向中间挤一挤，使其变粗并表面皱褶。

④ 盘于托盘上，在醒发室内醒发 10～20 分钟，入柜蒸制 15～20 分钟。蒸熟后稍加冷却，切成 50 克或 100 克的段。

3. 产品特点

素馅清香，菜鲜多汁，面筋馅散。

### （二）抻面银丝卷

1. 原料配方

面粉 750 克，酵面 100 克，碱水 15 克，绵白糖 150 克，熟清油 75 克左右。

2. 制作方法

① 面粉放发面盆内，加温水 300 克左右和匀，再加入酵面揉匀，用拳捣光滑成面团，用布盖好，待发起备用。

② 面板上撒干面粉，放上发起的面团加碱水揉匀。取用 2/3 加绵白糖揉和，醒片刻，使糖融合，搓成条，双手拿住两头，先将面团揉匀，再将面团揉至有劲，然后将面团分成 7 块，逐块搓成条，双手抓住面条两头抻条，连抻 7～8 扣，抻至像挂面粗细，放在面板上摘下两端面头块，面条上用熟清油刷匀，切成长 10 厘米左右。将揪下的面头块放入余下的发面团捏揉匀，搓成条，切成 7 个小面团，逐个按扁，擀成长 12 厘米、宽 10 厘米、厚 0.2 厘米的面皮，顺长放上 1 份抻面条，将面皮包成方包（先包长的两边，再包两头），包口朝下放在小面板上，天热时醒发一会再蒸，天冷时要放至温暖箱内醒发再蒸。

③ 将醒发的银丝卷生料排放在蒸格内，置沸水蒸锅上盖上盖，用大火急蒸 10～13 分钟，蒸熟端格离锅，取出。

3. 产品特点

洁白膨松，微甜润滑，咀嚼松软，面香爽口。

### （三）蝴蝶卷

1. 原料配方

大酵面 750 克，火腿末 200 克，蛋黄末 100 克，青豆末 75 克，生油 15 克。

2. 制作方法

① 将大酵面吃好碱水，按花卷制法擀成厚 0.3 厘米的长方形面片，抹上油，在 1/6 处撒上火腿末，在 1/3 处撒上蛋黄末，在 1/2 处撒青豆末，从撒火腿末一头卷起成圆筒形，切段、竖起。

② 用两段底面合并，用尖头筷子在两段的 1/3 处相夹成大小蝶翼，将面段底面的一端拉出成蝶的触须，然后将四角捏一下呈蝴蝶形。

③ 稍加醒发，上笼用旺火蒸熟即成。

3. 产品特点

形似蝴蝶，色泽鲜艳，松软鲜美。

## 第三节　蒸　糕　类

### 一、发酵蒸糕

#### (一) 奶油发糕

1. 原料配方

精制小麦粉 100 千克，低熔点软质人造奶油 3～5 千克，酵母 0.5 千克，白砂糖 5～10 千克，100 倍甜度甜味剂 0.05 千克，碱 0.1～0.3 千克，单甘酯 0.1 千克，水 55～65 千克，奶油香精适量。

2. 制作方法

(1) 原料处理　酵母用温水化开，人造奶油与单甘酯制成凝胶，白砂糖、甜味剂用热水溶解。

(2) 和面与发酵　和面加料顺序是面粉→酵母水→单甘酯奶油凝胶→大量水→糖水→碱水→香精，边搅拌边加入。根据季节调节碱量，加完后搅拌 10～12 分钟。和好面后在 30～35℃下发酵 60～90 分钟，至面团完全发起。

(3) 揉面成型醒发　取出约 4 千克面团，在揉面机上揉 10 遍以上，至表面细腻光滑。注意揉面时撒干粉，防止粘辊。将揉好的面团切成每块 1 千克面块，手揉并适当整形成长方形坯。托盘上刷油，将坯放于盘上，入醒发室 35～40℃醒发 60 分钟左右，至完全发起。

(4) 汽蒸及分块包装　醒好的坯入柜0.03兆帕蒸制40～45分钟至熟透。稍冷后切成200～250克块，冷却包装。

3. 产品特点

(1) 口感　冷热皆非常柔软，内部呈较均匀的孔洞结构，稍有筋力。

(2) 风味　带有特殊的奶香味，口味甜而不腻。

(3) 外观　表面光滑洁白，上可用奶油裱花。

(4) 形状　丰满圆润的长方形块或三角形。

**(二) 大米发糕**

1. 配方及原料要求

特二粉70～80千克，大米或大米粉20～30千克，即发干酵母0.2千克，白砂糖5千克，100倍甜度甜味剂0.05千克，泡打粉0.2千克，碱面0.05～0.2千克（根据季节定加入量），水55～60千克。

2. 米料的制备

(1) 粉碎法　大米可用粉碎机粉碎过80目以上筛，粉碎法较为简便但口感不如磨浆法。

(2) 磨浆法　大米磨浆是将米洗净浸泡5～10小时，冬长夏短，至米无硬干心。泡好后滗干，准备好2倍于大米的清水，将米倒于砂轮磨浆机上，开机，边加水边磨，磨浆过程不可断水。磨后过60目筛网，滤出的颗粒应重磨。浆在较低温度下静置5～12小时，倒去上层清液，沉淀米粉待用。

3. 制作方法

(1) 和面与发酵　将面粉、酵母倒入和面机，加入米粉或沉淀好的米粉浆，白砂糖及甜味剂一同溶解倒入。加水调至软硬适当的面团，搅拌均匀。在30～35℃下发酵50～80分钟，至面团完全发起。碱用少许水溶解，加入面团，泡打粉直接倒入，搅拌至碱均匀。

(2) 成型　将面团多撒扑粉，揉面机揉5遍以上，至表面光滑。每 1 千克一个剂擀成长方形上托盘，盘适当多涂油。坯表面可放数个葡萄干或青红丝。

（3）醒发汽蒸　醒发 60 分钟左右，0.03 兆帕汽蒸 40 分钟左右至熟透。稍冷后切成 200～250 克的块。

4. 产品特点

（1）口感　柔软，内部呈均匀多孔状，孔较大而多，非常虚软，筋力小。

（2）风味　甜香，有特殊的米香味，甜而不腻。

（3）外观　美观，表面白而光滑，可用葡萄干或青丝少许点缀。

（4）形状　丰满圆润的长方形块或三角形。

### （三）杂粮发糕

1. 原料配方

特二粉 70～80 千克，杂粮面 20～30 千克（细度在 80～100 目），酵母 0.2 千克，白砂糖 5 千克，100 倍甜度甜味剂 0.05 千克，泡打粉 0.2 千克，碱 0.05～0.1 千克，水 55～60 千克。

2. 制作方法

（1）和面与发酵　将面粉、杂粮面及酵母入和面机，搅拌稍加混合。糖及甜味剂用热水溶解，倒入和面机，将水调至合适温度，边搅拌边加入，搅拌至原料混合均匀，30～35℃发酵 60～90 分钟，至面团完全发起。碱用少许水化开加入面团，泡打粉直接加入。再和面至碱分散均匀。

（2）成型　取面团多撒扑粉，揉面机揉 5 遍以上至表面光滑。取 1 千克为一个剂，整成 1.5～2 厘米厚长方形薄片，放于托盘上，托盘适当多涂油。

（3）醒发与汽蒸　成型时坯可能要开始醒发，特别是夏季室温高时，每车成型要在 20 分钟内完成。成型后推入醒发室 35～40℃醒发 60 分钟左右，至坯体积增加 2 倍以上。0.03 兆帕汽蒸 40～50 分钟，使坯完全熟透。蒸好的大坯稍冷却后切成 200 克的块。

3. 产品特点

小米面、玉米面发糕为黄色，高粱面发糕为红色，薯面发糕为褐色。其口感虚而爽，风味甜而带有杂粮的特殊风味，表面光滑而形状美观。

### (四) 巧克力发糕

1. 原料配方

特二粉 100 千克，可可粉 4 千克，酵母 0.5 千克，白砂糖 5 千克，100 倍甜度甜味剂 0.1 千克，泡打粉 0.2 千克，碱 0.05～0.1 千克，水 55～60 千克。

2. 制作方法

(1) 和面与发酵　将面粉、酵母、可可粉入和面机，搅拌稍加混合。糖及甜味剂用热水溶解，倒入和面机，将水调至合适温度，边搅拌边加入，搅拌至原料混合均匀，30～35℃发酵 60～90 分钟，至面团完全发起。碱用少许水化开加入面团，泡打粉直接加入。再和面至碱分散均匀。

(2) 成型　取面团多撒扑粉，揉面机揉 5 遍以上至表面光滑。取 1 千克为一个剂，整成 1.5～2 厘米厚长方形薄片，放于托盘上，托盘适当多涂油。

(3) 醒发与汽蒸　成型时坯可能要开始醒发，特别是夏季室温高时，每车成型要在 20 分钟内完成。成型后推入醒发室 35～40℃醒发 60 分钟左右，至坯体积增加 2 倍以上。0.03 兆帕汽蒸 40～50 分钟，使坯完全熟透。蒸好的大坯稍冷却后切成 200 克的块。

3. 产品特点

棕褐色，其口感虚而爽，风味甜而带有可可的特殊风味，表面光滑而形状美观。

### (五) 状元糕

1. 原料配方

面粉 500 克，老酵面 50 克，鲜玫瑰花 100 克，白糖 250 克，葡萄干、青梅各50克，碱适量，红色素少许。

2. 制作方法

① 先将老酵面用水弄开，然后加入面粉和适量的水，和成面团发酵。将鲜玫瑰花洗干净搓碎备用。青梅切成小丁与葡萄干拌和在一起。红色素加少许水泡开。

② 面团发起后，加入适量的食碱揉匀，再加入鲜玫瑰花、白糖和红色素揉至呈粉红色。然后擀成约1.5厘米厚的四方形面片，光面朝上放在屉上，将青梅、葡萄干均匀地撒在上面稍按一按，适当醒发，用大火蒸40分钟即熟。取出晾凉改切成块状即可食用。

3. 产品特点

色泽鲜艳，香甜适口。

### (六) 红枣赤豆发糕

1. 原料配方

玉米面500克，面肥100克，红枣100克，红小豆200克，白糖100克，食碱适量。

2. 制作方法

① 将面肥放盆内用温水弄开，把玉米面倒入盆内，加适量水和面肥一起和成发糕面，待其发酵。

② 把红小豆洗净，放锅内煮至八成熟，捞出用凉水冲一下，沥净水。红枣用热水泡开，洗净。

③ 将发酵好的糕面加入适量食碱揉匀，再将白糖揉入糕面里，稍醒一会儿，把糕面分为两份。

④ 屉内铺上屉布，铺一份玉米糕面，抹平，把沥净水的红小豆铺在糕面上，再将另一份玉米糕面铺在红小豆上，用手拍平，将小枣均匀地码在上面，然后置大火沸水上蒸1小时。熟后，将糕切成方块即可。

3. 产品特点

黄、红相间，松软香甜。

## 二、鸡蛋蒸糕

### （一）蒸制蛋糕

1. 原料配方

鲜鸡蛋 6 千克，特二粉 5 千克，白砂糖 4 千克，饴糖 1.5 千克，熟猪油（涂刷模具用）0.25 千克，泡打粉适量。

2. 制作方法

（1）蛋糕糊调制　将鸡蛋、白砂糖、饴糖加入搅拌机内搅打 10 分钟，待蛋液中均匀布满小乳白气泡，体积增大后加入面粉、泡打粉搅匀即成。注意加面搅拌不可过度，防止形成面筋，而使蛋糕难以发起。

（2）注模成型　先将熟猪油涂于各式模型内壁周围，按规定重量将蛋糕糊分别注入蒸模内。不可倒得过满，一般达 1/2 体积即可。

（3）蒸制　将加入蛋糕糊的蒸模，放入蒸箱的蒸架上，罩上蒸帽密封蒸制。开始蒸时蒸汽流量控制得小些，蒸 3～5 分钟后，趁表面没有结成皮层时，将蒸模拍击一下，略微震动，使表面的小气泡去掉，然后适当加大蒸汽流量，再蒸一段时间，以熟透为准。蒸汽流量或炉灶火候要适当掌握，如果蒸汽流量太大或炉灶火候过旺，有可能出现制品不平整。

（4）冷却、脱模、装箱　出蒸箱（笼）后趁热脱模，装箱冷却，待冷透后，食品箱之间可重叠。

3. 质量特点

（1）形态　外形完整，大小一致，不溢边。

（2）色泽　淡黄色。

（3）组织　海绵状，富有弹性，无杂质。

（4）口味　甜松绵软，潮润可口，具有蛋香风味，无异味。

（5）营养　富含蛋白质和低分子糖。

### （二）三层糕

1. 原料配方

鸡蛋 500 克，白糖 500 克，熟面粉 350 克，澄沙馅 250 克，青梅、瓜子仁、葡萄干各适量，红色素少许。

2. 制作方法

① 将鸡蛋磕开，把蛋清、蛋黄分别盛在两个盆内，先把白糖倒入蛋黄内搅匀，再把蛋清抽成泡沫也倒入蛋黄内搅匀，最后倒入熟面粉，搅成蛋糊。

② 把木框放在屉上，铺上屉布，先把蛋糊倒入一半，上屉蒸制，蒸熟后取下，铺上澄沙馅。

③ 把另一半蛋糊加红色素，倒在澄沙馅上，并撒上青梅、葡萄干、瓜子仁，上屉蒸约20分钟即熟。取下，待晾凉后，切块，码入盘内即可。

3. 产品特点

层次分明，色泽鲜艳，香甜、暄软、适口。

### （三）玉带糕

1. 原料配方

熟面粉350克，鸡蛋500克，白糖500克，澄沙馅400克，青梅15克，葡萄干10克，红丝、香油各适量。

2. 制作方法

① 将鸡蛋磕开，把蛋清、蛋黄分别盛入两个碗内，先把白糖倒入蛋黄内，搅匀，再把蛋清抽成蛋泡沫也倒入蛋黄内，搅匀，最后倒入熟面粉，搅成蛋糊。

② 把木框放在屉内，铺上屉布，倒入二分之一蛋糊，用大火蒸约15分钟取下，铺上用香油调好的澄沙馅，再倒入剩余的蛋糊，在糕的表面用青梅、葡萄干、红丝码成花卉形，再蒸约20分钟，即熟，晾凉后切成宽3厘米、长10厘米的条，码于盘内即可。

3. 产品特点

美观大方，暄软香甜。

### （四）月亮糕

1. 原料配方

面粉350克，鸡蛋500克，白糖500克，香菜叶50克，青梅

50克，猪油、红色素、淀粉各适量。

2. 制作方法

① 将淀粉倒入碗内，加凉水适量调开，再磕开一个鸡蛋倒入，放少许红色素，搅成稀糊，把勺烧热，倒入稀糊晃动，呈圆形蛋皮待用。

② 将鸡蛋磕开，把蛋清、蛋黄分别盛入两个碗内，先把白糖倒入蛋黄碗内搅匀，再把蛋清抽成蛋泡沫倒入蛋黄内搅匀，最后倒入面粉，搅成蛋糊。

③ 把小瓷碟放在屉内，稍刷一层猪油，把已拌好的蛋糊倒入小碟（倒入半碟），然后将香菜叶、青梅末在蛋糊上码成花卉状，再将红蛋皮用铁梅花模压成花卉，镶成花卉形状即可。

④ 蒸锅上汽时，随即上锅蒸制，蒸汽不宜过大，以免走形，蒸约25分钟即熟。取下晾凉，用馅匙沿小碟底边转一周即可取下。

3. 产品特点

造型美观，易于消化。

## 第四节　包　　子

### 一、甜馅包子

#### （一）糖三角

1. 原料配方

特二粉27千克，即发干酵母50克，白糖或红糖4千克，碱适量，水12千克。

2. 制作方法

（1）和面发酵　面粉23千克在和面机内与酵母拌匀，加水，搅拌3～5分钟，进发酵室发酵50～70分钟，至面团完全发起。

（2）调馅　取面粉2千克加于糖中搅拌均匀，以防止高温下糖熔化流出。

（3）成型　发好的面团加碱水和2千克面粉，搅拌8～10分钟，至面筋扩展。取5千克左右的面团揉轧10遍左右，至面片光滑。面片在案板上卷成条，揪成70～80克的面剂。将面剂按扁，擀成圆片，包入糖馅，用双手捏成三角形包子。

（4）醒发汽蒸　将糖包坯排放于托盘上，上架车入醒发室醒发40～60分钟。推入蒸柜0.03兆帕气压蒸制23～25分钟，冷却包装。

3. 产品特点

呈三角形，经济实惠，暄软甜香。

**（二）豆包**

1. 原料配方

特一粉25千克，即发干酵母70克，红芸豆或红豇豆10千克，白砂糖8千克，碱适量。

2. 制作方法

（1）制豆馅　将豆子洗净，放入夹层锅内，加水40千克左右，加碱10～30克，开大蒸汽烧开后，关小蒸汽保持微沸状态焖煮2～3小时，煮至豆烂汁少，煮豆过程不要搅拌。没有夹层锅的厂家，可以用火炉烧煮，先大火烧开，再小火焖煮，特别注意防止粘底糊锅。为了增加馅的黏性和风味，也可适当加一些大枣、红薯等一同焖煮。豆子煮透后加入砂糖适当搅拌，使部分豆粒破碎，有一定黏性即成豆馅。

（2）和面发酵　20千克面粉和酵母放入和面机内搅拌均匀，加水10千克，搅拌3～5分钟，至面团形成。入发酵室发酵60分钟左右，使面团完全发起。

（3）成型　发好的面团加入5千克面粉和碱水，搅拌10分钟左右至面筋扩展，取5千克左右在揉面机上揉轧10遍左右，使面片光滑细腻。面片在案板上卷成条，下30～50克面剂，按（擀）成2～3毫米厚的圆形薄片。左手托起面片，将豆馅50克左右放于面片中心，双手协作包成一头圆，一头尖，中间有一排花褶的包子，形似麦穗。

(4) 醒发汽蒸　将包子坯排放于托盘上，在醒发室内醒发50～70分钟，进蒸柜0.03兆帕气压蒸制20～23分钟，冷却包装。

3. 产品特点

表面洁白，形状美观，皮料暄软，馅料软沙，香甜可口，豆香浓厚。

### (三) 枣泥包

1. 原料配方

发面500克，小红枣500克，白糖75克，桂花25克，猪油或香油50克。

2. 制作方法

① 把小枣按扁取出枣核洗净，倒入锅内煮烂（加水不要太多，煮烂即可）。然后过箩出皮备用。

② 锅内放入油，加25克白糖，待白糖溶化后，倒入枣泥，用小火慢炒，见枣泥发浓时盛入盆内，晾凉后再加桂花即成枣泥馅。

③ 将发面加入适量的白糖和碱，揉匀搓成条，下剂子，按扁，包入枣泥馅做成馒头形状，适当醒发，上屉蒸熟即可。

3. 产品特点

皮喧馅软，甜香适口，桂花味突出。

### (四) 奶黄包（无吉士粉做法）

1. 原料配方

牛奶180克，淡奶油50克，全蛋1个，蛋黄2个，玉米淀粉30克，低筋面粉30克，中筋面粉150克，糖75克，盐少许，活性酵母3克，炼乳30克（可不加）。

2. 制作方法

① 奶黄馅的制作　牛奶100克、淡奶油、糖55克及炼乳（可以不加）混合后，入锅，边加热边搅拌（不要煮沸）；加入全蛋及蛋黄，与牛奶溶液混合均匀后离火；倒入混合好的低筋面粉及玉米

淀粉，略拌后，继续加热，边加热边搅拌；待所有材料混合成团后即可，放凉后备用。

② 将中筋面粉、牛奶 80 克、糖 20 克、盐、酵母混合后，揉成光滑面团，盖好醒发 5 分钟。

③ 将醒发后的面团分割成 30 克左右的剂子，滚圆后，醒发 10 分钟。

④ 案板上撒薄粉，将分割后的面团用手压扁，再用擀面杖擀薄；将冷却后的奶黄馅分割成 30 克的小剂子，滚圆，放在擀薄后的面团上；四周往中心，慢慢收口（类似做汤圆的方法）。

⑤ 将包好的奶黄包放入加有热水的蒸屉中，醒发 10 分钟后，大火蒸 10 分钟，然后改小火蒸 5 分钟即可。

3. 产品特点

皮喧虚柔软，有浓郁的奶香和蛋黄味道，香甜味浓。

### （五）绿豆沙包

1. 原料配方

面粉 500 克，酵面 100 克，绿豆沙 300 克，白糖 225 克，桂花酱 15 克，碱 10 克。

2. 制作方法

① 将面粉放入盆内，加适量水和酵面和成面团，发酵后加碱水和白糖 25 克揉匀，稍醒。

② 将绿豆沙、余下的白糖和桂花酱拌成馅。

③ 面团搓成直径 3 厘米的长条，下 22 个面剂，逐个擀成圆片。用面皮包入豆沙馅揉成鸭蛋形，包口朝下，平放在案板上。全部包好后，放入笼中，用大火蒸约 15 分钟即熟。

3. 产品特点

清凉香甜。

### （六）开花枣包

1. 原料配方

面粉 10 千克，酵母 50 克，水 4.5 千克，碱适量，蜜枣 2

千克。

2. 制作方法

① 面粉与酵母在和面机内拌匀，加入水和碱，搅拌 10 分钟左右，形成良好的面团。在发酵室中发酵 80 分钟左右，至面团充分发起。

② 每次取 2 千克左右的面为一块，揉轧 10 遍左右，形成光滑的面片。面片在案板上卷成条，下 50～70 克面剂，按扁成圆片，将一颗蜜枣包入，接口朝下放于托盘上，用刀在坯上面割十字口，使蜜枣露出。

③ 在醒发室醒发 30 分钟左右，进蒸柜 0.03 兆帕汽蒸 22～26 分钟。冷却包装。

3. 产品特点

洁白开花，蜜枣可见，面暄枣甜。

### (七) 果酱包

1. 原料配方

面粉 25 千克，酵母 80 克，碱适量，水 11 千克，果酱 5 千克。

2. 制作方法

① 面粉与酵母在和面机中拌匀，加入水和碱，搅拌 10 分钟左右，和成柔软面团。进发酵室，发酵 50～60 分钟。

② 待面团发起，取 2 千克左右为一块，揉轧 10 遍左右，形成光滑的面片。面片在案板上卷成条，下 70～100 克面剂，按扁成圆片。在圆片中心放上果酱约 20 克，双手将其包成豆角形或月牙形，再在接缝的边上捏出花纹。

③ 排放于托盘上，进醒发室醒发 60～70 分钟，入蒸柜 0.03 兆帕蒸制 22～26 分钟。冷却包装。

3. 产品特点

外形美观，暄软馅甜，有明显的果酱味。

## 二、咸馅包子

### (一) 干菜包

1. 原料配方

面粉750克，老肥200克，五花肉250克，梅干菜150克，冬笋50克，酱油50克，白糖50克，香油30克，猪油30克，黄酒、味精、鲜姜末各少许，碱适量。

2. 制作方法

① 把肉放入锅内，用开水煮烫一下捞出，用凉水洗净，再放入锅内，加酱油、白糖、黄酒等调料和适量水，用大火烧开，然后迁到微火上慢炖，至肉酥烂取出，切成豆粒大小的肉丁待用。

② 梅干菜用温水洗净，放入屉内蒸2小时取出，切成碎末，放入肉丁内，加入姜末、猪油、香油、味精等搅拌均匀，冬笋用沸水煮熟，切成碎末，也加入肉丁内，搅拌成馅。

③ 面粉放在案板上加入老肥，温水350克，和成发酵面团，待酵面发起，加入碱水揉匀，稍醒。

④ 将面团搓成直径3厘米粗细的长条，按每50克一个揪剂，将剂擀成中间稍厚，边缘稍薄的圆面皮。左手托皮，右手打馅，然后用右手边包边捏褶，收紧剂口呈菊花形。

⑤ 把生坯摆入屉内，适当醒发，用大火蒸约20分钟即熟。

3. 产品特点

香味浓醇，味道鲜美。

### (二) 素菜包

1. 原料配方

面粉500克，面肥100克，小苏打适量，豆芽菜500克，油菜200克，水发粉条100克，水发香菇50克，水发木耳50克，芝麻油75克，精盐10克，味精7.5克，胡椒粉5克。

2. 制作方法

① 将豆芽菜、油菜择洗干净，用开水烫一下，过凉后用刀切

细，用布挤干水分放入盆内。水发粉条切成小段，水发香菇、木耳切成小碎粒，放入豆芽、油菜内，加入精盐、味精、胡椒粉，淋上芝麻油拌匀待用。

② 将面粉放在案板上，开成窝形，加入面肥、小苏打、250克温水和成面团，揉匀揉透，稍醒。

③ 将醒好的面团搓成长条，揪成约35克的剂子，擀成圆形皮子，左手拿皮，右手用馅尺抹约30克馅心略收拢，用右手拇指和食指提褶收口，捏成圆形包子。

④ 将包子坯在醒发室内醒发后，用大火沸水蒸15分钟左右。

3. 产品特点

色泽洁白，外形褶匀美观，馅心青素适口，口味咸鲜。

**（三）韭菜海米包**

1. 原料配方

高筋粉500克，鲜酵母半块，精盐、香醋各适量，嫩韭菜500克，猪油50克，海米100克，料酒15克，白糖10克，香油20克，姜粉、味精各少许。

2. 制作方法

① 将鲜酵母放碗内，加少许温水化开。面粉放入盆内，倒入酵母液拌匀后加适量水和成面团，保温发酵。

② 将韭菜择选好，清洗干净后切成米粒大小的小丁，放入盆内，加香油、精盐和味精拌匀。

③ 海米洗净，放少许热水中泡软后切细，加入料酒拌匀，腌10分钟后倒入韭菜盆内，然后加入精盐、姜粉、白糖和味精拌匀成馅。

④ 案板上撒少许面粉，发好的面团放在上面，用双手将面团搓成长条，切成25克面剂，按扁，擀成中间稍厚、边缘稍薄的圆面皮，包入馅料，码在笼屉内，置大火沸水锅中蒸15分钟即可装盘，与香醋碟同时上桌供食。

3. 产品特点

味道鲜美，清香适口。

### （四）破酥包子

1. 原料配方

特一粉500克，老酵面50克，猪肉（三分肥、七分瘦）500克，水发玉兰片50克，水发香菇50克，熟猪油150克，水发金钩50克，苏打4克，精盐1克，酱油15克，料酒10克，胡椒粉1克，味精1克。

2. 制作方法

① 将面粉400克加水、老酵面调匀，揉成面团发酵。发酵后放入适量苏打水揉匀揉透，醒15分钟。另将面粉100克加入熟猪油75克，揉搓成油酥面团。

② 猪肉、香菇、玉兰片、金钩均切成米粒状。锅置中火上，猪油烧至六成热时，下猪肉炒散，再加入玉兰片、香菇炒匀，随即加入酱油、料酒、精盐，稍炒后起锅。再加入金钩、胡椒粉、味精拌成馅。

③ 案板上撒少许面粉，醒好的面团放在上面，用双手将面团搓成长条，揪成20个面剂，同时把油酥面也分成20个剂子。将油酥面剂包入发酵面剂中，用手按扁，擀成16.5厘米长的牛舌形，由外向内卷成圆筒，两头向中间重叠为三层，再按扁擀成圆皮，包入馅心，收口处捏上细花纹，放入蒸锅内，用大火沸水蒸约15分钟即成。

3. 产品特点

皮松泡有层次，馅鲜香而滋润。

### （五）三鲜包

1. 原料配方

面粉500克，酵面100克，猪肥瘦肉500克，海米100克，鸡蛋5个，海参100克，麻油25克，酱油15克，白糖50克，精盐5

克，葱、姜末各50克，料酒10克，碱适量。

2. 制作方法

① 将面粉加入酵面揉和发酵好。猪肉洗净，切成肉末，海米、海参切成末，鸡蛋摊成蛋皮后切碎末。

② 将肉末、海米、海参、鸡蛋加入葱、姜、酱油、盐、味精、料酒调成肉馅，拌入麻油备用。

③ 将发面中加入白糖和碱，揉和好，搓成条，揪成小面剂，把面剂揿扁擀成圆片包入制好的三鲜馅。

④ 将制好的三鲜包放入笼内，上锅用大火蒸15分钟即成。

3. 产品特点

鲜香味美。

### (六) 蚝油叉烧包

1. 原料配方

发面750克，叉烧肉250克，淀粉15克，白酱油10克，白糖30克，猪肉25克，蚝油10克，胡椒粉少许，麻油5克，酱油8克，水90克。

2. 制作方法

① 将叉烧肉切成片状。烧热锅，加入水，再加入酱油、白酱油、猪肉、蚝油、白糖、胡椒粉烧滚，另将淀粉加清水搅匀，冲入酱油滚水锅内勾芡，成叉烧色浆料，待冷却后，放入麻油、叉烧片，拌匀待用。

② 取发面揉匀，搓成条，揪成小面剂，逐个在案板上按扁(四周薄些，中间厚些)，将皮子托在手上，取叉烧肉馅放在皮子中央，四周包起，捏成包子，放在温暖处醒发5分钟左右取出，放入热蒸笼内醒一醒，上笼蒸熟后取出即成。

3. 产品特点

白色，松滑、甘香、鲜美，带有甜味。

### （七）羊肉包

1. 原料配方

水和面 3.5 千克，酵面 1.5 千克，羊肉 2.5 千克，白菜 2 千克，香油 250 克，酱油 250 克，花椒水 1 千克，净葱 250 克，姜 50 克，面酱 50 克，细盐少许，碱面适量。

2. 制作方法

① 水和面、酵面混在一起，加适量的碱揉匀，略醒。

② 白菜洗净，切碎，挤去水分；葱切成末，姜切末备用。

③ 将羊肉去筋，切碎，放盐、花椒水，然后再放酱油，顺着一个方向搅拌，见有黏性时，放葱、姜、香油、面酱，最后将白菜馅放入拌匀。

④ 将面揉匀，搓成条，下 8 克的剂子，擀成圆片，打馅包成包子，两头往里一捏，呈道士帽形状，上屉蒸 6～7 分钟即熟。

3. 产品特点

鲜香，味美。为回民小吃。

### （八）酱肉包子

1. 原料配方

特精面粉 5 千克，酵母 50 克，碱 10 克，带皮五花肉 2.5 千克，白菜 2 千克，酱油 250 克，花椒 50 克，大茴 20 克，净葱 600 克，姜 50 克，精盐适量。

2. 制作方法

① 将五花肉洗净，去除残留毛发。卤汤罐加入酱油、花椒、大茴、生姜片、100 克葱段和盐，烧开后放入五花肉，大火烧沸，再小火焖煮 3～4 小时，至肉酥皮烂。取出淋水、冷却后切成 7 毫米的肉丁。

② 白菜洗净，切碎，挤去水分；500 克葱切成末。白菜汁、精盐放入肉馅，搅拌均匀，再加入碎白菜和葱末，拌匀即可。

③ 面粉加入酵母拌匀，加水 2.3 千克及适量的碱水和成发酵面团，略醒。

④ 将面揉匀，搓成条，下 60 克的剂子，擀成圆片，打馅包成包子，呈菊花形状。醒发 30～40 分钟，上屉蒸 22～25 分钟即熟。

3. 产品特点

色白柔软，卤肉软香，油而不腻。

# 参考文献


[1] 刘长虹．馒头生产技术（第二版）．北京：化学工业出版社，2015.

[2] 邱庞．中国面点史．青岛：青岛出版社，2010.

[3] 李朝霞．中国面点辞典．太原：山西科学技术出版社，2010.

[4] 张兰威．发酵食品工艺学．北京：中国轻工业出版社，2011.

[5] 帅焜．广东点心精选．广州：广东科技出版社，1993.

[6] 祁澜．面类食品制法 500 例．北京：中国轻工业出版社，1999.

[7] 杨春丽等．面点技术制作大全．济南：山东科学技术出版社，2006.

[8] 王森．中式发酵面食制作技术．北京：中国轻工业出版社，2011.

[9] 于国俊等．中国面点．北京：中国商业出版社，1994.

[10] 谢定源，周三宝．中国面点．北京：中国轻工业出版社，2000.

[11] 林作楫．食品加工与小麦品质改良．北京：中国农业出版社．1994.

[12] 李文卿．面点工艺学．北京：中国轻工业出版社．1999.

[13] 徐怀德．杂粮食品加工工艺与配方．北京：科学技术文献出版社，2001.

[14] 汤兆铮．杂粮主食品及其加工新技术．北京：中国农业出版社，2001.

[15] 朱维军等．面制品加工工艺与配方．北京：科学技术文献出版社，2001.

[16] 沈群．粮食加工技术．北京：中国轻工业出版社，2008.

[17] 宋宏光．粮食加工与检测技术．北京：化学工业出版社，2011.

[18] 王放，王显伦．食品营养保健原理及技术．北京：中国轻工业出版社，1997.

[19] 张守文．面包科学与加工工艺．北京：中国轻工业出版社，2000.

[20] 刘兰枝等．中式面食精选．北京：化学工业出版社，2010.

[21] 陆启玉．粮油食品加工工艺学．北京：中国轻工业出版社，2005.

[22] 刘勤生．中式传统食品加工技术．北京：化学工业出版社，2009.

[23] 樊明涛，张文学．发酵食品工艺学．北京：中国轻工业出版社，2014.

[24] 杨春丽，张淼．面点制作技术大全．济南：山东科学技术出版社，2008.

[25] 王淑欣．各种发酵食品设计加工生产工艺技术汇编．北京：中国轻工业出版社，2010.

[26] 马涛．糕点生产工艺与配方．北京：化学工业出版社，2008.

[27] 马涛．蒸煮食品生产工艺与配方．北京：化学工业出版社，2010.
[28] 于新．杂粮食品加工技术．北京：化学工业出版社，2011.
[29] 侯玉泽、丁晓雯．食品分析．郑州：郑州大学出版社，2011.
[30] 刘长虹．食品分析及实验．北京：化学工业出版社，2006.
[31] 粮食大辞典编辑委员会．粮食大辞典．北京：中国物资出版社，2009.
[32] 马俪珍，刘金福．食品工艺学实验．北京：化学工业出版社，2011.